国家林业和草原局普通高等教育"十三五"规划教材
高等院校园林与风景园林专业实践系列教材

# 园林植物识别与应用实习教程
## ——西南篇

贾 茵　潘远智　主编

中国林业出版社

## 内 容 简 介

本实习教材立足于中国西南地区常见园林植物，将木本和草本结合，以其识别和应用为重点，主要内容分为三个部分：第一部分阐述了西南地区园林植物资源概况以及园林植物基础知识（第1~2章）；第二部分汇集了西南地区不同省、自治区、直辖市院校进行园林植物识别和调查的主要公园和植物园，介绍各实习地点的园林特点、主要植物种类和应用形式（第3~7章）；第三部分为各论，对西南地区常见园林植物的识别要点、生态习性、园林用途等进行总结归纳（第8~19章）。另外，本教材有配套数字资源，可扫描二维码观阅相应植物图片。

本教材可作为西南地区高校园林、风景园林及环境设计专业园林树木学、园林花卉学、园林植物学、草坪学、室内绿化应用设计等课程实习教材，同时可为相关从业人员及园林爱好者提供参考。

**图书在版编目（CIP）数据**

园林植物识别与应用实习教程. 西南篇 / 贾茵，潘远智主编. —北京：中国林业出版社，2022.1
国家林业和草原局普通高等教育"十三五"规划教材  高等院校园林与风景园林专业实践系列教材
ISBN 978-7-5219-1423-8

Ⅰ.①园⋯ Ⅱ.①贾⋯②潘⋯ Ⅲ.①园林植物-识别-西南地区-高等学校-教材 Ⅳ.①S688

中国版本图书馆 CIP 数据核字（2021）第 242922 号

**中国林业出版社·教育分社**

| 策划编辑：康红梅 | 责任编辑：康红梅 田 娟 | 责任校对：苏 梅 |
| --- | --- | --- |
| 电　话：83143634　83143551 | 传　真：83143516 | |

出版发行　中国林业出版社（100009　北京市西城区刘海胡同7号）
　　　　　E-mail: jiaocaipublic@163.com
　　　　　http://www.forestry.gov.cn/lycb.html
印　刷　北京中科印刷有限公司
版　次　2022年1月第1版
印　次　2022年1月第1次印刷
开　本　787mm×1092mm　1/16
印　张　18　　彩插　16
字　数　445千字　另附数字资源约200千字
定　价　59.00元

数字资源

未经许可，不得以任何方式复制或抄袭本书之部分或全部内容。

**版权所有　侵权必究**

# 《园林植物识别与应用实习教程——西南篇》编写人员

**主　　编**　贾　茵　潘远智

**副 主 编**　李先源　孙凌霞　唐　岱

**编写人员**　（按姓氏拼音排序）

　　　　　　白新祥（贵州大学）

　　　　　　关文灵（云南农业大学）

　　　　　　贾　茵（四川农业大学）

　　　　　　李德飞（中国科学院西双版纳热带植物园）

　　　　　　李先源（西南大学）

　　　　　　李叶芳（云南农业大学）

　　　　　　刘庆林（四川农业大学）

　　　　　　潘远智（四川农业大学）

　　　　　　孙凌霞（四川农业大学）

　　　　　　唐　岱（西南林业大学）

　　　　　　吴福川（中国科学院西双版纳热带植物园）

　　　　　　邢　震（西藏农牧学院）

彩图 1 成都望江楼公园——竹径

彩图 2 中国科学院西双版纳热带植物园——棕榈园湿地景观

彩图 3 贵阳花溪公园——大草坪

彩图4　雪松

彩图5　圆柏（自左至右品种分别为'龙柏'、'塔柏'、'铺地龙'柏）

彩图6　罗汉松（上图为种子与红色肉质种托）

彩图7　落羽杉

彩图 8　红花木莲　　　　　　　　　　彩图 9　白兰花

彩图 10　黑壳楠

彩图 11　杨梅　　　　　　　　　　彩图 12　山杜英

彩图 13　枇杷

彩图 14　中国无忧花　　　　　　　　彩图 15　银杏

彩图 16　美丽异木棉

4

彩图 17　木芙蓉

彩图 18　柽柳

彩图 19　梅

彩图20　东京樱花

彩图21　凤凰木

彩图22　刺桐

彩图23　珙桐

彩图24　鸡爪槭（中右分别为品种'羽毛'枫、'红枫'）

彩图25　蓝花楹

彩图 26　火焰树

彩图 27　十大功劳

彩图 28　红花檵木

彩图 29　云南山茶

彩图 30　杜鹃花

彩图 31　锦绣杜鹃

彩图 32　马缨杜鹃

彩图 33　朱砂根

彩图 34　银叶金合欢

彩图 35　千层金

彩图 36　粉苞酸脚杆

彩图 37　变叶木

彩图38　鸳鸯茉莉

彩图39　木本曼陀罗

彩图40　假连翘（中为'金叶'假连翘）
彩图41　金叶女贞（右）

彩图42　龟背竹（左上）

彩图43　星花玉兰（左下）

彩图44　牡丹（右上）

彩图 45　紫斑牡丹（左上）

彩图 46　大花黄牡丹（中上）

彩图 47　羊踯躅（右下）

彩图 48　紫珠（右上）

彩图 49　光叶子花　　　　彩图 50　山牵牛　　　　彩图 51　紫藤

彩图52 '龟甲'竹

彩图53 紫竹

彩图54 罗汉竹

彩图55 '金镶玉'竹

彩图56 '大'佛肚竹

彩图57 '黄金间碧'竹

彩图58 粉单竹

彩图59 花叶唐竹

彩图60 棕榈

彩图61 长叶刺葵

彩图62 假槟榔

彩图 63　大花马齿苋

彩图 64　醉蝶花

彩图 65　紫罗兰

彩图 66　香雪球

彩图 67　羽扇豆

彩图 68　蒲包花

彩图 69　紫斑风铃草（左）　彩图 70　波斯菊（右）

彩图 71　白晶菊

彩图 72　瓜叶菊

彩图 73　大花飞燕草

彩图 74　飘香藤

彩图 75　墨西哥鼠尾草

彩图 76　绵毛水苏

彩图 77　穗花婆婆纳

彩图 78　蝎尾蕉

彩图 79　地涌金莲

彩图 80　'花叶'艳山姜

彩图 81　石蒜

彩图 82　唐菖蒲

彩图 84　王莲

彩图 83　荷花

彩图 85　千屈菜

彩图 86　香蒲

彩图 87　梭鱼草

彩图 88　春兰

彩图 89　大花蕙兰

彩图 90　蝴蝶兰

彩图 91　文心兰

彩图 92　兜兰

彩图 93　金琥

彩图 94　蟹爪兰

彩图 95　燕子掌

彩图 96　虎刺梅

彩图 97　桫椤

彩图 98　翠云草

彩图 99　巢蕨

彩图100 肾蕨

彩图101 二歧鹿角蕨

彩图102 '金叶'石菖蒲

彩图103 '金叶'薹草

彩图104 旱伞草

彩图105 '花叶'芦竹

彩图106 蒲苇

彩图107 小盼草

彩图108 '紫叶'狼尾草

彩图109 '血草'

# 前 言

园林设计归根结底是植物材料的设计,植物是园林景观不可缺少的要素,不仅发挥着重要的美学价值,而且是生态环境建设的必要条件。园林植物类课程如园林树木学、园林花卉学、园林植物学、草坪学、室内绿化应用设计等是园林、风景园林及环境设计专业的骨干课和必修课,其中,对各园林植物的识别和应用是重点和难点。因此,实习实践环节是园林植物类课程的重要组成部分。我国幅员辽阔,植物种类众多,地域特色突出,因此,编写区域性实习教材将有助于各地区高校开展教学实践。目前,具有地方特色的园林植物实习教材十分匮乏,基于此,我们特组织编写本教材。

本教材编写人员均为来自我国西南地区(包括四川、云南、贵州、重庆、西藏)五地高等院校和科研院所的一线教师和专家学者,结合多年的实习教学经验,针对西南地区各高校园林植物类课程实习教学特点和需求,以园林植物的识别和应用为重点,充分考虑了该地区园林、风景园林等专业创新型人才培养的目标和要求。本教材主要有以下特色:①对西南地区各院校园林植物识别和调查的主要实习地点进行归纳总结;②对西南地区常见和特有园林植物(含木本和草本)的识别要点、生态习性及园林用途等进行精简提炼;③教材附配套数字资源,可扫描二维码观阅相应图片。全书力求做到专业特色明显、地域特点突出、信息化特征分明、实践应用性强,对各院校的植物识别应用类实习具有指导作用。

本教材各论从方便学生在园林建设中快速选择和应用植物的角度出发,将园林树木分为乔木类、灌木类、藤木类、观赏竹类和棕榈类植物;将园林花卉分为一、二年生花卉,宿根花卉,球根花卉,水生花卉,兰花及多浆植物,蕨类植物(包含少数木本蕨类)和草坪草及观赏草。又将各部分中的裸子植物按照郑万钧系统,被子植物按照克朗奎斯特系统,蕨类植物按照秦仁昌系统进行排序。众所周知,西南地区是我国植物分布最为丰富的区域,是世界园林植物的现代分布中心之一。该地区植物种类繁多,分布集中,特点突出,拥有众多的世界著名园林植物、活化石植物及珍稀物种。因此,一本教材无法囊括本地区园林建设中用到的所有园林植物。编写人员在各论种类的选择上经过仔细讨论与斟酌,以求尽量涵盖我国西南地区常见的园林植物和特色资源。经统计,本教材共收集我国西南地区常见园林植物1185种(含变种、品种等),其中,园林乔木类植物400种,园林灌木类植物296种,园林藤木类植物51种,观赏竹类31种,棕榈类植物21种,一、二年生花卉73种,宿根花卉146种,球根花卉45种,水生花卉18种,兰花及多浆植物32种,蕨类植物 19 种，草坪草及观赏草 53 种。

  本教材由贾茵、潘远智担任主编，李先源、孙凌霞、唐岱担任副主编；由贾茵负责统稿。编写分工如下：第 1 章由潘远智编写；第 2~3 章由贾茵编写；第 4 章由唐岱和吴福川编写；第 5 章由白新祥编写；第 6 章由李先源编写；第 7 章由邢震编写；第 8~19 章各论部分由白新祥、孙凌霞、邢震、李先源、李叶芳、李德飞、唐岱、贾茵、潘远智、刘庆林和关文灵共同编写。

  在教材编写过程中，参考了相关文献，在此向有关作者表示衷心感谢。另外，感谢成都植物园刘晓莉，成都望江楼公园王道云，成都杜甫草堂江波，中国科学院西双版纳热带植物园张淑红、刘勐、姜立举等在教材编写中给予的热情帮助。同时，感谢四川农业大学风景园林学院姜贝贝、刘光立、雷霆、毛咏琪、陈筱溪、李意峰、刘才磊等老师和学生，参与了书稿的绘图、拍照和校对等工作。由于篇幅所限，未能一一列出为本书撰写作出贡献的朋友，在此一并致谢！

  本教材在编写过程中，得到了四川农业大学园林专业国家级一流本科专业建设点与四川农业大学教改项目"农林高校园林专业课程思政教学体系构建与实现路径研究"等的支持，在此表示感谢。

  由于教材内容丰富，编者学识有限，错误之处在所难免，恳请广大读者批评指正，以便修订完善。

贾 茵<br>2021 年 10 月

# 目 录

彩图

前言

1 中国西南地区园林植物资源概述 ················································ 1
 1.1 西南地区园林植物资源重要地位 ············································ 1
 1.2 西南地区园林植物资源分区 ·················································· 2
 1.3 西南地区园林植物资源特点 ·················································· 4

2 园林植物基础知识 ···································································· 7
 2.1 园林植物主要识别特征 ························································ 7
 2.2 园林植物分类 ···································································· 16

3 四川主要实习地点及内容 ··························································· 25
 3.1 成都植物园 ······································································· 25
 3.2 成都浣花溪公园 ································································ 28
 3.3 成都望江楼公园 ································································ 30

4 云南主要实习地点及内容 ··························································· 33
 4.1 中国科学院昆明植物园 ······················································· 33
 4.2 昆明金殿名胜区（昆明园林植物园） ······································ 38
 4.3 斗南国际花卉苗木市场（斗南国际花卉产业园） ······················· 41
 4.4 中国科学院西双版纳热带植物园 ··········································· 43

5 贵州主要实习地点及内容 ··························································· 49
 5.1 贵阳花溪公园 ···································································· 49
 5.2 贵阳花溪十里河滩湿地公园 ················································· 52
 5.3 贵阳泉湖公园 ···································································· 55
 5.4 贵州省植物园 ···································································· 58

6 重庆主要实习地点及内容 ··························································· 61
 6.1 重庆南山植物园 ································································ 61
 6.2 重庆园博园 ······································································· 64

# 7 西藏主要实习地点及内容 ............................................. 67
## 7.1 福建园 ........................................................ 67
## 7.2 工布公园 ...................................................... 70

# 8 园林树木——乔木类 ................................................. 72
## 8.1 针叶类乔木 .................................................... 72
## 8.2 阔叶类乔木 .................................................... 81

# 9 园林树木——灌木类 ................................................ 137
## 9.1 针叶类灌木 ................................................... 137
## 9.2 阔叶类灌木 ................................................... 138

# 10 园林树木——藤木类 ............................................... 184
## 10.1 常绿藤木类 .................................................. 184
## 10.2 落叶藤木类 .................................................. 189

# 11 观赏竹类 ......................................................... 192

# 12 棕榈类 ........................................................... 195

# 13 园林花卉——一、二年生花卉 ....................................... 199

# 14 园林花卉——宿根花卉 ............................................. 214

# 15 园林花卉——球根花卉 ............................................. 235

# 16 园林花卉——水生花卉 ............................................. 243

# 17 园林花卉——兰花及多浆植物 ....................................... 247
## 17.1 兰花 ........................................................ 247
## 17.2 多浆植物 .................................................... 248

# 18 蕨类植物 ......................................................... 252
## 18.1 木本蕨类植物 ................................................ 252
## 18.2 草本蕨类植物 ................................................ 252

# 19 草坪草及观赏草 ................................................... 255
## 19.1 草坪草 ...................................................... 255
## 19.2 观赏草 ...................................................... 258

参考文献 ............................................................. 262

附录Ⅰ 园林植物拉丁学名索引 ......................................... 263

附录Ⅱ 园林植物中文名索引 ........................................... 272

# 1 中国西南地区园林植物资源概述

## 1.1 西南地区园林植物资源重要地位

中国幅员辽阔，地跨寒温带、中温带、暖温带、亚热带和热带5个气候带，包含草原、荒漠、热带雨林、常绿阔叶林、落叶阔叶林、针叶林、高原高寒植被等多种植被类型，仅有花植物就有近3万种，是世界上野生植物资源最为丰富的国家之一。

依据行政及地理区划，可将中国划分为华北、东北、华东、华中、华南、西南、西北七大区域。行政区划概念下的西南地区包含四川、云南、贵州、重庆、西藏三省一市一区，地理区划概念下的西南地区则主要包括四川盆地、云贵高原、青藏高原南部、两广丘陵西部等地理单元，两大区划概念在空间范围上基本重叠。因此，本教材所指西南地区，包含四川、云南、贵州、重庆、西藏全境。

西南地区地形地貌丰富多样，具有十分复杂的生境条件。该区处于中国第一级地势阶梯和第二级地势阶梯的过渡带，山地、高原、盆地、丘陵、平原均在此区出现。其中，以高原、山地面积最广，差不多占全区面积的90%以上，这一特点造就了西南地区明显的地域分类：青藏高原、四川盆地、云贵高原和横断山区四大地貌类型。

西南地区气候特点复杂多样，区域气候差异大，垂直分布明显，跨热带、南亚热带、中亚热带、北亚热带、南温带及青藏高原气候带6个气候带，从热带到寒带气候类型均在此区出现。西南地区特殊的地理位置使该区既受东亚季风和印度季风的影响，又受青藏高原季风的影响，形成三大季风交汇区。

西南地区独特的地理位置、复杂地形和气候条件为植被类型的复杂性和多样性奠定了基础。该区植被类型有：热带雨林、热带季雨林、常绿阔叶林、常绿落叶阔叶混交林、落叶阔叶林、硬叶常绿阔叶林、暖性针叶林、温性针叶林、竹林、稀树灌木草丛、灌丛、草甸、沼泽、湖泊水生植被等，相当于我国所有植被类型的缩影。

西南地区复杂的地形地貌以及多样的气候类型为植物提供了复杂的生境条件，西南地区植物资源异常丰富。其中，纵贯藏东南、四川西部与云南西北部的横断山脉地区和与之毗邻的藏南地区是世界植物资源最为集中的区域之一，据西南种子植物资源基础数据库记载，西南地区共有333科2万余种植物，约占中国植物资源的2/3。

据统计，云南拥有约1.7万种植物，稳居全国各省（自治区、直辖市）第一，称为"植物王国",植物种类约占全国总数的1/2;四川约有1.2万种植物,位居全国第二;重庆有6000余种植物,其中包括许多研究价值高或经济价值高的濒危珍稀物种;西藏约有9000种植物,排名全国第四;贵州约有7000种植物,位列全国第五。在野生植物资源中,约50%的植物具有观赏价值,初步估计西南地区可用于园林绿化的植物约有1万种。可以说西南地区园林绿化植物资源异常丰富,可为未来园林植物新品种培育和开发利用提供种质资源库。

19世纪开始,西南地区许多宝贵的植物资源被引入西方。"植物猎人"威尔逊从1899年起,先后4次深入中国西南地区,采集了65 000多份植物标本,把将近1600种中国特有的植物移植到西方园林,包括岷江百合(*Lilium regale*)、报春花(*Primula malacoides*)、山玉兰(*Magnolia delavayi*)、小木通(*Clematis armandii*)、大白杜鹃(*Rhododendron decorum*)、尖叶山茶(*Camellia cuspidata*)、虎耳草(*Saxifraga stolonifera*)、盘叶忍冬(*Lonicera tragophylla*)、巴山冷杉(*Abies fargesii*)、红桦(*Betula albosinensis*)、血皮槭(*Acer griseum*)等。威尔逊在四川康定折多山采集到的全缘叶绿绒蒿(*Meconopsis integrifolia*)成为西方家喻户晓的观赏花卉。威尔逊的4次中国之旅不仅向世界展示中国西南地区植物的丰富多样性,而且很大程度上提升了西南地区乃至中国植物在世界园林中的地位,丰富了世界园林植物的种质资源,中国从此被冠以"世界园林之母"的美称。

西南地区丰富多样的植物资源是自然界最宝贵的财富之一,具有生态、观赏、生产等方面的功能,园林植物开发利用的潜力大,对于缓解城市环境压力、营造美好的人居环境具有显著作用,是实现生态系统良性循环的重要组成部分,因而具有极其重要的地位和作用。

## 1.2 西南地区园林植物资源分区

园林植物分区以反映地域性所表现的典型的、占优势的园林绿化植物类型,并有一定的植物区系成分为主要指标进行分区。以吴征镒《中国植被》植物区系区划作为依据,在植被水平地带性划分的基础上,根据热量或水分的分异、垂直地带性或其他非地带性因素(如地貌构造)所引起的植被差异的影响,可将西南地区园林植物进一步归入3个区域,即热带园林植物区、亚热带园林植物区和青藏高原高寒园林植物区(表1-1)。

表1-1 中国西南地区园林植物资源分区、植被地带类型及其地域范围

| 园林植物资源分区 | 所属自然植被区域类型 | 地带型植被型 | 地域范围 |
| --- | --- | --- | --- |
| 热带园林植物区 | 热带季雨林、雨林区域 | 中亚热带常绿阔叶林、南亚热带雨林季雨林成分常绿阔叶林 | 云南南部、西南部,西藏东南部 |
| 亚热带园林植物区 | 亚热带常绿阔叶林区域 | 南亚热带季风常绿阔叶林地 | 云南中部、贵州南部 |
| | | 中亚热带季风常绿阔叶林地 | 云南北部、四川盆地、贵州大部分地区 |
| | | 中亚热带常绿阔叶林北部亚地带 | 四川东部及东北部、重庆全域、贵州大部分地区 |
| | | 亚热带山地寒温性针叶林地 | 四川西部、西藏东部 |

(续)

| 园林植物资源分区 | 所属自然植被区域类型 | 地带型植被型 | 地域范围 |
|---|---|---|---|
| 青藏高原高寒园林植物区 | 青藏高原高寒植被区域 | 温性草原地带 | 西藏西南部(喜马拉雅山脉北麓) |
| | | 高寒灌丛、草甸地带 | 四川北部、西北部 |
| | | 高寒草原地带 | 西藏北部、中部 |
| | | 高寒草甸地带 | 西藏东北部 |

**(1) 热带园林植物区**

热带园林植物区主要包含云南南部、西南部及西藏东南部，地貌以起伏山地为主。自然植被类型属于热带季雨林、雨林区域，地带型植被型为中亚热带常绿阔叶林、南亚热带雨林季雨林成分常绿阔叶林，云南南部、西南部属低热河谷区，有一部分在北回归线以南，进入热带范围，长夏无冬，热量丰富，且该区域临近热带海洋，位于青藏高原的东南部，在西南暖湿气流和东南暖湿气流的共同影响之下，具有水汽充足、降水量丰富的特点。喜马拉雅山脉和念青唐古拉山脉由西向东平行伸展，东部与横断山脉对接，东南低处受顺江而上的印度洋暖流与北方寒流的影响，使西藏东南部(如墨脱县)形成特殊的热带湿润和半湿润气候。

由于其气候条件和特殊的地形地貌，故本区园林植物中的乡土种均属热带雨林和季雨林植被类型，其中最具代表性的特有植物有龙脑香科(Dipterocarpaceae)、兰科(Orchidaceae)、禾本科(Poaceae)、豆科(Fabaceae)、樟科(Lauraceae)、茜草科(Rubiaceae)、棕榈科(Arecaceae)、芭蕉科(Musaceae)、杜鹃花科(Ericaceae)等。外来引种且适应生长的植物资源亦多表现出热带景观特征，本区热带优势植被有桑科榕属(*Ficus*)、无患子科番龙眼属(*Pometia*)、山榄科桃榄属(*Pouteria*)、四数木科四数木属(*Tetrameles*)等植物。除此之外，在园林中应用较多的还包括秋海棠属(*Begonia*)、苦苣苔科(Gesneriaceae)大多数植物、报春花属(*Primula*)以及众多的兰科、百合科(Liliaceae)、天南星科(Araceae)、菊科(Asteraceae)、姜科(Zingiberaceae)等极具观赏价值的植物。

**(2) 亚热带园林植物区**

亚热带园林植物区涉及范围较广，主要包含四川、云南、贵州三省大部分地区，西藏东部及重庆全域，地势地貌复杂多样，高原、中山丘陵、低山丘陵、平原、河谷等地貌均有分布。自然植被类型属于亚热带常绿阔叶林区域。从热量条件看，本区气候类型较复杂，涵盖南亚热带、中亚热带、亚热带山地寒温性地带等，其中，云南中部属于南亚热带，云南北部、四川盆地、贵州大部分地区属于中亚热带，川西高原、西藏东部属于亚热带山地寒温性针叶林地带。本区年极端温度、年降水量、年日照等气候因子也有着明显的差异性，因此，园林植物资源以及植被景观非常丰富，除少量属于山地寒温性针叶林地植物景观外，总体上属于亚热带常绿阔叶林地。处于高山、亚高山的区域，如西藏昌都地区、甘孜藏族自治州南部、阿坝州以及凉山州等地主要为亚热带山地寒温性针叶林地，众多针叶树是其特有乡土树种，如金钱松属(*Pseudolarix*)、铁杉属(*Tsuga*)、黄杉属(*Psudotsuga*)、冷杉属(*Abies*)、油杉属(*Keteleeria*)、云杉属(*Picea*)、杉木属(*Cunninghamia*)、柳杉属(*Cryptomeria*)、柏属(*Cupressus*)、扁柏属(*Chamaecyparis*)、翠柏属(*Calocedrus*)等松杉柏类植物种类丰富。除此之外，分布于此区域中可应用于园林的植物资源还有滇青冈(*Cyclobalanopsis glaucoides*)、鞭打绣球(*Hemiphragma heterophyllum*)、龙胆属(*Gentiana*)、报春花属、虎耳草(*Saxifraga stolonlfera*)、地涌金莲(*Musella lasiocarpa*)、牛筋条(*Dichotomanthes tristaniaecarpa*)、茶条木(*Delavaya toxocarpa*)等。中亚热带地区海拔高度多在300~800m，年平均气温15~19℃，年降水量1000~1200mm。主要分布木兰科(Magnoliaceae)、山茶科(Theaceae)、金缕梅科(Hamamelidaceae)、锦葵科(Malvaceae)、禾本科、桑科(Moraceae)、杉科(Taxodiaceae)、冬青科(Aquifoliaceae)、山茱萸科(Cornaceae)、悬铃木科(Platanaceae)、百合科、紫茉莉科(Nyctaginaceae)、蜡梅科(Calycanthaceae)、千屈菜科(Lythraceae)、鸢尾科(Iridaceae)、木犀科(Oleaceae)等植物。南亚热带地区具有代表性的园林植物有朴属(*Celtis*)、鹅掌楸属(*Liriodendron*)、木兰属(*Magnolia*)、木莲属(*Manglietia*)、含笑属(*Michelia*)、金缕梅科蚊母树属(*Distylium*)、檵木属(*Loropetalum*)、枫香属(*Liquidambar*)、马蹄荷属(*Exbucklandia*)、槭树科金钱槭属(*Dipteronia*)、无患子科伞花木属(*Eurycorymbus*)、栾树属(*Koelreuteria*)等。

**(3) 青藏高原高寒园林植物区**

青藏高原高寒园林植物区包括西藏除东南部以外的大部分区域、川西甘孜州大部分及凉山州部分地区，总体位于中国青藏高原，平均海拔在4000m以上。自然植被类型属于青藏高原高寒植被区域。该区高寒多风，干燥少雨，全年无夏，并且多冰雹、暴雪等自然灾害，土质瘠薄，石砾含量高，普遍盐碱重，土壤主要是棕壤、黄棕壤及草甸地带。超高海拔自然环境条件是园林植物正常生长最大的限制因子，受制于当地气候环境条件，植物生长上存在"乔木灌木化"趋势。该地区高大乔木较为少见，植被景观主要呈现为高山灌丛、草甸以及高山草原。此区域具有代表性的园林植物资源主要包括以杨柳科(Salicaceae)、槭树科、桦木科(Betulaceae)和柏科(Cupressaceae)为主的乔木，以杜鹃花属(*Rhododendron*)、小檗属(*Berberis*)、豆科和蔷薇科(Rosaceae)为主的灌丛，以及菊科和禾本科植物构成的草本地被。川杨(*Populus szechuanica*)是杨柳科杨属植物，为青藏高原特有树种，其树干挺直，树冠宽大，株高可达25m，胸径超过1.5m，多生于海拔2000~4500m河谷、沟边的冲积土或草甸土。该种生长缓慢，寿命超过千年，抗寒、抗旱、耐贫瘠、耐水湿，具有很高的园林观赏、用材和生态价值；槭树科槭树属(*Acer*)植物喜冷凉气候，多分布在本区，由于其奇特的叶形和色彩各异的季相变化，受到世界园林界的广泛重视。如太白深灰槭(*A. caesium*)、篦齿槭(*A. pectinatum*)、四蕊槭(*A. tetramerum*)等已作为园林植物引种采集到其他地方；豆科植物对寒冷、干旱、风沙等恶劣气候环境具有很强的适应性，能够生长在荒漠、半荒漠地区，多呈片状分布，如砂生槐(*Sophora moorcroftiana*)、锦鸡儿属(*Caragana*)等多属此类；小檗属广泛分布于本区的各种植被类型中，在各地区的高山灌丛群落中多为建群种，具有广泛的适应性。

## 1.3 西南地区园林植物资源特点

西南地区地形地貌复杂，具有十分复杂的生境条件，著名的三江并流(金沙江、澜沧江和怒江)、珠穆朗玛峰和横断山脉均在此区域,另外,雪山草地和热带雨林也在此区域有分布,是世界植物资源最为集中的区域之一。西南地区丰富的园林植物资源具有以下特点:

**(1) 种质资源丰富,成分复杂**

西南地区地形地貌复杂,高山众多、河流纵横、峡谷和盆地广布,复杂的生境条件孕育着异常丰富的植物种类和植被类型。西南地区植被类型除不含青藏区腹地的高寒荒漠和西北区的温带、暖温带荒漠、荒漠草原外,相当于从海南岛到黑龙江北部我国所有植被类型的缩影。西南地区特殊的生态系统孕育着近2万种高等植物,估计近一半植物有观赏价值,野生观赏植物是园林造景和未来选育观赏植物栽培品种的源泉。西南地区是中国和世界上植物种质资源最丰富的地区之一,位于西藏东南、四川西北和云南西北部的横断山脉地区被称为"中国西南山地生物多样性热点地区"。

**(2) 园林植物景观多样性丰富**

西南地区约有1万种具有观赏价值的植物,其景观多样性相当丰富。西双版纳等热带地区拥有很多热带、亚热带特色植物(如山茶、木兰、兰花)闻名于世;许多高山植物(如云杉属、冷杉属和落叶松属等裸子植物)具有宽大的树冠和优美的树形;报春花科、百合科、龙胆科、毛茛科、绿绒蒿属、马先蒿属、蓼属、驴蹄草属等具有极其美丽的花形和花色。中国西南地区的园林植物种质资源对世界园林植物的贡献非常之大,如世界顶级植物园之一的邱园(Royal Botany Garden, Kew)的标本数70%以上采集于西南地区。另外,西南地区是全球杜鹃花(Rhododendron spp.)和山茶(Camellia spp.)主要分布中心,目前世界各地园林中种植的杜鹃花和山茶,绝大多数引种于此。以著名高山花卉杜鹃花为例,其生态类型变幅极大,包括常绿、半常绿、落叶、乔木、灌木、附生等多种类型。在形态上,常见的有伞形、圆球形、半圆形、匍匐形,既有树干高25m以上的大树杜鹃(R. protistum var. giganteum),也有株高不足10cm的平卧杜鹃(R. pronum)。其花序、花形和花色也变化多样,花通常为伞形总状或短总状花序,但也有单花着生于叶腋,如柳条杜鹃(R. virgatum);另外,杜鹃花的花径由小至大,花朵大的直径超过10cm,小的不到1cm,花瓣既有单瓣,也有重瓣,花冠形式有钟形、蝶形、喇叭形、漏斗形、辐射形、管状、碗状等;其花色也极为丰富,具有红、粉红、紫、金黄和雪白等色,内侧上表面还有五彩缤纷的点、条、斑、块、晕等点缀;在花香方面,则有无香、淡香、幽香和浓香多种变化。

**(3) 孑遗及特有植物资源丰富**

因第四纪冰川对西南地区影响较小,保存了大量的孑遗植物,而且单种属以及特有种数量丰富,如西藏特有的西藏红杉(Larix griffithii)、喜马拉雅红杉(L. himalaica)、巨柏(Cupressus gigantea)、西藏冷杉(Abies spectabilis)、长叶云杉(Picea smithiana)、西藏木莲(Manglietia caveana)等;云南特有的巧家五针松(Pinus squamata)、云南金钱槭(Dipteronia dyeriana)、垂子买麻藤(Gnetum pendulum);贵州特有植物如青岩油杉(Keteleeria davidiana)、小黄花茶(Camellia luteoflora)、贵州石笔木(Pyrenaria pingpienensis)、雷公山槭(Acer legongsanicum)等;四川特有植物如四川红杉(Larix mastersiana)、康定云杉(Picea likiangensis var. montigena)、峨眉含笑(Michelia wilsonii)、峨眉拟单性木兰(Parakmeria omeiensis)、四川牡丹(*Paeonia decomposita*)等；重庆的特有植物有缙云黄芩(*Scutellaria tsinyunensis*)等。还有如连香树(*Cercidiphyllum japonicum*)、杜仲(*Eucommia ulmoides*)、蓝果树(*Nyssa sinensis*)、香果树(*Emmenopterys henryi*)、金钱松(*Pseudolarix amabilis*)、水青树(*Tetracentron sinense*)西藏柏木(*Cupressus torulosa*)、林芝云杉(*Picea likiangensis* var. *linzhiensis*)、云南红豆杉(*Taxus yunnanensis*)等我国特有植物在西南诸省均有分布。此外，西南地区还拥有如珙桐(*Davidia involucrata*)、银杉(*Cathaya argyrophylla*)、银杏(*Ginkgo biloba*)、水杉(*Metasequoia glyptostroboides*)、杜仲、梵净山冷杉(*Abies fanjingshanensis*)、攀枝花苏铁(*Cycas panzhihuaensis*)、峨眉拟单性木兰等大量孑遗植物，这些孑遗植物中，银杏、水杉、杜仲、金钱松已在园林中作为行道树广泛应用，还有其他观形、观叶、观果的乡土植物可作为园林新型种质资源直接应用。

**(4) 珍稀及重点保护植物资源丰富**

西南地区2万余种高等植物中属于珍稀濒危植物及国家级保护植物的种类非常丰富。四川共有国家Ⅰ级保护植物18种，如珙桐、红豆杉(*Taxus wallichiana* var. *chinensis*)、高寒水韭(*Isoetes hypsophila*)等；国家Ⅱ级保护植物53种，如连香树、鹅掌楸(*Liriodendron chinense*)、金钱松等。云南共有国家Ⅰ级保护植物22种、国家Ⅱ级保护植物51种。贵州有国家Ⅰ级保护植物14种、国家Ⅱ级保护植物36种。这些国家级保护植物中约50%具有观赏价值，如珙桐、香果树、圆叶天女花(*Oyama sinensis*)、红花绿绒蒿(*Meconopsis punicea*)等，可用作园林植物新品种培育的种质资源或者直接作为乡土园林植物栽培使用。

**(5) 古树名木繁多**

古树名木是自然界和前人留下的珍贵遗产，被誉为"活的文物"。西南地区古树名木众多，如四川的"剑阁柏"以及"金城山红豆树"；西藏的"米林大杨树""通麦栎巨树"，以及被誉为"中国柏科树木之最"的林芝县"巴结巨柏"；云南的"九头龙树王"黄连木，有"中国第一桉"之称的蓝桉树；贵州被称为"帝王之木"的金丝楠木以及有"中华银杏王"之称的古银杏；重庆巫溪县鱼鳞乡被评为首批"中国最美古树"的铁坚油杉。

西南地区优越的自然生态环境孕育了丰富多彩的植物资源，其与人文精神相结合形成了西南地区古树名木特有的风采和丰厚的内涵，它们记录了大自然的历史变迁，传承了人类发展的历史文化，孕育了自然绝美的生态奇观，承载了广大人民群众的乡愁情思。因此，加强古树名木保护对于保护自然与社会发展历史，弘扬先进生态文化具有十分重要的历史、文化、生态、社会和科研价值。

# 2 园林植物基础知识

## 2.1 园林植物主要识别特征

植物体各部位，包括根、茎、叶、芽、花、果、枝、皮等的形态特征是进行植物分类和识别的重要依据。

### 2.1.1 叶

**(1) 叶形**

叶形是指叶的形状，不同植物的叶大小不同，形态各异。但就一种植物来讲，又比较稳定，可以作为植物识别和分类的依据。叶形主要根据叶片的长宽比例和最宽处的位置决定。常见叶形类型如图 2-1 所示。

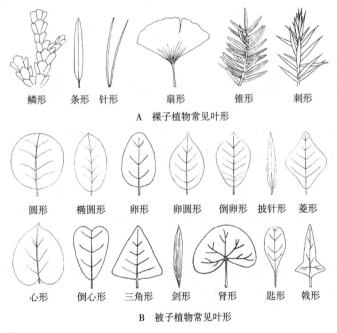

鳞形　条形　针形　扇形　锥形　刺形

A　裸子植物常见叶形

圆形　椭圆形　卵形　卵圆形　倒卵形　披针形　菱形

心形　倒心形　三角形　剑形　肾形　匙形　戟形

B　被子植物常见叶形

图 2-1　叶形类型

**（2）叶端**

叶端是指叶片的上端或顶部。植物种类不同，叶端形状差异很大。常见的叶端类型如图 2-2 所示。

**（3）叶基**

叶基是指叶片的基部，主要叶基类型如图 2-3 所示。

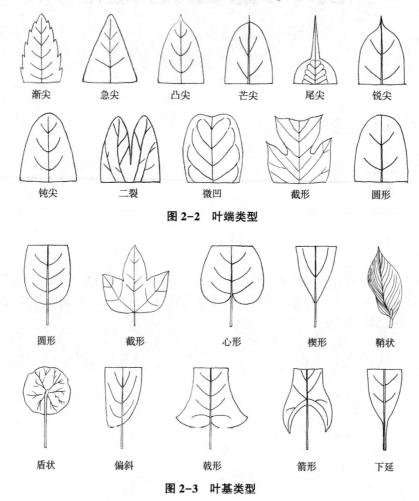

图 2-2　叶端类型

图 2-3　叶基类型

**（4）叶缘**

叶缘是指叶片的周边。常见叶缘类型如图 2-4 所示。

**（5）叶裂**

有的植物种类叶缘缺刻深且大，形成叶片的分裂。根据缺刻深浅和裂片排列形式的不同，可以将叶裂分为图 2-5 中所示几种类型。

**（6）叶脉**

叶脉是生长在叶片的维管束，经过叶柄分布到叶片的各个部分。根据叶片形态、主侧

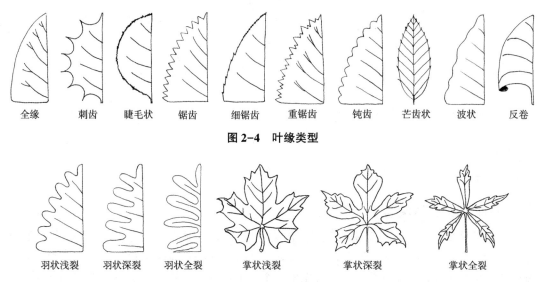

图 2-4　叶缘类型

（全缘　刺齿　睫毛状　锯齿　细锯齿　重锯齿　钝齿　芒齿状　波状　反卷）

图 2-5　叶裂类型

（羽状浅裂　羽状深裂　羽状全裂　掌状浅裂　掌状深裂　掌状全裂）

脉分布及形态的不同，可将叶脉分为图 2-6 中所示几种类型。

**（7）叶序**

叶序是指叶在茎上排列的顺序。常见叶序类型如图 2-7 所示。

**（8）单叶与复叶**

植物的叶有单叶和复叶两类。单叶是指一个叶柄上着生一个叶片，复叶是指一个叶柄上着生多个叶片。根据小叶在叶轴上排列方式和数目的不同，复叶主要分为图 2-8 中所示几种类型。

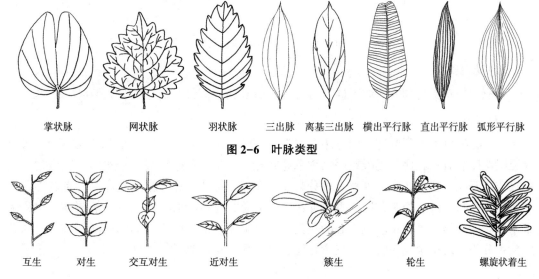

图 2-6　叶脉类型

（掌状脉　网状脉　羽状脉　三出脉　离基三出脉　横出平行脉　直出平行脉　弧形平行脉）

图 2-7　叶序类型

（互生　对生　交互对生　近对生　簇生　轮生　螺旋状着生）

图 2-8 复叶类型

### 2.1.2 花

**(1) 花的结构及对称类型**

被子植物的花由花梗、花托、花被(含花萼和花冠)、雌蕊(含柱头、花柱、胚珠和子房)和雄蕊(含花药和花丝)几部分组成。以花的对称性可分为辐射对称花、两侧对称花及不对称花。辐射对称花即通过花的中心可作出 2 个以上对称面的花,又称整齐花,如梅花、桃花等。两侧对称花则是通过花的中心只能作出 1 个对称面的花,又称不整齐花,如紫藤、槐等。不对称花是通过花的中心不能作出对称面的花,如美人蕉的花(图 2-9)。

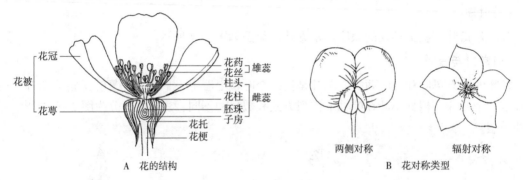

图 2-9 花的结构及对称类型

**(2) 花冠类型**

花冠根据花瓣排列方式的不同,可分为高脚碟状、管状、漏斗状等类型(图 2-10)。

**(3) 花序**

花在花序轴上排列的方式叫花序。根据花序轴长短、分枝与否、小花有无花柄,可分为无限花序和有限花序。无限花序又称总状式花序,是指花序轴基部依次向上或由边缘向中央依次开花,根据花序排列特点可分为总状花序、穗状花序、伞房花序、伞形花序、柔荑花序、头状花序、隐头花序、复伞形花序、复总状花序(圆锥花序)等。有限花序也称为聚伞类花序,是花序轴顶端或中心的花先开,自上而下或自中心向周围逐渐开放。有限花序又可分为单歧聚伞花序、二歧聚伞花序、多歧聚伞花序等(图 2-11)。

### 2.1.3 果实

裸子植物种子裸露,没有真正的果实,球果是大多数裸子植物具有的生殖结构。由多

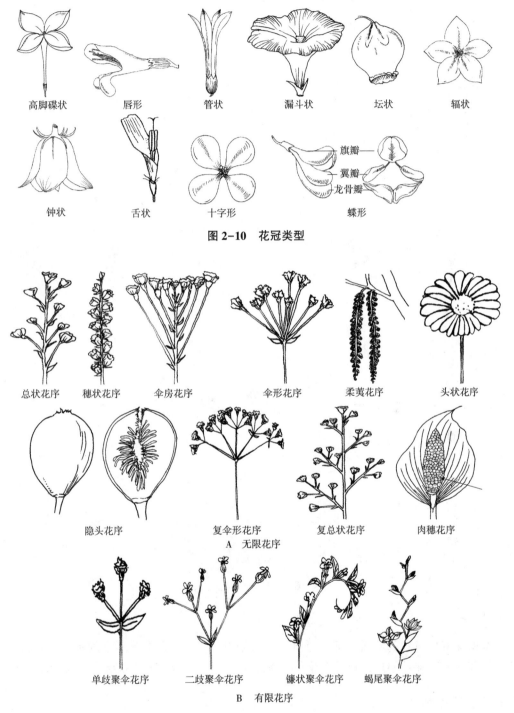

图 2-10 花冠类型

图 2-11 花序类型

数腹面着生种子的种鳞和种鳞背面的苞鳞组成。松科松属植物的种鳞上部肥厚露出的盾形部分称为鳞盾；鳞盾顶端或中央凸起或凹下部分称为鳞脐；鳞盾上纵向或横向的脊称为鳞脊。此为裸子植物分类的依据之一。

根据果皮性质的不同，可将被子植物的果实分为干果和肉果。根据果皮是否开裂，干果又可分为蓇葖果、荚果、蒴果、瘦果、翅果、坚果、颖果等；肉果又可分为浆果、梨果、核果、柑果等(图2-12)。

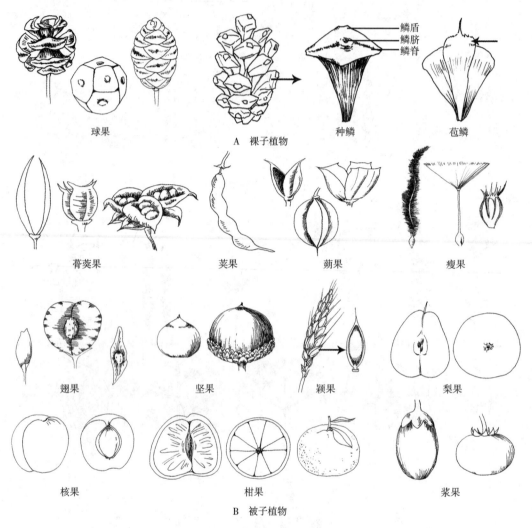

图 2-12 果实类型

## 2.1.4 芽

根据芽着生位置的不同，可分为顶芽、侧芽和不定芽；根据芽形态的不同，可分为鳞芽、裸芽和柄下芽；根据几枚芽着生位置关系的不同，可分为并生芽和叠生芽(图2-13)。

## 2.1.5 茎及刺

根据茎形态的不同，可分为直立茎、斜生茎、缠绕茎、匍匐茎等；根据茎变态的不同，可分为根状茎、贮藏茎(如球茎、鳞茎、块茎)、叶状茎、茎卷须等(图2-14)。

根据茎上刺来源的不同，可分为皮刺、叶刺(如托叶刺)、茎刺(又名枝刺，如单刺、

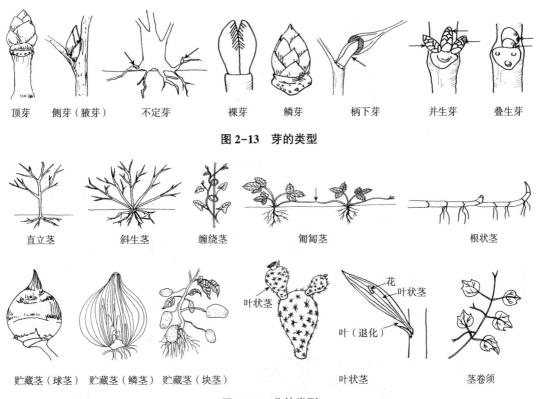

图 2-13 芽的类型

图 2-14 茎的类型

分枝刺)(图 2-15)。

## 2.1.6 根

植物的根一般生长于地下,形成庞大的根系,起吸收与支持的作用。变态根是形态、结构和生理功能发生了显著变化的根。常见的变态根有贮藏根(如肉质直根、块根)、气生根(如支柱根、攀缘根、呼吸根)及寄生根等(图 2-16),其中一些植物的根往往可以形成特别的景观效果。

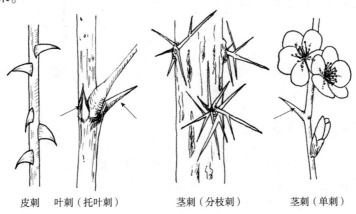

图 2-15 刺的类型

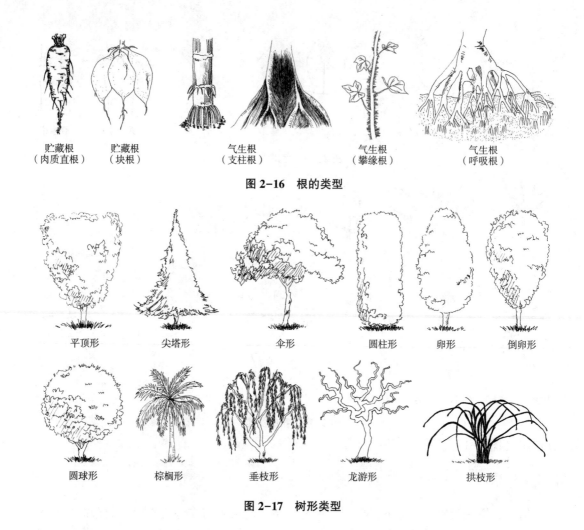

图 2-16 根的类型

图 2-17 树形类型

## 2.1.7 树形

植物常见的树冠外形如图 2-17 所示。

## 2.1.8 树皮

树皮的形态主要表现在树皮的裂纹、皮孔、皮刺、皮瘤、枝痕、叶痕和木栓翅形态等方面。常见的树皮表面形态如图 2-18 所示。

## 2.1.9 竹的结构和地下茎类型

竹秆由秆茎、秆环、节、箨环、秆基、芽、根眼和秆柄组成；秆箨由箨叶、箨舌、箨耳、遂毛和箨鞘组成。根据繁殖特点和形态特征的不同，竹的地下茎可分为单轴散生型、合轴丛生型和复轴混生型(图 2-19)。

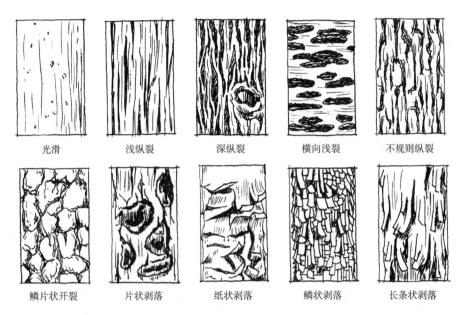

图 2-18　树皮类型

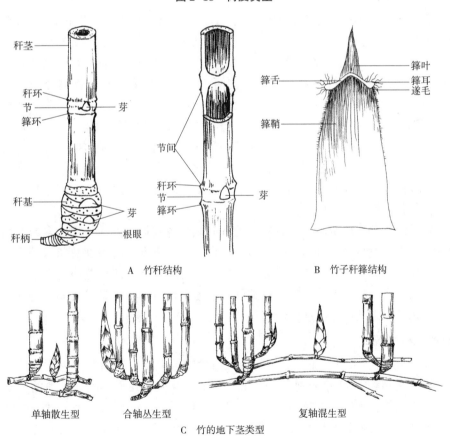

图 2-19　竹的结构和地下茎类型

## 2.2 园林植物分类

地球上约有 50 万种植物，高等植物达 35 万种以上。据不完全统计，全世界园林植物约有 3 万种，常用者约 6000 种；我国原产的园林植物 1 万~2 万种，常用者约 2000 种。因此，对这些数量庞大的园林植物进行分类，是我们识别和应用园林植物的必要前提。目前，园林植物的分类方法主要有自然分类方法和人为分类方法两种。

### 2.2.1 自然分类方法

以界（kingdom）、门（division）、纲（class）、目（order）、科（family）、属（genus）、种（species）为分类等级，根据植物进化顺序和亲缘关系进行的分类学方法，可以反映植物的自然发展规律。17 世纪至今，全世界很多植物学家根据各自的观点创立了不同的自然分类系统。目前我国广泛采用的裸子植物分类系统为我国著名植物学家郑万钧教授于 1978 年发表的系统，在国际上也有较大影响。常用的被子植物分类系统如下。

**（1）恩格勒系统**

恩格勒系统是德国植物分类学家恩格勒（A. Engler）和勃兰特（K. Prantl）于 1897 年在其巨著《植物自然分科志》中所使用的系统，它是分类学史上第一个比较完整的系统。该系统将植物界分为 13 门，被子植物是 13 门中的一个亚门，即种子植物门被子植物亚门，并将被子植物亚门分为单子叶植物和双子叶植物两个纲，再将双子叶植物纲分为离瓣花亚纲（古生花被亚纲）和合瓣花亚纲（后生花被亚纲）。该系统特点为：①认为单子叶植物和双子叶植物分别起源于未知的、已灭绝的裸子植物（接近现代的买麻藤类）；②以假花学说为基础，认为单性、单被或无花被的柔荑花序类是双子叶植物的原始类群，并将其放在系统的最低位置，而把木兰目和毛茛目等看作是较进化的类群；③将单子叶植物放在双子叶植物之前（于 1964 年修改为双子叶植物在前），把合瓣花植物归为一类，认为其是较进化的植物类群；④目和科的范围较大。

恩格勒系统按照花构造由简单到复杂的方向排列各植物的方式与现代多数植物学者的看法相反，像木麻黄目、杨柳目、壳斗目、荨麻目等，根据木材解剖及花粉等方面的研究发现，乃是很特化的群，它们构造简单的单性花由更为复杂的两性花演化而来。但恩格勒分类系统包括了当时植物界认知的所有类群，成为现代"假花学派"分类系统的代表，也标志着现代植物分类系统研究时期的开端。

**（2）哈钦松系统**

英国学者哈钦松（J. Hutchinson）于 1926 年和 1934 年先后出版了两卷《有花植物科志》，又于 1959 年和 1973 年分别出版了第二版和第三版，在书中阐释了他的被子植物分类系统，其特点是：①属于真花学派，主要基于柏施（Bessey）的分类系统建立，认为被子植物起源于裸子植物中具两性孢子叶球的本内苏铁类；②认为木兰目和毛茛目是最原始的，而柔荑花序类群较进化，起源于金缕梅目；③把双子叶植物分为由木兰目起源的木本类和由毛茛目起源的草本类，认为这两类均由假设的原始被子植物演变而来；④认为单子叶植物起源于双子叶植物的毛茛目，推断花蔺目可能源于毛茛目的蓇葖果类，而泽泻目可能源于毛茛目的瘦果类；⑤将单子叶植物主要按照花被的特征分为三个群：Ⅰ花被分化为花萼和花冠的萼花类，Ⅱ花被不分化为花萼和花冠的冠花类，Ⅲ花被简化的颖花类。⑥目和科的范围较小。

哈钦松系统较恩格勒系统更占上风，后来的塔赫他间系统、克朗奎斯特系统都是在其基础上发展起来的。但该系统亦存在重要的缺点，即过分强调了木本和草本两个来源，结果使得亲缘关系很近的一些科在系统位置上都相隔很远，如草本的伞形科和木本的山茱萸科、五加科，草本的唇形科和木本的马鞭草科等，这种观点亦受到现代许多分类学家的反对。

**（3）塔赫他间系统**

苏联植物学家塔赫他间（A. Takhtajan）自1954年出版了系列关于被子植物起源的专著，其分类系统的主要特点为：①坚持真花学说，认为被子植物单元起源于已灭绝的裸子植物种子蕨，并通过幼态成熟演化而成，否定了所有现存裸子植物类群作为被子植物祖先的可能性；②全部单子叶植物起源于具单沟舟形花粉的水生双子叶植物睡莲目，木兰目更原始，由它发展出毛茛目和睡莲目；③柔荑花序起源于金缕梅目；④草本植物由木本植物演化而来，菊科、唇形目是高级类型，木本类型处于较原始的低级发展阶段。

塔赫他间系统首次打破了传统上把双子叶植物分为离瓣花亚纲和合瓣花亚纲的界限，将芍药属独立成科，处理柔荑花序比原来更进步，被多数学者所接受，但是加上了"超目"这一分类单元，科的数量达到410，略显烦琐。

**（4）克朗奎斯特系统**

美籍瑞士人克朗奎斯特（Arthur Cronquist）于1981年出版了《有花植物的综合分类系统》一书，对全世界的被子植物做了全面的论述。克朗奎斯特系统亦属于"真花学说"学派，该系统将双子叶植物分为6亚纲、62目、317科，将单子叶植物分为5亚纲、19目、61科，其特点是：①认为被子植物起源于种子蕨，而排除了起源于其他裸子植物（包括本内苏铁类）的可能性；②把绝大多数现存的原始双子叶植物放在第一个亚纲——木兰亚纲中，此亚纲也就成了被子植物最原始的群，其他群都从这个群衍生而出，这个亚纲包含有以下被子植物原始的特征：木质部没有导管，花各部数量不定，雄蕊呈片状，不分化为花丝和花药，花粉有一个萌发孔，心皮没有明显的花柱和柱头等；③认为花趋向简化，多为单性，具一层花被或无花被，常组成柔荑花序是被子植物早期特化路线的残余，是适应风媒传粉的演化路线，而非"假花学说"认为是被子植物的原始类群；④认为单子叶植物起源于原始的双子叶植物，其祖先可能与现在的睡莲类植物相似；⑤选择雄蕊发育方向作为区分双子叶植物各亚纲的重要特征之一；⑥科的范畴与哈钦松系统相似，但比哈钦松系统略大。

克朗奎斯特系统与塔赫他间系统接近，但其取消了"超目"的分类单元，并且引用了解剖学、植物化学、古植物学和地理学证据，使植物分类更科学。克朗奎斯特系统在各级分类的安排上，似乎比以前的几个分类系统更合理，科的数量和范围也适中，有利于教学使用，该系统自发表后受到普遍重视和多数学者的采用。

**(5) 被子植物 APG 系统**

APG 系统是由被子植物系统发育研究组(Angiosperm Phylogeny Group，APG)于 1998 年以分支分类学和分子系统学为研究方法提出的被子植物新分类系统。该系统与以上依照形态分类的传统分类系统截然不同，主要依照植物基因组 DNA 的顺序，以亲缘分支的方法进行分类。APG 系统中，被子植物由基部类群和由木兰类、金粟兰目、单子叶植物、金鱼藻目及真双子叶植物组成的五大主要分支构成。其中基部类群也称为早期被子植物，由无油樟目、睡莲目和木兰藤目构成。随着分子数据的不断增加，截至 2016 年已经历了 3 次修订，其主要特点为：①证明了传统分类系统中将被子植物分为双子叶植物和单子叶植物的不自然性；②解决了一些依据形态学性状未能确定的类群的系统位置，如领春木科(Eupteleaceae)；③证实了单沟花粉和三沟花粉在被子植物高级分类单元划分中的重要性；④发现多雄蕊的向心发育和离心发育不能作为划分纲或亚纲的重要依据。

该系统基于 DNA 序列的分子系统学，相比较于以形态学为基础的传统植物分类系统而言，具有更高的科学性，自该系统产生以来对被子植物系统学和分类学研究产生了重大影响，但这个分类系统许多分子数据与形态学证据不协调、不统一、不易被理解，有待进一步研究证实和完善。

## 2.2.2 人为分类方法

为方便植物在园林中的应用，可以根据人为分类方法进行分类。人为分类方法可以根据植物生物学特性及生长习性、观赏特征和园林用途三种方式进行分类。

### 2.2.2.1 按照生物学特性及生态习性分类

生物学特性是指植物的个体生长发育规律及其生长周期各阶段的性状表现。生态习性是指生物在与环境长期相互作用下所形成的固有适应属性。根据这些特性的不同，可将园林植物分成园林树木与园林花卉两大类。

**(1) 园林树木**

园林树木是指适用于城市(镇)、风景名胜区、度假及疗养胜地和各种类型园林绿地栽种的具有一定观赏价值的木本植物，根据树木生长类型和形态特征的不同，可分为乔木、灌木、藤木、观赏竹类和棕榈类。

①乔木类　树体高大，通常 6m 以上具有明显主干的直立木本植物。根据高度的不同，又可分为伟乔(>30m)、大乔(20~30m)、中乔(10~20m)及小乔(6~10m)；根据生长速度的不同，可分为速生树(快长树)、中速树、缓生树(慢长树)；还可分为针叶乔木、阔叶乔木或常绿乔木、落叶乔木等。乔木是园林绿化中的骨架植物。

②灌木类　通常树高 6m 以下，无明显主干的木本植物。根据枝条类型的不同，可细分为直立灌木(枝条直立，如黄杨)、垂枝灌木(枝条拱垂，如野迎春)、匍匐灌木(枝条匍匐于地面，如平枝栒子)等；还可分为常绿灌木和落叶灌木两类。灌木种类繁多，往往兼具观叶、观花或观果多种观赏价值，其应用方式多样，在园林绿化中占有重要地位。

③藤木类　地上部不能直立生长，须缠绕或攀附他物向上生长的植物。根据攀附方式的不同，可分为缠绕类(主枝缠绕他物者，如紫藤)、吸附类(借助吸盘，如地锦，或借助

吸附根，如凌霄)、卷须类(借助卷须缠绕，如葡萄)和钩刺类(借助枝条上的钩刺攀附，如野蔷薇)。藤木类植物是地面覆盖、篱垣棚架和假山建筑等垂直绿化的优良材料。

④观赏竹类　具有地上茎(竹秆)和地下茎(竹鞭)等特殊形态特征的一类具有观赏价值的多年生木本植物(少数为草本、藤本)。根据地下茎的不同，可分为单轴型散生竹(如刚竹、紫竹)、合轴型丛生竹(如孝顺竹、佛肚竹)和复轴型混生竹(如箬竹)。我国西南地区是其主要分布区域之一，竹文化璀璨，园林应用广泛，丰富多彩的观赏竹可形成不同的园林景观或营造竹类专类园。

⑤棕榈类植物　是分布于热带、亚热带地区棕榈科植物的统称，一般为常绿乔木或灌木。该类植物树干通直；茎单生或丛生，大型叶集中在树干顶部，多为掌状分裂或羽状深裂；花小，淡黄绿色，雌雄异株。棕榈类植物形态独特，可营造独特的热带风光。

**(2) 园林花卉**

园林花卉是指具有一定观赏价值的草本植物。根据生活周期和地下形态特征以及栽培生境的不同，可分为以下七类。

①一、二年生花卉　一年生花卉是指一年内完成整个生长发育过程的花卉，一般在春季播种，夏秋开花结实，入冬前死亡。一年生花卉一般不耐寒，多为短日照花卉，如万寿菊、鸡冠花等。二年生花卉是指生活周期经两年完成整个生长发育过程的花卉，一般在秋季播种，进行营养生长，翌年春季开花结实。二年生花卉耐寒力强，但不耐高温，如三色堇、虞美人等。一、二年生花卉株形整齐、色彩鲜艳，是布置花坛、花境、花带等的优良材料。

②宿根花卉　是指个体寿命超过两年，地下部形态器官形态未发生肥大变态的多年生草本花卉。根据耐寒力及休眠习性的不同，宿根花卉可分为落叶宿根花卉和常绿宿根花卉。落叶宿根花卉耐寒力强，冬季地上部枯死，地下部休眠，春季气候转暖时重新生长开花，如菊花、芍药、萱草等。常绿宿根花卉耐寒力弱，主要分布于热带、亚热带及温带的温暖地区，冬季叶片保持常绿，地下呈半休眠状态，如君子兰、天竺葵、康乃馨等。宿根花卉适应性强，管理粗放，一次种植可多年观赏，应用于花境体现自然美，亦有不少种类常作一、二年生栽培观赏。

③球根花卉　是指地下茎或根发生变态，膨大呈球状或块状的贮藏器官的多年生草本花卉。根据地下茎形态的不同，球根花卉可分为鳞茎类(如郁金香、风信子等)、球茎类(如唐菖蒲、小苍兰等)、块茎类(如仙客来、大岩桐等)、根茎类(如美人蕉、姜花等)、块根类(如大丽花、花毛茛等)。球根花卉种类繁多、株形整齐，是重要的花坛、花丛用花，不少种类亦可作切花和盆花。

④水生花卉　是指生长在水中或沼泽地，具有一定观赏价值的植物。根据对水分要求的不同，水生花卉可分为挺水类(如荷花、香蒲、千屈菜等)、浮水类(如睡莲、王莲等)、漂浮类(如凤眼莲、大藻等)、沉水类(如狐尾藻、苦草等)。水生花卉是用于美化园林水体的重要植物类型。

⑤兰花及多浆植物　兰花统指兰科中具有观赏价值的植物，因形态、生理、生态都具有共同性和特殊性而单独成为一类花卉。根据兰花生活习性的不同，可分为地生兰类(根生于土中，通常有块茎或根茎，部分有假鳞茎，如杓兰属、兜兰属等)、附生及石生兰类

(附着于树干或岩石表面生长，通常具有假鳞茎，如石斛属、万代兰属等)。兰花花文化源远流长，是高档盆花和鲜切花材料。

多浆植物(又名多肉植物)是指茎、叶或根特别粗大或肥厚、含水量高，并在干旱环境中有长期生存力的一类植物。根据形态特点的不同，可将多浆植物分为仙人掌类(茎粗大肥厚、肉质多浆，茎上常有棘刺，叶一般退化，如仙人掌科等)、肉质茎型(不仅具有无刺的肉质地上茎，还有正常的叶片，如菊科的仙人笔及景天科的玉树等)、观叶型(主要由肉质叶组成，如景天科景天属、芦荟科芦荟属等)。多浆植物形态奇特、趣味性强、管理粗放，常露地栽植或作盆栽观赏。

⑥蕨类植物　又称羊齿植物，是高等植物中较为原始的类型。蕨类植物不结实，靠孢子进行繁殖，有孢子叶和营养叶之分。其有根、茎、叶和维管束分化，是原始的维管植物。现存的蕨类植物多为草本，罕为木本。我国是世界蕨类植物资源最丰富的地区之一，尤以西南地区为盛，素有"蕨类植物王国"的美称。蕨类植物是优良的观叶植物类型，常作为室内盆栽及室外地被观赏，蕨叶亦是重要的插花切叶材料。

⑦草坪草及观赏草　构成草坪的植物统称为草坪草。草坪草大部分为禾本科草类植物，也包括莎草科、豆科及旋花科等一些非禾本科草类植物(如白三叶、马蹄金等)。根据生态习性的不同，草坪草可分为冷季型草坪草(耐寒性强，春秋两季生长旺盛，夏季呈半休眠状态，如高羊茅、草地早熟禾、多年生黑麦草、匍匐剪股颖等)和暖季型草坪草(喜温暖、耐寒力弱，夏秋生长旺盛，冬春季地上部枯黄，如狗牙根、结缕草、假俭草等)。

观赏草是一类茎秆姿态优美、叶色丰富多彩、花序五彩缤纷的草本观赏植物的统称，以禾本科植物为主，也包括莎草科、灯心草科、香蒲科、百合科等。根据对温度适应性的不同，观赏草可分为暖季型观赏草(夏秋生长旺盛，冬季地上部枯死，地下部休眠，如芒属、狼尾草属等)和冷季型观赏草(春秋生长旺盛，夏季休眠，四季常绿，如羊茅属、薹草属等)。观赏草大多抗性强、管理成本低，且具有自然美，风吹草动形成优美的动态景观，是近年来非常流行的一类观赏植物。

### 2.2.2.2　按照观赏特征分类

园林植物的形态美主要表现在植物的色彩、气味、形态、习性等方面。这些形态美主要来自植物的花、果、叶、根等器官。按照这些观赏特征的不同，园林植物可以分为观花类、观果类、观叶类、观干类、观根类、观姿类。

**(1) 观花类**

花是被子植物的生殖器官，是大多数观赏植物最为醒目的部位。由于植物的花具有吸引昆虫授粉以繁衍后代的使命，所以大多数植物的花往往具有鲜艳的颜色或令人愉悦的香气。

①花色　是园林植物最主要的观赏特征，可分为红色系、黄色系、白色系、蓝紫色系。花为红色系的植物有桃、梅、海棠花、凤凰木、龙牙花、刺桐、木棉、扶桑、石榴、夹竹桃、合欢、山茶、杜鹃花、牡丹、一串红、虞美人、朱顶红、四季秋海棠、郁金香等；黄色系植物有蜡梅、金钟花、野迎春、复羽叶栾树、黄木香、黄蔷薇、金丝桃、黄花夹竹桃、金桂、唐菖蒲、万寿菊、金盏菊、萱草、君子兰等；白色系植物有绣球荚蒾、九

里香、刺槐、白玉兰、白兰花、女贞、栀子、梨、白鹃梅、白碧桃、白蔷薇、玉簪、香雪球、大滨菊、百合、葱莲、睡莲等；蓝紫色系植物有紫藤、紫花泡桐、紫荆、木槿、紫薇、紫玉兰、八仙花、蓝花楹、羊蹄甲、百子莲、鸢尾、风信子、蓝花鼠尾草、大花飞燕草等。

②花形　植物的花冠形状非常丰富，常见的具有唇形花冠的植物有一串红、迷迭香、彩叶草、鼠尾草等；具有漏斗状花冠的有牵牛花、茑萝、杜鹃花、木本曼陀罗等；具有钟状花冠的有风铃草、桔梗等；具有高脚碟形花冠的有萝芙木、丁香等；具有舌状花冠的有大丽花、向日葵、蒲公英等；具有十字形花冠的有二月蓝、紫罗兰、羽衣甘蓝等；具有蝶形花冠的有紫藤、槐、龙牙花、羽扇豆等。

许多植物的花会按一定方式有规律地着生在花轴上，形成各式各样的花序，也是植物特有的形态美。常见的具有总状花序的植物有蜀葵、紫罗兰、金鱼草等；具有穗状花序的有红千层、千屈菜、山桃草等；具有伞形花序的有报春花、美女樱、天竺葵等；具有伞房花序的有海桐、绣球花、石竹等；具有柔荑花序的有加拿大杨、核桃、枫杨等；具有头状花序的有马缨丹、波斯菊、千日红等；具有圆锥花序的有泡桐、落新妇、天蓝绣球等；具有肉穗花序的有龟背竹、花烛、海芋等；具有聚伞花序的有夹竹桃、唐菖蒲、四季秋海棠等。

③花香　根据花器官散发香气程度的不同，植物可大致分为浓香和淡香两大类。浓香类如白兰花、蜡梅、九里香、栀子、风信子、百合、桂花、含笑、海桐、夜香木兰、茉莉、鸳鸯茉莉、米兰等；淡香类如白玉兰、玫瑰、木香、梅、槐、刺槐、夜香树、小叶女贞、金银木、珊瑚树、金银花、小苍兰、水仙等。

(2) 观果类

果实具有观赏价值的植物一般色彩明显或果形奇特，宿存时间长。观果类植物又可分为观果色和观果形两大类。

①果色　具有红色果实的植物有忍冬属、荚蒾属、枸子属、冬青属、南天竹、山楂、火棘、小檗、柿等；具有黄色果实的植物有海棠花、木瓜、柑橘类、无患子、梅、杏、沙棘等；具有白色果实的植物有红瑞木、乌桕、芫花等；具有蓝紫色果实的植物有紫珠属、十大功劳属、葡萄、海州常山等；具有黑色果实的植物有女贞、小叶女贞、地锦、刺楸、君迁子、香樟、桂花等。

②果形　果形奇特的园林植物有腊肠树、秤锤树、佛手、彩色辣椒、观赏葫芦、观赏南瓜等。

(3) 观叶类

相对于花和果实，叶是园林植物观赏时间最长的器官。观叶类园林植物可以观叶色或观叶形。

①叶色　叶的颜色有很高的观赏价值，随着季节的更替，很多植物叶色变化显著。彩叶植物是指叶色除绿色之外，还有其他各种色彩的植物。根据植物叶色特点的不同，彩叶植物可细分为春色叶植物、秋色叶植物和常年异色叶植物三类。

春色叶植物：是指春季发生的嫩叶与绿色显著不同的植物，如臭椿、香椿、石榴、五角枫、元宝枫、鸡爪槭、黄连木、复羽叶栾树、日本晚樱、七叶树、天竺桂等。

秋色叶植物：是指秋季叶色变成红、紫、黄或褐色的季相景观植物。秋色叶呈红色或紫色的有鸡爪槭、五角枫、地锦、漆树、盐肤木、火炬树、南天竹、乌桕、石楠、山楂、柿、花楸、黄栌、枫香、卫矛、黄连木等；秋色叶呈黄色或黄褐色的有银杏、梧桐、无患子、栾树、栓皮栎、麻栎、悬铃木、鹅掌楸、白杨、榆、灯台树、落羽松、水杉、金钱松等。

常年异色叶植物：是指叶色常年呈现异于绿色的植物。常年叶色呈紫红色的有'紫叶'小檗、紫叶李、'紫叶'桃、'红枫'、'紫叶'稠李、红花檵木、'紫叶'鸡爪槭、'紫叶'黄栌等；常年叶色呈黄色的有金叶女贞、'金叶'黄杨、'金叶'圆柏、'金叶'绣线菊等；常年叶色呈银白色的有银叶菊、芙蓉菊等；常年叶色呈斑驳的有'洒金'东瀛珊瑚、变叶木、'花叶'络石、'花叶'蔓长春、彩叶草、花叶芋等；常年叶色呈双色的有栓皮栎、银桦、红背桂、广玉兰等。

②叶形　某些植物因其奇特的叶形而具有一定的观赏价值，如鹅掌楸、银杏、檫木、羊蹄甲、荷花、睡莲、元宝枫、乌桕、矾根等。

**（4）观干类**

观干类的植物一般具有色彩醒目的干皮。干皮呈红色的植物有山桃、红瑞木、红桦等；干皮呈黄色的植物有金枝梾木、金竹、'金枝'槐等；干皮呈绿色的植物有竹类、梧桐、迎春、棣棠、青榨槭等；干皮呈白色的植物有白皮松（老年）、白桉、白桦、白千层、白杨、柠檬桉；干皮呈斑驳状的植物有白皮松（青年）、木瓜、悬铃木、光皮梾木、'黄金间碧'竹、'斑竹'等。

**（5）观根类**

某些植物的根凸出地面，根盘显露，具有特别的观赏价值。如木棉的板根、池杉的膝根、榕树的气生根等。

**（6）观姿类**

园林植物因树形不同而呈现不同的姿态，呈圆柱形的植物有杜松、钻天杨、北美圆柏（铅笔柏）等；呈圆锥形（尖塔型）的植物有雪松、水杉、连香树、云杉、冷杉等；呈卵圆形的植物有毛白杨、悬铃木、香椿、加杨、七叶树等；呈倒卵形的植物有刺槐、'千头'柏、旱柳、榉树、小叶朴、桑树等；呈圆球形的植物有馒头柳、'千头'椿、臭椿、元宝枫等；呈垂枝形的植物有垂柳、'垂枝'桃、'垂枝'樱、'垂枝'榆等；呈曲枝形的植物有'龙桑'、'龙爪'槐、'龙枣'、龙游梅等；呈拱枝形的植物有野迎春、金钟花、锦带花等；呈伞形的植物有合欢、鸡爪槭等；呈匍匐形的植物有铺地柏、砂地柏、平枝栒子等；呈棕榈形的植物有棕榈、蒲葵、长叶刺葵等。

### 2.2.2.3　按照园林用途分类

根据观赏植物在园林中应用形式的不同，可分为以下几类：

**（1）独赏树（园景树）**

独赏树通常独立成景，可作为庭园和园林局部的中心景物。要求树体雄伟高大、树形美观、寿命较长。如金钱松、鹅掌楸、雪松、南洋杉、银杏、广玉兰、木棉等。

**(2) 庭荫树**

庭荫树能形成大片绿荫供游人纳凉庇荫。要求冠大荫浓、枝叶繁茂。如七叶树、悬铃木、榕树、香樟、槐、黄葛树、乐昌含笑等。

**(3) 行道树**

行道树栽植在城市街道、园路两侧。要求抗性强（适应城市环境、耐烟尘、抗有毒气体）、耐修剪、主干直、分枝点高。如银杏、鹅掌楸、枫香、羊蹄甲、悬铃木属、香樟、女贞、复羽叶栾树等。

**(4) 花果树**

花果树是指具有美丽芳香的花朵或色彩艳丽的果实等有观赏价值的灌木或小乔木，可作为高大乔木与地面之间的过渡，点缀美化环境。如桃、贴梗海棠、月季、玉兰、金银木、山楂等。

**(5) 垂直绿化植物**

垂直绿化植物是指绿化棚架、墙壁、拱门、篱垣等的藤本植物，包括木本和草本植物。其占地少、绿化面积大，在增加环境绿量、提高绿化指数、改善生态方面具有积极的作用。如紫藤、凌霄、地锦、常春藤、金银花、木香、茑萝、铁线莲、炮仗花等。

**(6) 绿篱植物**

绿篱植物是指在园林中具有分割空间、屏蔽视线、衬托景物等作用的植物，要求耐修剪、分枝多、生长缓慢、株形紧凑。按照栽培方式的不同，可分为规则式和自然式；按照观赏部位的不同，可分为花篱（如四季杜鹃）、果篱（如南天竹）、彩篱（如金叶女贞）和刺篱（如枸骨）；按照高度的不同，可分为高篱（屏障视线，高150~200cm）、中篱（介于高篱和矮篱之间）和矮篱（分割空间，高50~80cm）。

**(7) 地被植物**

地被植物是指用于对裸露地面或斜坡进行绿化覆盖的低矮、匍匐的木本或草本植物。如平枝栒子、铺地柏、砂地柏、偃柏、六月雪、红叶石楠、扶芳藤、蔓长春花、萼距花、鸢尾、麦冬类、草坪草类等。

**(8) 盆栽盆景植物**

盆栽盆景植物是指盆栽用于观赏及制作树桩盆景的木本植物，要求耐干旱贫瘠、寿命长、耐修剪、枝叶细小、姿态古朴优美。如榔榆、叶子花、榕树、日本五针松和苏铁等。

**(9) 花坛植物**

花坛是指按照设计意图，将草本花卉规则式布置，运用其群体效果来体现盛花景观或一定图案、纹样的花卉应用形式。通常有盛花花坛（花丛花坛）、模纹花坛等类型。要求植株低矮、生长整齐、花期集中、株丛紧密且花色艳丽（或观叶）的花卉种类。由于须经常更换，故常选用一、二年生花卉，如三色堇、美女樱、百日草、金鱼草、万寿菊、紫罗兰等；亦可搭配一些球根花卉，如风信子、郁金香等；花坛中心或边缘亦可选用木本植物，如苏铁、凤尾兰、'紫叶'小檗等。

**（10）花境植物**

花境是指模拟自然界中林地边缘地带多种花卉的自然混交生长规律，经过艺术设计形成的一种带状自然式花卉应用形式。因无须经常更换植物材料，故多选用宿根及球根花卉，配置少量花灌木、观赏草类及一、二年生花卉。要求各种花卉配置的色彩、姿态、体型、数量要既协调又有对比，季相分明。如萱草类、薰衣草、紫茉莉、醉蝶花、羽扇豆、大花飞燕草、蜀葵、美人蕉、茶梅、龟甲冬青、金叶女贞、蒲苇、花叶芦竹、'细叶'芒等。

**（11）切花植物**

切花植物是指从其植物体上剪切下来的花、枝、叶、果等用于插花或制作花篮、花束等花卉装饰的植物的总称。如月季、唐菖蒲、菊花、香石竹、百合等切花花卉，银芽柳、红瑞木等切枝植物，蕨类、天门冬、棕榈等切叶植物，以及南天竹、金丝桃等切果植物。

**（12）专类植物**

专类植物是指植物分类属于同科或同属，且具有相似的生物学习性和观赏特性的一类植物，常常组合在一起集中展示。如凤梨类植物、蕨类植物、多浆类植物、兰科植物、竹类植物、棕榈科植物等，可形成特别的景观效果。

# 3 四川主要实习地点及内容

## 3.1 成都植物园

### 3.1.1 植物园概述

成都植物园(成都市公园城市植物科学研究院)位于成都市北郊天回镇,占地面积42.89hm$^2$,绿地率94%,是国家AAA级旅游景区,是四川第一座人工植物园。1983年3月经成都市人民政府批准,原成都天回山林场改建为成都市植物园,现隶属于成都市公园城市建设管理局。园内现保存植物2000余种,其中有国家Ⅰ、Ⅱ、Ⅲ级保护植物金花茶、珙桐、金钱松等130余种,承担植物迁地保护,引种驯化和选育,城市园林植物的栽培、繁育、园林植物有害生物预警等任务,是一座集科研科普、引种驯化和旅游服务于一体的综合性植物园。

成都植物园主要由14个植物专类园(梅花园、海棠园、桃花园、珍稀植物园、樱花园、木兰园、芙蓉园、山茶园、梨花园、荚蒾园、蜡梅园、桂花园、月季康养园和百卉园)、中心区广场、占地20 000m$^2$的大草坪、科研苗圃和后山生态区组成(图3-1)。在中心区建有一座建筑面积约7300m$^2$的成都市青少年植物科普馆和建筑面积约600m$^2$的沙生植物馆。园

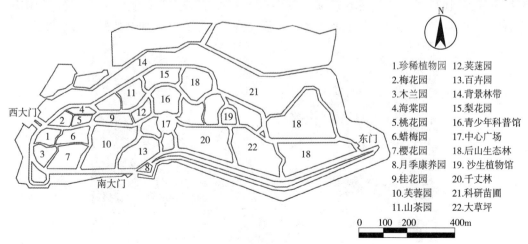

图3-1 成都植物园平面示意图

内草木繁茂，群芳夺艳，山水交融，诗情画意。现有木本栽培植物1000余种，园艺栽培品种800多个，尤其对木芙蓉和荚蒾属植物的收集和展示已达到国内和国际领先水平。芙蓉园占地约18 000m²，主要展示木芙蓉品种22个，如'醉芙蓉'、'锦绣紫'、'锦蕊'、'锦碧玉'、'百日华彩'等，其中12个品种由成都植物园自主培育，是目前我国乃至全球品种最多、规模最大的芙蓉专类园。荚蒾园占地面积约8000m²，成都市植物园对荚蒾属植物的收集开始于20世纪90年代初，经过20多年的收集及栽培应用研究，目前已拥有近70种荚蒾，是目前保存和展示荚蒾属植物最多的机构之一。

### 3.1.2 实习内容及主要园林植物种类

**(1) 珍稀植物园**

珍稀植物园是四川省首个珍稀植物专类园，占地6000m²，采取模拟自然方式种植，乔、灌、草，常绿、落叶等相结合，集中展示了百余种珍稀植物，中国或四川特有种近30种，四川模式植物约20种，突显了地域特色。如有"活化石"之称的珙桐，5~6月开花，花序圆似鸟头，苞片洁白、硕大如翅，宛如展翅欲飞的白鸽，阵阵风吹过，犹如万千鸽子点头飞翔，美妙至极。桫椤是唯一的木本蕨类植物，有"蕨类植物之王"的美称，穿梭白垩，沐浴冰川，历尽沧桑，在此奋力繁衍与我们来一场跨越亿年的邂逅。

该区主要植物有水松、银杉、珙桐、金花茶、桫椤、攀枝花苏铁、峨眉桃叶珊瑚、五小叶槭等。

**(2) 百卉园**

百卉园建成于2014年，占地约7000m²，其中水体面积约1800m²（图3-2）。植物多样性、四季观赏性和科普教育性是其最大特色。该园常年展出各类花卉百余种，一年四季皆有花可赏：春天，紫色的玉蝉花和紫娇花，白色的木香，橙红色的红花银桦；夏季，像冬雪洒满枝头的绣线菊，成簇粉红色花朵的红花玉芙蓉；秋日，除了能看见'红枫'、鸡爪槭这类美丽的红叶，还有荚蒾及冬青串串艳丽的果实；冬季，观赏草银白娇柔的花序，充分演绎着百卉园的四季美景。和风轻拂，湖中美人蕉的身影迎风摇曳，形成了美丽的倒影，山石、水体、植物，相映成趣，暗香疏影，极富诗意，不禁让人如痴如醉，心旷神怡。

**图3-2 百卉园**

该区主要观赏木本植物有红花银桦、泡桐、绣线菊、木香、绣球荚蒾、小木槿(迷你木槿)、垂花悬铃花、叶子花、大叶醉鱼草、锦带花等；草本植物有玉簪、百子莲、矾根、紫娇花等；水生植物有旱伞草、黄菖蒲、千屈菜、美人蕉等。

**(3) 市花园**

市花园位于植物园的西南部，总面积约20 000m²，分为两个区域：一是成都市市花——木芙蓉品种展示区，"新亭俯朱槛，嘉木开芙蓉"，虽生在岸，亦喜临水，得水则容颜益媚。长桥清浸，波光花影，也是古典园林造景中的一绝。二是占地约2000m²的直辖市和省会城市市花展示区，如香港特别行政区花紫荆花、上海市花白玉兰、南昌市花瑞香、南宁市花朱槿等。更让广大市民在西蜀大地就能领略大江南北各市引以为豪的花卉，足不出蓉，却遍赏群芳。

该区主要观赏植物有木芙蓉、白玉兰、瑞香、扶桑、桂花、茉莉、丁香、杜鹃花、石榴、云南山茶、木棉、紫荆花等。

**(4) 其他园**

梅花园、桃花园及海棠园三园紧邻，共同构建了植物园的部分春景区。梅花园占地约7500m²，有18个品种300余株梅花，呈现疏林式的绿地景观，以彰显梅花"凌寒独自开"的风骨。梅花园里的梅花品种以'美人'梅、'杏梅'、'扣瓣大红'、'素白台阁'、'紫蒂白'为主。当梅花开始凋零之际，各类桃花便粉墨登场，桃花园占地约2000m²，有各种桃花100余株，主要有'垂枝'桃、'紫叶'桃、'白花'桃、'菊花'桃等品种，"桃花一簇开无主，可爱深红爱浅红"，桃花花色各异，极大地增加了观赏的乐趣。而海棠也不遑多让，"鹦柔猩艳胜西川，有色无香意态妍"，海棠园占地约3000m²，目前主要收集了垂丝海棠、西府海棠、湖北海棠、皱皮木瓜和日本木瓜5个海棠种类，另外还有3个北美海棠品种。

主要观赏植物有'美人'梅、'杏梅'、'绿萼'梅、'垂枝'桃、'紫叶'桃、'白花'桃、'菊花'桃、垂丝海棠、西府海棠、湖北海棠、贴梗海棠、日本木瓜、北美海棠等。

### 3.1.3　实习要求

(1)掌握成都植物园主要园林植物的识别要点。
(2)认识西南地区重要的孑遗植物和珍稀植物。
(3)学习植物园及各专类园的分区和功能，分析栽培植物群落的组成和特点。
(4)了解我国主要城市的市花、市树。

### 3.1.4　实习作业

(1)调查总结成都植物园主要园林植物的种类、识别要点、观赏特性及园林用途，不少于100种。
(2)总结各专类园的植物造景特点。
(3)总结我国西南地区的主要珍稀植物。

## 3.2 成都浣花溪公园

### 3.2.1 公园概述

成都浣花溪公园是浣花溪历史文化风景区的核心区域,位于成都市西南方的一环路与二环路之间,北接杜甫草堂,东连四川省博物馆,占地 32.32hm²,是成都市迄今为止面积最大的开放性城市综合公园,被评为成都市唯一的五星级公园(图 3-3)。浣花溪公园以杜甫草堂的历史文化内涵为背景,将自然景观和城市景观、古典园林和现代建筑艺术、民俗空间和时代氛围有机融合,以自然、雅致的景观和建筑凸现出川西浓厚的历史文化底蕴,形象演绎了杜甫的诗意韵味。园内绿化面积达 210 000m²,以乡土树种及大规格苗木配置形成公园景观。园内山水交融,花草树木绿荫蔽日,香樟、桂花、银杏、梅、芙蓉、竹等枝繁叶茂,各类花卉色彩斑斓镶嵌其中,湿地、湖泊水生植物种类丰富,众多动植物在此繁衍生息,生态效益极佳。

### 3.2.2 实习内容及主要园林植物种类

成都浣花溪公园主要由万树山、沧浪湖和白鹭洲三大景区组成。

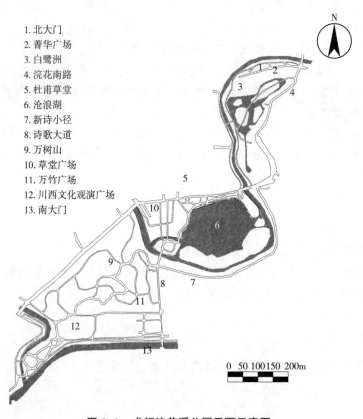

图 3-3 成都浣花溪公园平面示意图

**图3-4 沧浪湖**

**(1) 万树山景区**

万树山景区位于公园南部，主要景点有万树山、万竹广场、川西文化观演广场、诗歌大道、杜甫千诗碑诗廊等。其中，万树山景点位于公园西南部，以一座人造山为主，占地65 000m²，树木种类繁多，或高大的栾树，或造型的紫薇，或芳香的蜡梅，再衬以阳光草坪和花卉，四季有景，秋季为胜，营造出"万壑树声满，千崖秋气高"的意境。诗歌大道贯通万竹广场和草堂广场，以我国三千年诗歌文化为主题，选择有代表性的诗人和上百首诗句，构成数百米长的诗歌大道，大道两旁栽植叶子花、蒲葵、结香、银杏、大花蕙兰、麻竹等植物，足踏刻诗砖、美景夺人眼，将千年的历史文化与植物造景相糅于此，自然与历史碰撞、美景与古诗齐赏。

该区主要植物有'斑竹'、麻竹、皂荚、棕榈、银木、罗汉松、黄葛树、常绿油麻藤、黑壳楠、花叶冷水花、女贞、鹅掌楸、日本五针松、南洋杉、楠木、千层金、巨紫荆、深山含笑、乐昌含笑、刺桐、海芋、广玉兰、火棘、蚊母树、银荆、'龙爪'槐、海桐、象牙红、法国冬青、苦楝、枸骨、袖珍椰子、结香等。

**(2) 沧浪湖景区**

沧浪湖景区位于公园中部，主要景点有沧浪湖、浣花流韵、草堂广场、洞庭余响等。沧浪湖主要由浅滩、溪流、小岛和位于岛上的景观建筑"浣花居"组成，营造出"两水夹明镜，双桥落彩虹"的意境(图3-4)。小岛栖息有苍鹭等水禽，不时在开阔的湖面掠水低飞，不时又伴着夕阳划空而过，"日落看归鸟，潭澄羡跃鱼"，与浅滩栽植的香蒲、水葱、美人蕉等水生植物，构成一幅大自然动静和谐的美丽画卷。草堂广场前的蜡梅、大花蕙兰、杜鹃花等花开不倦，高大幽深的香樟林与杜甫草堂入口交相辉映，更衬托出草堂的古朴典雅。

该区主要植物有水麻、紫竹、枫杨、银木、香樟、茶梅、南方红豆杉、梅、春羽、喜树、'紫叶'狼尾草、野迎春、墨西哥鼠尾草、白三叶、'花叶'美人蕉、栀子、'火焰'南天竹、菖蒲、荷花、美人蕉、水葱、旱伞草、再力花等。

#### (3) 白鹭洲景区

白鹭洲景区位于公园的北部，主要有诗圣广场、长安沉吟、东篱采菊等景点。北入口两侧夹道植杜鹃花，顺道而入便是诗圣广场，园路蜿蜒向南是依杜甫人生轨迹，从长安到流寓秦州为主题的小景点，以诗文碑刻、雕像为主，以植物配置为辅的文化景观，充分表现了杜甫"疏布缠枯骨，奔走苦不暖"颠沛流离的一生。白鹭洲湿地景观"一行白鹭上青天"是浣花溪公园的一大看点（图3-5）。栖息在岸边高树上的白鹭，它们有时安详地眺望着远方，忽又匆匆飞向高空，野鸭悠悠游弋，清风徐来，芦苇摇曳，这生态美景让人悠然自得、流连忘返。

该区主要植物有芦苇、水葱、马蹄莲、荷花、桉树、鹤望兰、枸骨、春羽、香樟、鱼尾葵、棕竹、麻栎、三角槭、芭蕉、天竺桂、杜鹃花等。

图3-5 浣花溪公园的白鹭

### 3.2.3 实习要求

（1）掌握成都地区常见园林植物的识别要点。

（2）掌握适宜在成都地区作行道树、庭荫树、绿篱、垂直绿化、地被、水边绿化等的植物种类。

（3）分析浣花溪公园不同区域的园林植物造景特色，并对植物群落的组成、观赏价值和应用方式进行深入剖析。

### 3.2.4 实习作业

（1）调查总结成都地区主要园林植物的种类及识别要点，不少于100种。

（2）总结成都地区常见用作行道树、庭荫树、绿篱、垂直绿化、地被、水边绿化等的植物种类。

（3）调查并测绘植物栽培群落5个，绘制平、立面图，完成植物材料表，并进行群落分析。

## 3.3 成都望江楼公园

### 3.3.1 公园概述

四川竹类资源丰富，成都望江楼公园是我国竹类收集最早、人工栽培历史最长的竹专类公园之一。以适宜南方生长的丛生竹为主，散生竹多为集中栽培，是我国同时汇聚丛生、散生竹类异常丰富的竹种园（图3-6）。

成都望江楼公园起源于唐代、始建于明代、兴盛于清代，是成都三大名胜古迹之一、

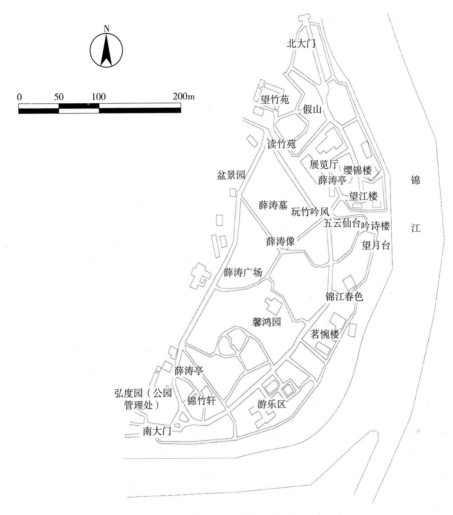

**图 3-6　成都望江楼公园平面示意图**

四川古典园林代表、全国重点文物保护单位、中国名园。园内有明清古建筑群、唐代女诗人薛涛遗迹，遍植各类名竹佳种，清乾隆诗人吴升寻访薛涛井时记载："一径入深竹，围以万竿绿"（见彩图 1）。1928 年辟为成都第一郊外公园，1953 年更名为望江楼公园，决定发展竹类，以竹造园。从 1954 年起开始竹引种工作，至今已收集各类成活竹 34 属 447 种及种下分类群。其中，保护栽培稀有竹 5 种、濒危竹 3 种、渐危竹 5 种、发现竹新种 3 种、收集世界各大洲竹 70 种，是中国重要的竹种质资源基因库。

望江楼公园内设置有竹种质资源保护区、竹引种驯化区、竹新品种培育区、竹文化陈列馆、竹产业双创孵化基地和竹文化交流中心。具有全国领先的竹文化创意，已举办 23 届竹文化节和 3 届中国天府竹文化国际论坛。

### 3.3.2　实习内容及主要园林植物种类

**(1) 竹石盆景**

望江楼公园内的竹石盆景是成都盆景的一大特色，以竹为植物材料，运用缩龙成寸、咫尺千里的艺术手法，再配以山石制作成竹石盆景(图3-7)。盆景用竹种类丰富，最初采用的是矮化的孝顺竹、'小琴丝'竹、凤尾竹、油竹子、翠竹等小型丛生竹为主，小巧精致、优雅青翠，散生竹种用作"盆植数竿，便生渭川之想"，制作材料有笔竿竹、紫竹等，后来发展到采用佛肚竹、牛儿竹、龙丹竹等大中型丛生竹的竹苑带短截秆制作，通过再现自然竹石景观或仿中国画表现生机盎然、刚柔并济，如诗如画的古朴意境。

**(2)园内竹类配置造景**

望江楼公园是典型的中国古典园林，并具有浓郁西蜀园林风格，尤以竹林景观取胜。望江楼坐落在一片茂林修竹之中，岸柳石栏，亭阁相映，粉墙竹影，烟波浩渺。园中大中型丛生竹采用混林栽培，表现竹的高大挺拔；小型丛生竹作路篱栽培，形成"绿径入幽径，青萝拂行衣"的意境；而散生竹采用群植栽培，群体的疏密错落布置，随着季节与视点的移动，步移景异，四时之景不同，既体现了竹的群体美，又烘托出个体美。观赏性强的竹种配之以山石，形成"一块峰峦耸太行，两枝修竹画潇湘"的竹石小景；灌木状竹用于路旁点缀、山坡护脚；而草本状竹则作林下地被栽植。

**(3)常见的观赏竹种类**

公园内常见的观赏竹种类有毛竹、'龟甲'竹、'斑竹'、刚竹、紫竹、罗汉竹、'金镶玉'竹、红哺鸡竹、'黄秆'乌哺鸡竹、黄槽竹、孝顺竹、'凤尾'竹、'小琴丝'竹、小佛肚竹、'大'佛肚竹、'黄金间碧'竹、粉单竹、慈竹、'大琴丝'竹、菲白竹、菲黄竹、铺地竹、阔叶箬竹、花叶唐竹、方竹、箁竹、鹅毛竹、白纹阴阳竹、白纹椎谷笹等。

### 3.3.3 实习要求

(1)掌握竹类植物形态学术语和结构：竹秆(节、节间、秆环、箨环)；秆箨(箨叶、箨鞘、箨舌、箨耳、繸毛)；地下茎种类(单轴型、合轴型、复轴型)。

(2)掌握园林中主要观赏竹类的识别要点、观赏价值及配置形式。

(3)欣赏竹石盆景的艺术造诣，了解其制作过程；体会竹文化的源远流长。

### 3.3.4 实习作业

(1)调查总结成都地区主要观赏竹的种类及识别要点，不少于20种。

(2)总结不同观赏竹类的造景特色，并分析园林中如何利用竹进行造景。

图3-7 竹石盆景

# 4 云南主要实习地点及内容

## 4.1 中国科学院昆明植物园

### 4.1.1 植物园概述

中国科学院昆明植物园(以下简称昆明植物园)地处昆明北市区,海拔1990m,年平均气温14.7℃,极端高温31.5℃,极端低温-5.4℃,年均降水量1006.5mm,年均日照2470.7h,属中亚热带季风性气候。

昆明植物园始建于1938年,隶属于中国科学院昆明植物研究所。昆明植物园立足我国云南高原,面向西南山地和横断山南段,以引种保育云南高原和横断山南端地区珍稀濒危植物、特有类群和重要经济植物等为主要内容,以资源植物引种驯化和迁地保护为主要研究方向,集科学研究、物种保存、科普于一体,是特色鲜明的综合性植物园。园区开放面积44hm$^2$,分为东、西两大园区,内设17个专类园,收集保育植物7000余种(品种),先后被命名为"全国科普教育基地""云南省科学普及教育基地""全国青少年走进科学世界科技活动示范基地""全国青少年科技教育基地""昆明市科普精品基地"等,目前已成为西南地区重要的资源植物迁地保育中心、引种驯化基地和科普旅游殿堂(图4-1)。

### 4.1.2 实习内容及主要园林植物种类

#### 4.1.2.1 昆明植物园西园

昆明植物园西园包括扶荔宫温室群、裸子植物区、枫叶景区、木兰园、百草园、蔷薇园、羽西杜鹃园、珍稀植物区等专类园区。

**(1)扶荔宫温室群**

扶荔宫温室群由造型奇特、错落有致、布局合理的主体温室(热带雨林馆、热带水生馆和热带荒漠馆)、植物医生馆、奇异植物馆、隐花植物馆等组成(图4-2)。现保存热带特色植物2300余种,充分展示了"植物王国"丰富的物种多样性和别具特色的生态景观,是独具历史文化底蕴、科学内涵丰富、布局独特的温室群,是生物多样性研究、展示与科学知识传播的重要基地。热带雨林馆是扶荔宫主温室最大馆区,展示内容主要有:热带雨林绞杀、独

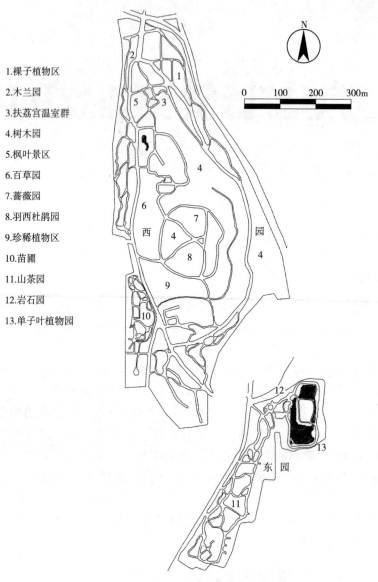

1. 裸子植物区
2. 木兰园
3. 扶荔宫温室群
4. 树木园
5. 枫叶景区
6. 百草园
7. 蔷薇园
8. 羽西杜鹃园
9. 珍稀植物区
10. 苗圃
11. 山茶园
12. 岩石园
13. 单子叶植物园

**图 4-1 中国科学院昆明植物园平面示意图**

木成林、老茎生花、板根、巨大藤蔓等特色植物景观，能见到如望天树等龙脑香科植物，及各种凤梨科和棕榈科等植物种类。游步道以自然石材路面和木栈道将整个区域串绕，配以景观瀑布、喷雾等，营造了与热带雨林相似的气候条件，令人恍如置身于神秘而充满生机的热带雨林之中，体现了小中见大、别有洞天、步移景异和曲径通幽的中国造园手法。热带水生馆主要展示热带水果和水生植物。馆内环水池配置番木瓜、荔枝、龙眼、蒲桃等。水景部分配置睡莲、王莲、再力花。在凤梨植物世界，凤梨植物有的被悬挂在树枝上，有的生长在腐朽的木桩上，和苔藓相映成趣，生机盎然。热带荒漠馆主要营造了荒漠、半荒漠景观，展示沙漠、荒漠和干热河谷特有植物。馆内有各类干热植物、荒漠植物和多肉多浆植物近300种。在假山、树丛之间生长着各式各样的仙人掌、仙人球。

奇异植物馆是植物、科学、艺术和文化的结合体。全馆分为两个景观展示区和一个食虫植物收集保育区。馆内收集和展示具有奇特性质和功能的植物300余种，如猪笼草、瓶子草等。

温室群室外展示区主要有月季园、禾草园、热带棕榈区及高原湖泊水生植物区。月季园重点收集食用玫瑰、观赏性月季品种；禾草园重点收集亚热带适应高海拔地区生长的禾本科观赏植物，把多种形状、质地、色彩及高矮不同的禾草类植物进行组合，配以云南特有的石灰石、大理石和其他观赏石，形成以禾草造景为特色的专类园；热带棕榈区有加那利海枣、蒲葵、棕榈、老人葵、丝葵、金山葵、银海枣等几十种棕榈科植物；高原湖泊水生植物区重点收集一些云贵高原湖泊特有的水生植物，如睡莲、狐尾藻、黄菖蒲等，使之形成独具特色的高原湖泊水生植物区。

图4-2 扶荔宫温室

**(2) 裸子植物区**

裸子植物区是昆明植物园重要景点之一，栽培展示裸子植物10科40属200余种。各种裸子植物按植物系

图4-3 裸子植物景观

统分类特征以群植、丛植、林植形式构成形式优美、季相分明的自然林景观（图4-3）。园区有国家级保护植物30余种，国外引进植物50余种，以及著名公园树种及云南乡土树种，如银杏、银杉、水杉、攀枝花苏铁、北美红杉、落羽杉、金钱松、福建柏、云南油杉、杉木、雪松、华山松、云南松、柳杉、水松、翠柏、圆柏、龙柏等。

**(3) 枫叶景区（金缕梅园）**

枫叶景区是以收集金缕梅科植物为主的专类园区。其中，枫香大道有树龄达到50年以上的枫香树，两侧山坡上也栽种了大量枫香，再配以三角枫、悬铃木、梧桐等秋色叶树种，形成了以枫香为主要观赏植物的秋色景观。春夏树木成荫，秋季红叶、黄叶色彩斑斓、层林尽染，是人们最向往的秋色观赏点。

**(4) 木兰园**

云南是木兰科植物的起源和分布中心，木兰科植物种类占全国总数的1/2以上。木兰园是国内收集木兰科植物最多的专类园之一，共收集木兰科植物12属115种，其中20种为国家级保护植物，如华盖木、厚朴、云南拟单性木兰、山玉兰、红花木莲、玉兰、紫玉兰、二乔玉兰、深山含笑、云南含笑等。木兰园内树姿优美，花色艳丽，花香宜人，叶、果各具特色，是具有良好观赏性的专类树木园。

**(5) 蔷薇园**

蔷薇科是我国木本观赏植物和水果种类最丰富的植物类群。蔷薇园收集展示蔷薇科植物 25 属 100 余种，是春天花量最多、色彩最丰富的园区。春天的桃、李、梅、杏、樱、梨、海棠花、绣线菊、木香等交替开花，白、黄、粉、红、绿色互相交错，构成了绚丽多姿的花花世界。

**(6) 羽西杜鹃园**

羽西杜鹃园是具有云南高原特色，集科研试验、物种保育、科普展示功能于一体的杜鹃花专类园。园区以游道和溪流分割成多个自然和谐、色彩缤纷的杜鹃花保育展示区，主要收集云南中高山杜鹃花和杜鹃花园艺品种，目前已收集杜鹃花属植物 243 种（品种）。

**(7) 百草园**

百草园因"神农尝百草"典故而得名，收集药用植物 171 科 592 属 1000 余种，是收集、保育和展示我国西南地区特色药用植物资源的专类园。园区布局通过曲径步道、曲廊、景观水池将园区自然分割成神农本草、滇南本草、传统药用植物、芳香药用植物等 10 余个药用植物专题展示区，是科研观察、教学实习、药用植物知识传播和游憩的理想场所。常见药用植物种类有野生黄牡丹、牡丹、芍药等。

### 4.1.2.2 昆明植物园东园

昆明植物园东园面积约 70 余亩*，是以山茶和其他著名花卉为主的观赏园，由山茶园、水景园（单子叶植物园）及岩石园组成，还保存着早期引种的鹅掌楸、银杏、水杉、水松等珍稀植物及不少园林植物，园内有首任中国科学院院长郭沫若题词碑、前国家主席李先念亲手种植的云南山茶、昆明植物所创始人之一蔡希陶教授纪念碑和他亲手种植的"活化石"水杉。

**(1) 山茶园**

山茶园占地 21hm²，是园内最具特色的专类园之一，获得了"国际杰出茶花园"称号。始建于 1950 年，是我国收集云南山茶花品种最多、历史最为悠久的专类园之一，园中大部分云南山茶树龄超过 70 年。园区分为云南山茶区、华东山茶区、茶梅区、精品茶花区、国际友谊茶花园、野生种质资源收集区、山茶专类苗圃及热带山茶保育温室八大山茶展示和收集区，重点收集和研究山茶属植物野生种、变种、亚种和园艺栽培品种，如云南山茶、山茶、茶梅、金花茶、杜鹃红山茶、连蕊茶、茶树、油茶等，有华东山茶品种约 450 个、茶梅品种约 70 个、云南山茶品种约 130 个。

**(2) 水景园（单子叶植物园）**

水景园收集展示的植物逾 170 种，园区由两个人工湖、大小两个人工岛、环湖种植区及展览荫棚组成，园景温馨雅静，主要收集百合科、鸢尾科、姜科、睡莲科、棕榈科、美人蕉

---

\* 1 亩 ≈ 666.7m²。

图 4-4 岩石园

科、石蒜科、天南星科植物种类，树种主要为水杉、池杉、墨西哥落羽杉和棕榈科植物。环湖带还有竹园，收集展示竹类植物 50 余种，有丛生竹、散生竹，如慈竹、菲白竹、孝顺竹、'斑竹'、'龟甲'竹、阔叶箬竹等。由于该园区内单子叶植物占优势，又称为单子叶植物园。

**(3) 岩石园**

岩石园是模拟展示云南喀斯特地貌、金沙江河谷丹霞地貌和古河床沙砾鹅卵石地貌等为主题的专类园(图 4-4)。面积约 1400m$^2$，收集展示各类植物 300 余种，分 7 个展示小区，以岩石及岩生植物为主，形貌采用石灰岩、红砂岩、鹅卵石、风化石等几种石材堆砌而成，其间展示滇中地区耐旱的岩生灌木及草本植物。

### 4.1.3 实习要求

(1) 应用植物学、园林树木学和花卉学理论知识，对昆明植物园植物种类进行观察与识别，重点掌握园内常见植物种类识别要点和方法。熟悉苏铁科、银杏科、松科、柏科、杉科、红豆杉科、罗汉松科、木兰科、榆科、桑科、蔷薇科、樟科、苏木科、含羞草科、蝶形花科、芸香科、杨柳科、槭树科、壳斗科、山茶科、木犀科、紫葳科、杜鹃花科、棕榈科和禾本科等科植物，每科认识 1~3 个代表属，每属认识 1~3 个代表种。

(2) 现场观察并利用教材、工具书、参考书和互联网上的专业参考资料，归纳总结所识别园林植物观赏特性与园林用途。

(3) 观察和思考隶属于中国科学院的昆明植物园，如何兼具科学内涵、景观外貌和文化底蕴，总结其园林特点。

### 4.1.4 实习作业

(1) 整理分析、统计昆明植物园主要园林植物的种类、识别要点、观赏特性及园林用途，不少于 100 种。

(2) 结合昆明植物园科学性质，分析昆明植物园规划设计以及植物配置特征。

## 4.2 昆明金殿名胜区(昆明园林植物园)

### 4.2.1 公园概述

昆明金殿名胜区(昆明园林植物园)坐落在昆明城东北鸣凤山，占地面积1773亩，海拔2000~2061m，著名人文景点有一天门、环翠宫、太和宫、钟楼和铜文化博览苑。其中，太和宫金殿又名铜瓦寺，坐落在鸣凤山巅，全国重点文物保护单位，是云南历史上著名道观，其主殿系青铜铸造，熠熠生辉，故名"金殿"。与金殿配合建有金殿博览苑，将中国武当山、五台山、泰山及北京万寿山的古代铜建筑按比例缩小1/2，木雕仿制，仿铜处理，荟萃一园，经挖池堆山、叠石理水、植物造景，形成殿阁辉映、小巧玲珑的中国古典式园林景观。名胜区内主要以自然山林景观为主，古树名木众多(图4-5)。

### 4.2.2 实习内容及主要园林植物种类

1991年在金殿名胜区内建成"昆明园林植物园"，规划面积500亩，设12个专类花卉

图4-5 昆明金殿名胜区(昆明园林植物园)平面示意图

园区。建园以来，在生物多样性保护、珍稀濒危植物发掘、保存、栽培、利用等方面做了大量的工作，已收集植物2000余种，分属200余科700余属。据统计，其中蕨类植物41科99属，裸子植物9科26属，被子植物154科621属。

金殿名胜区内古树名木众多，主要以自然山林为景观基调。太和宫紫禁城内的紫薇、梧桐、银杏，紫禁城西门外的茶花均植于明代。庭园内外，大量扁柏、银杏、梧桐、罗汉松和刺柏多为明清古树。老君殿南侧，有一株云南省最大的麻栎树。自然风景林以云南油杉林为主，林中有大量云南油杉属百年古树。景区绿化以科学保护和培育自然风景林为重点，同时针对云南油杉纯林抗灾抗病虫害能力较低的问题，在疏林地带逐年补植林相色彩多样的乡土阔叶树种四照花、三角枫、栾树和香樟等。针对林下入侵植物问题，清除有害植被，种植麦冬、鸢尾等耐阴、耐旱景观地被。景区重要的专类园有茶花园、杜鹃园、树木园、温室区和蕨类园，各个植物专类园区结合主题引种驯化云南野生花卉和珍稀濒危植物，以此不断提升景区植物景观质量和逐步形成云南园林植物种质资源基因库。例如，杜鹃园引种和繁殖云南野生杜鹃花和园艺品种；茶花园重点引种栽培云南山茶、山茶、茶梅品种；温室花卉区引种多个野生海棠及园艺品种，广泛搜集各种观叶植物；树木园在引种驯化乡土树种基础上，开展三角枫、栾树、香樟等行道树种的繁育技术研究。作为旅游窗口，每年随季节变化举办不同主题花展，如冬季茶花节、春季杜鹃花展、夏季观叶植物展、秋季秋海棠展等，花展与民族、民俗文化紧密结合，丰富文化内涵。

**(1) 茶花园**

金殿茶花种植历史可追溯到明代，"鸣凤山茶"则为昆明新十六景之一。茶花园是集茶花种植、展示、繁殖、观赏、科研功能于一体的茶花专类园，占地$10hm^2$，主体部分深隐油杉林中，光线柔和、空气湿润的自然环境成为茶花种植宝地，茶花数量、品种、原生种、自主培育品种丰富，功能分区全面，为我国公园中最大的茶花专类园。茶花园分为云南山茶品种区、华东山茶品种区和茶花生态区三部分，共引种栽培了云南山茶、华东山茶、金花茶、茶梅等200余个品种以及茶梅40余个品种，不同规格的地栽茶花40万余株，茶梅30余万株。春节期间茶花竞相开放，花大色艳，压满枝头，灿烂夺目，也寓意来年日子红红火火。很多昆明人对此情有独钟，春节"金殿茶花展"因此也成为昆明举办历史最长的花事活动。园内打造了林下休息区，修建步道、花架、亭廊和景观水景。步道采用红砂石突出古朴自然之感，路侧搭配彩叶植物，使园内更加灵动秀美，使游客在沿蜿蜒山林漫步时能欣赏到沿途茶花和风光。种类主要有云南山茶、山茶、茶梅、金花茶、杜鹃红山茶、油茶等山茶科植物及其园艺品种，还有厚皮香、大头茶等山茶科植物。著名云南山茶品种有'狮子头'、'童子面'、'早桃红'、'恨天高'、'松子鳞'、'牡丹'茶、'大玛瑙'、'大理'茶、'紫袍'、'菊瓣'等。

**(2) 杜鹃园**

杜鹃园占地60亩，是开展杜鹃花园林观赏应用和中海拔杜鹃花引种试验的专类花园。共引种栽培云南产各种野生杜鹃花和园艺品种近百种，10 000余株。主体部分位于油杉与云南松林中，半荫蔽、空气湿度大的自然环境形成杜鹃花科植物适生环境，利用自然地形起伏理水叠石，构成自然分隔、开合有序的无鳞杜鹃亚属、有鳞杜鹃亚属、马缨花亚属、

图 4-6　杜鹃园中盛开的映山红

映山红亚属等花区。每逢春季，满山杜鹃花竞相开放，红、粉、黄、白各色杜鹃花争奇斗艳、灿若云霞（图 4-6）。主要种类有马缨花、映山红、羊踯躅、锦绣杜鹃、比利时杜鹃等杜鹃花属植物以及美丽马醉木等杜鹃花科植物。

**(3) 温室区**

温室区占地 30 亩，其中温室建筑面积约 3000 $m^2$。温室模拟热带风光，以栽植热带、亚热带植物为主，引种西双版纳、华南等地观赏植物近千种。温室内分为兰花馆、观叶植物馆、花卉馆、秋海棠馆、热带植物馆、棕榈馆、仙人掌及多肉植物馆。室内地形呈缓坡状，以自然石叠砌，曲径蜿蜒，沿游步道分类配置观赏植物，种类主要有菩提树、木棉、龙舌兰、散尾葵、变叶木、鹤望兰、喜林芋、秋海棠、一品红、春兰、蕙兰、建兰、墨兰、石斛兰、蝴蝶兰、文心兰、兜兰、仙人掌科（柱类、球类、团扇类）、景天科、百合科、番杏科多肉植物等。

**(4) 树木园**

树木园占地 150 亩，包括木兰园、蔷薇园、竹类区和珍稀濒危植物区等。树木园依托自然山林分区布局，景色优美，车行道、游步道及亭、廊、水榭、草坪与繁茂树木融为一体。园区内引种培育具有园林价值的珙桐、银杏、水杉、桫椤、银杉、云南拟单性木兰、红豆杉等几十种国家级和省级保护植物，还有梅、桃、樱花、桂花、球花石楠等常见观赏花木，以及云南产的山玉兰、红花木莲等木兰科植物 60 余种。

**(5) 蕨类园**

蕨类园占地 50 余亩，位于景区较阴暗潮湿的林下坡地环境，分为蕨类品种区和蕨类生态区两部分，共引种栽培云南蕨类植物 400 余种。园内蕨类植物枝叶青翠、姿态奇特，具有别具一格的"无花之美"，常见种类有桫椤、凤尾蕨、铁线蕨等。

### 4.2.3　实习要求

(1) 应用植物学、园林树木学和花卉学理论知识，对昆明金殿名胜区花木种类进行观察与识别，熟悉专类园内的园林植物和园区内常见露地花卉、温室花卉、宿根花卉、球根花卉、仙人掌类及多浆植物、蕨类、水生花卉，重点关注山茶科、杜鹃花科、蔷薇科、秋海棠科、毛茛科、睡莲科、罂粟科、石竹科、苋科、报春花科、十字花科、景天科、茄科、玄参科、姜科、百合科、石蒜科、鸢尾科、兰科、菊科等科植物，每科认识 1~3 个代表属，每属认识 1~3 个代表种。

(2) 利用教材、工具书、参考书和互联网上的专业参考资料，结合现场调查资料归纳总结所识别山茶花、杜鹃花和露地草本花卉植物的观赏特性与园林用途。

（3）观察和思考昆明金殿名胜区总体规划，以及茶花园和杜鹃园的设计特点。

### 4.2.4 实习作业

（1）整理分析、统计昆明金殿名胜区内山茶、杜鹃花和露地草本植物的种类、识别要点、观赏特性及园林用途，不少于60种。

（2）分析和总结昆明园林植物园专类园中茶花园和杜鹃园植物造景特点。

## 4.3 斗南国际花卉苗木市场（斗南国际花卉产业园）

### 4.3.1 斗南国际花卉苗木市场概述

昆明是全国主要鲜切花交易集中地。斗南国际花卉产业园位于昆明市呈贡区，邻近滇池东岸，规划用地1020亩，建筑面积810 000m²，总投资近40亿元。一期花花世界主场馆、花卉交易会展及花卉文化旅游街区于2014年建成，主交易大厅于2015年投入运营。斗南国际花卉苗木市场位于花卉产业园区内（图4-7）。

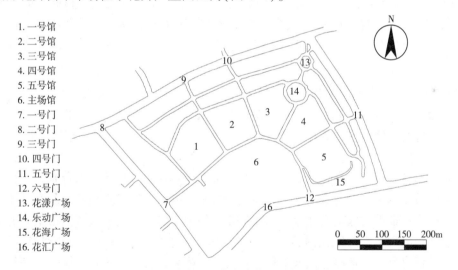

图4-7 斗南国际花卉产业园平面示意图

斗南国际花卉苗木市场始建于1984年，初始为花农自发形成的集贸市场，现已发展成集拍卖、批发、零售和专营店于一体的我国乃至亚洲最大的鲜切花交易市场，并于2017年被评为国家AAA级文化旅游景区。昆明斗南花卉有限公司为市场管理主体，专业从事花卉市场的运营、管理以及有关鲜切花的培育、生产、加工和销售等花卉产业活动，该公司注册的"斗南花卉"被评估为具有32亿元无形资产价值的花卉品牌。

昆明鲜切花产销量连续多年位居全国第一。目前在斗南国际花卉苗木市场，日上市鲜切花100余个大类1600余个品种，每天有1000~1200t鲜切花通过航空、铁路、公路运往全国80余个大中城市，远销50余个国家和地区。花卉市场每天有上万人参加鲜花交易，入驻相关企业有近400家,其中有外企9家,交易的鲜切花涵盖现代月季、百合、非洲菊、香石竹、洋桔梗、绣球花、蝴蝶兰等40余个品类500余个品种。

主场馆一楼大厅部分区域是鲜花、干花、盆花、绿植和盆景自由交易场馆;二楼是云南最大的多肉植物超市,占地面积逾10 000$m^2$,有200余个多肉植物摊位,品种逾1000个,规模大、品种全,是云南充分利用气候优势努力打造的又一优势花卉产品。

### 4.3.2 实习内容及主要园林植物种类

**(1) 花花世界**

花花世界由昆明斗南国际花卉苗木市场花卉产业园主场馆、花卉交易会展及花卉文化旅游街区组成。其中,主场馆涵盖鲜切花交易大厅、花卉电子拍卖交易中心、多肉植物超市、文化旅游街区和花花世界美食荟五大主题场馆。鲜切花交易大厅、多肉植物超市主要进行鲜切花、多肉植物商品交易,重点拍卖交易的商品切花种类有现代月季、香石竹、菊花、唐菖蒲、非洲菊、百合等。鲜切花交易大厅、国际花卉电子拍卖交易中心是一个基于互联网的花卉拍卖场所,拥有60 000$m^2$的交易场馆,两个拍卖交易大厅,9口交易大钟,900个交易席位,电子拍卖交易采用降价式拍卖方式,价格由买家通过竞价方式实现,每天可完成800万~1000万枝的花卉交易规模。目前,昆明花拍中心有种植商会员25 000余户,来自全国各地的购买商3100余户。文化旅游街区主要交易的是结合花卉文化打造的干花、精油、永生花、花茶和花艺资材等花卉衍生产品,同时提供具有地方特色的餐饮服务。

**(2) 昆明盆花苗木展示交易基地**

昆明盆花苗木展示交易基地位于斗南国际花卉产业园主场馆(花花世界)旁,占地54亩,建设花卉苗木展示温室大棚逾30 000$m^2$,入驻商户近200家,主要用于花卉、盆景、苗木的栽培和展示,是集花卉、苗木、园艺资材、景观石材等现货展示、销售,花卉、苗木品种研发培育于一体的园林行业市场以及斗南国际品牌花卉种植和培育基地。目前已经成为云南省域规模大、品种全的盆栽花卉批发与零售市场,是云南最重要的园林花卉苗木集散地,产品还辐射我国西南地区并销往华北、华东、华南各地。主要上市交易的园林植物种类是适合庭园和室内绿化的苏铁科、凤梨科、天南星科、爵床科、五加科、木棉科、棕榈科、龙舌兰科、毛茛科、仙人掌科、景天科、芭蕉科、兰科、百合科、石蒜科等科植物。例如,盆栽的红掌类、马蹄莲、鹤望兰、石斛、蝴蝶兰、大花蕙兰、文心兰、绿萝、蔓绿绒、合果芋、苏铁、散尾葵、美丽针葵、肾蕨、鱼尾葵、龟背竹、富贵竹、朱蕉、袖珍椰子、石榴、米兰、龙血树、月季、玫瑰、紫薇、杜鹃花、山茶、白兰花、桂花、蕨类植物等。

### 4.3.3 实习要求

(1)应用花卉学、植物学等学科知识,对花花世界商品鲜切花交易大厅主要切花种类及商品进行分类观察与品种识别,重点熟悉现代月季、香石竹、菊花、唐菖蒲、非洲菊、百合等重要切花种类,并了解鲜切花电子拍卖交易过程。

(2) 利用教材、工具书和互联网上的参考资料结合花卉学、园林树木学知识，对斗南花卉苗木交易基地盆花植物种类进行观察和识别，重点关注常见室内观花植物、观叶植物、仙人掌类及多肉植物、蕨类植物。

### 4.3.4 实习作业

（1）调查总结斗南国际花卉产业园主要商品切花品种和商品性状，不少于30种。可以调查不同种类商品切花，也可调查同类花卉(如菊花)的不同品种。根据调查情况写出专题调查报告。

（2）比较斗南花卉苗木交易基地与其他省份盆花交易市场在盆花种类上的异同。

## 4.4 中国科学院西双版纳热带植物园

### 4.4.1 植物园概述

中国科学院西双版纳热带植物园(以下简称"版纳植物园")系1959年由我国著名植物学家蔡希陶教授领导创建，位于云南省西双版纳傣族自治州勐腊县勐仑镇，距州府所在地景洪市约60km，海拔570m，年平均气温21.4℃，占地面积约1125hm$^2$，为国家AAAAA级旅游景区。版纳植物园是集科学研究、物种保存和科普教育为一体的综合性研究机构和国内外知名的风景名胜区，收集活植物13 000余种，建有38个植物专类区，保存有一片面积约250hm$^2$的原始热带雨林，是我国面积最大、收集物种最丰富、植物专类园区最多的植物园之一，也是世界上户外保存植物种数和向公众展示的植物类群数非常丰富的植物园。

版纳植物园从空间上划分为三大区域：第一区域为游客集散地的主入口区，面积7hm$^2$，是连接勐仑镇与版纳植物园的重要交通枢纽和游客集散地，是整个植物园景区景观的序幕；第二区域为主要游览区(亦称西区)，面积200hm$^2$，为科普展览、游览观光的主要片区，主要由百花园、棕榈园、奇花异卉园、名人名树园、藤本园、荫生植物园、国树国花园等28个专类植物收集区组成，同时，标本馆、热带植物种质资源库、热带雨林民族文化博物馆、蔡希陶纪念馆等也位于该区域；第三区域也称东区，面积达1127hm$^2$，主要为保护区和科研用地，包括科研中心、实验基地、引种苗圃等，游览区域主要有热带沟谷雨林片区和绿石林片区，其中，热带沟谷雨林片区内又建有野生食用植物近缘种收集区，以及天南星科、姜科、蕨类植物等收集区(图4-8)。

### 4.4.2 实习内容及主要园林植物种类

**(1) 百花园**

百花园位于版纳植物园西片区入口处，占地面积约25hm$^2$，其中水域面积约6hm$^2$。现收集和展示热带观赏植物约650种，其中以龙船花属、蝎尾蕉属、鸡蛋花属、叶子花属、羊蹄甲属、紫薇属、玉叶金花属、夹竹桃属、睡莲属等属的植物收集较多。植物布景主要采用孤植、纯林片植、专科专属及同类多品种植物集中种植等多种方式展示。孤植树主要有火焰树、木棉、紫花风铃木、盾柱木、凤凰木；纯林片植植物主要有洋金凤、羊蹄甲、

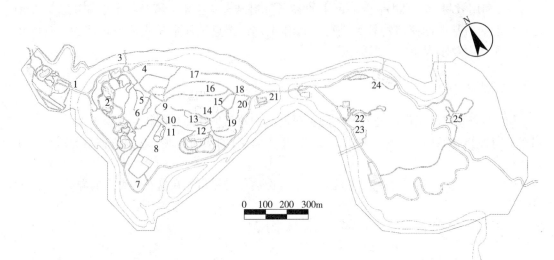

1.西门 2.百花园 3.吊桥 4.百竹园 5.南药园 6.百香园 7.能源植物园 8.龙脑香园 9.树木园 10.榕树园 11.奇花异卉园 12.棕榈园 13.水生植物园 14.荫生植物园 15.王莲酒店 16.名人名树园 17.藤本园 18.国树国花园 19.民族森林文化园 20.百果园 21.龙血树园 22.热带雨林 23.野生蔬菜园 24.科研中心 25.绿石林

图 4-8 中国科学院西双版纳热带植物园平面示意图

玉叶金花、紫薇等。整个专类园空间感较为空旷，是热带观赏植物的集中展示区，形成一年四季花开不谢的效果，让人们切实感受"热带天堂"的神奇魅力（图 4-9）。另外，百花园通过挖掘古往今来花卉植物的故事、传说和文学作品，以楹联、字画、牌匾等形式充分展示观赏植物的文化内涵。

图 4-9 百花园

图4-10 藤本园绒苞藤植物景观

图4-11 荫生植物园兰花区(姜立举摄影)

### (2) 藤本园

藤本植物是植物世界中的一类特殊群体,其中90.9%的藤本植物分布于热带地区。藤本园位于植物园北侧,占地面积约7.5hm$^2$,目前栽培植物500余种。根据藤本植物生长方式和设计展示手法的不同,将藤本园植物区分为自然生态藤林区、园艺观赏藤本区、悬垂攀缘藤本区、种群藤本区以及综合服务区。

藤本园充分利用地形地势及现有构筑物,营造丰富的依附支撑物,尽量保持各藤本植物原有的天然生长状态,充分发挥藤本植物固有的形态美和习性美,并适当控制其无限制的蔓延生长(图4-10)。通过对藤本植物的灵活组合,使各区域的植物展示特色分明。如自然生态藤林区和种群藤本区种植设计偏重科学分类和种群关系,而园艺观赏藤本区和悬垂攀缘藤本区则偏重于植物的观赏性和景观的塑造。植物配置还非常注重花期的延续、花色的搭配、香气的补充、果实的色泽、叶色叶质的对比、藤姿藤形的舒展细节和运用。

该区代表植物有绒苞藤、巨花马兜铃、薄叶羊蹄甲、蓝花藤、锦屏藤、蒜香藤、炮仗花等。

### (3) 荫生植物园

荫生植物园位于植物园的游览中心,占地面积约1hm$^2$,收集600余种生态各异的热带阴生植物,分为热带兰花区(图4-11)、凤梨科植物区、蕨类植物区、姜科植物区、天南星科植物区和苦苣苔科植物区等。该区营造了具有热带雨林结构的人工群落,由于热带雨林的高温高湿,许多喜阴耐阴植物在此繁衍生息,它们有的生存在树干、树枝、树杈甚至叶面上,形成空中花园;有的生长在地面上,构成了热带雨林的独特画卷。奇特的鹿角蕨、巢蕨等蕨类植物,各种生活形态的兰花以及引种自世界其他热带雨林地区的阴生植物,在有限的空间里充分展示了多层次、多样化的热带雨林自然景观。

该区代表植物有蝎尾蕉、海芋、巢蕨、竹芋、红掌、凤梨、姜花等。

### (4) 棕榈园

棕榈园为具有强烈热带风光的园区,现有面积9.3hm$^2$,共收集棕榈科植物近500种,数量处于国内领先地位，也是世界上保存棕榈种类最多的植物园之一。该园按棕榈植物隶属的亚科分为6个区。保存有国家保护植物琼棕、董棕和龙棕，还有我国特有种二列瓦理棕。该园构建多样性的生境，以满足各种类型棕榈植物生长所需的条件；同时，通过引水，在棕榈园创造湿地环境，形成水溪环岛，岛居水中，岛上利用不同形态的棕榈科植物高低错落、疏密交互种植，湿地周围以棕榈植物环抱，形成一个与自然界相仿的棕榈植物生长环境，配以舫、榭、轩等建筑，以曲桥及小径将小岛、亭阁相连一体，供人们休憩、赏景，品味具有强烈热带风光的棕榈与湿地景观（图4-12，另见彩图2）。

该区代表植物有椰子、散尾葵、假槟榔、董棕、贝叶棕、盾轴榈、糖棕、大王棕和露兜树等。

图4-12 棕榈园湿地景观

**（5）民族森林文化园**

西双版纳是以傣族为主的多民族聚居地，各民族与热带森林相互作用、相互影响，从而创造了丰富多彩的民族森林文化。该园区占地面积约5.3hm$^2$，共收集、栽培了80科360余种民族植物。本专类园围绕着热带雨林民族森林文化博物馆，分为民族药用植物区、食用植物区、宗教植物区和文学艺术植物区四个小区，以及模仿傣族神山营造的"龙山林"，向人们展示了西双版纳丰富的人与植物、人与自然和谐相处的传统知识和文化。民族药用植物区主要展示傣医中使用的多种药用植物；食用植物区主要展现食花植物和食叶植物等；宗教植物区展示佛教信仰的"五树六花"（五树为菩提树、大青树、贝叶棕、槟榔和糖棕；六花为莲花、文殊兰、黄姜花、黄缅桂、鸡蛋花和地涌金莲），以及与佛事活动有关的植物等；文学艺术植物区主要展示傣族的文字载体，从古代的芭蕉叶到竹片到贝叶，最后到用构树的树皮制造的纸张等。该专类园因其丰富的科学内涵、优美的园林景观、显著的民族文化特色，成为民族森林文化的科研和知识传播基地，是国内外植物园中独具特色的主题植物专类园。

**（6）国树国花园**

国树国花园占地约1.3hm$^2$，按世界六大洲（亚洲、南美洲、北美洲、大洋洲、非洲和欧洲）进行规划分区，收集展示了适宜本地生长的80个国家的58种国树国花。如缅甸国花——龙船花、老挝国花——鸡蛋花、利比亚国花——石榴、马达加斯加国花——凤凰木、比利时国花——杜鹃花等。如此多的国树国花聚集一堂，使人们仿佛踏上"周游世界"的旅途。全世界有100余个国家拥有自己的国树或国花，但由于各国的历史背景和文化传统不同，被选作国树或国花的植物不同，象征的意义也不一样。有的是国家和民族的精神象征，反映一个民族的文化传统、审美观和价值观；有的是反映一个国家的自然风貌和文化传统与民族习俗。该园还通过对国树国花的文字与科普解说，使公众更多地了解各国的风土人情、传统习俗和地理地貌等知识。

**(7) 名人名树园**

自版纳植物园建园以来，我国党和国家领导人、外国政要及皇室主要成员、国际知名学者和社会各界人士等来园考察、合作并植树纪念，名人名树园得以诞生，这成为版纳植物园的一类重要历史"文物"。该园占地面积3.7hm²，共收集展示280余种(品种)热带植物。其中有党和国家领导人江泽民手植的海红豆、李鹏手植的铁力木、李瑞环手植的小叶榕等；国际知名人士——世界野生动物基金会会长爱丁堡·菲利普亲王手植的"热带雨林巨人"——望天树等；本园创始人、第一任园长蔡希陶教授手植的龙血树等。园中还收集了多种奇花异树，如傣族佛教植物贝叶棕(用于制作贝叶经)；形似孔雀开屏的沙漠贮水之树——旅人蕉；世界上最毒的植物，被称为"见血封喉"的箭毒木；老茎生花可食用的火烧花；花似喇叭的木本曼陀罗；俏似香山红叶的紫锦木及叶形各异、花色奇彩的彩叶植物。在园中，还有西双版纳最古老的苏铁——雌雄异株的千年铁树王。

**(8) 热带雨林景区**

热带雨林景区位于版纳植物园东区，占地面积约80hm²，包括姜园、天南星园、兰园、蕨类植物区、野花区等7个热带植物专类园区，主要用于对西双版纳及周边地区植物进行迁地和就地保护，目前保存有种子植物2000余种，含珍稀及濒危植物100余种。核心区的原始热带雨林集中展示了热带雨林的典型特征：大板根(图4-13)、绞杀现象、老

**图4-13　热带雨林中四数木的大板根**

茎生花、空中花园和高悬于空中的大型木质藤本等，还可见到反映该地区地质变化和历史变迁的露兜树。该区是一个集物种收集保存、科学研究及环境教育为一体的综合平台。

该区重要观赏植物有箭毒木、四数木、望天树、老虎须、扁担藤、梭果玉蕊、海芋、云南石梓、木瓜榕、云南无忧花等。

**(9) 绿石林景区**

绿石林景区面积 225hm$^2$，位于版纳植物园东部，自然环境优美，森林覆盖率在90%以上，具有典型的石灰岩山森林植被，生长有 900 多种高等植物，栖息着上百种野生动物。区内随处可见千姿百态的象形奇石和郁郁葱葱的雨林形成的树石交融的景观，构成世间少有的"上有森林，下有石林"的奇观，故有"绿石林"之称。绿石林景区同时具有丰富的热带兰科植物资源，是开展这些珍稀濒危动植物回归和综合保护的示范基地。

该区重要观赏植物有四数木、火烧花、扁担藤、羽叶金合欢、阔叶风车子、紫玉盘、高山榕等。

### 4.4.3 实习要求

(1) 掌握西双版纳地区常见园林植物的识别要点。

(2) 认识热带雨林的重要性，熟知并理解典型热带雨林景观现象，如老茎生花、藤蔓飞舞、红叶现象、绞杀现象、独树成林、空中花园、板根现象和气生根现象等。

(3) 熟知植物园、专类园的概念，了解植物园与一般城市公园的主要区别。

### 4.4.4 实习作业

(1) 总结归纳西双版纳地区主要园林植物的识别要点、观赏特性和园林用途。

(2) 调查版纳植物园具有典型热带雨林景观特征的植物名称、应用形式及景观特点。

(3) 调查常用的乔木景观植物种类和彩叶植物种类。

(4) 总结常见棕榈科植物的应用方式和造景特点。

(5) 思考科普教育与物种保育、园林景观营造如何协调发展。

# 5 贵州主要实习地点及内容

## 5.1 贵阳花溪公园

### 5.1.1 公园概述

贵阳花溪公园位于贵州省贵阳市花溪区，处于贵州著名学府——贵州大学花溪校区的中央位置，是联系贵州大学南北两校区的纽带，为植物类专业学生提供了极佳的实习场地。公园占地面积 53.3hm²，东至花溪大桥，南沿贵筑路，西临甲秀南路，北抵溪北路，是贵州近现代以来历史最为悠久的城市公园之一。公园雏形始于 1787 年（清乾隆五十二年），由举人周奎父子营造，1937 年开始作为城市公园建设，1939 年经贵州省政府批准开始正式建设风景区并于 1940 年基本落成，时称中正公园。1949 年新中国成立后，改名为花溪公园。

公园主要景点有音乐广场、芙蓉洲、百步桥、坝上桥、麟山、龟山、松梅园、碧桃园、牡丹园、竹莲池、棋亭、憩园、西舍和戴安澜将军衣冠冢等（图 5-1）。花溪公园在布局上的特点是"四山夹一水、一水带四山"，山环水绕、相依相存、相得益彰。"四山"即麟山、蛇山、龟山和凤山，麟、蛇据北岸，龟、凤峙南岸。麟山最高，矗立峭立。公园中花圃众多，生长着近千种名花异卉。园内草木繁茂，植物种类众多，春天百花争艳、夏日荷风送爽、金秋桂子飘香、隆冬蜡梅清馨，亭台楼阁若隐若现，整个公园终年掩于碧水绿荫之中。

### 5.1.2 实习内容及主要园林植物种类

**(1) 主入口区**

主入口区人流较为密集，包括入口广场、下沉广场、睡莲池和荷花池等。进入公园之后首先映入眼帘的是入口两侧左右对称的紫藤花架，每到春天紫穗满垂，缀以稀疏嫩叶，景色十分优美。此区域主要功能是疏散人流，广场道路铺装较多，植物配置以规则式为主，主要通过乔木并点缀灌木和草本植物构成空旷的视线空间。入口广场两侧是疏林草地，结合各种节庆布设时令花卉，草地上孤植楝树、香樟、广玉兰、桂花、元宝枫等树种，营造出高低错落、四季有花的季相景观。每到夏季来临，睡莲和荷花竞相开放，成为

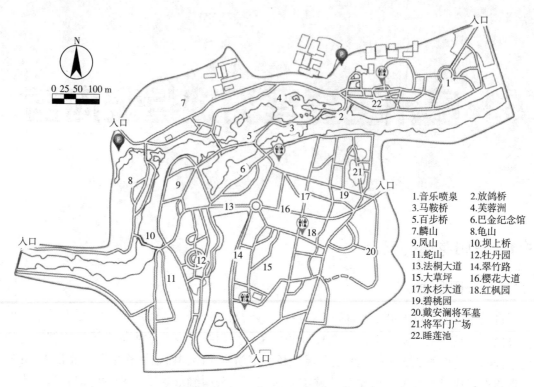

**图 5-1 贵阳花溪公园平面示意图**

1.音乐喷泉　2.放鸽桥
3.马鞍桥　4.芙蓉洲
5.百步桥　6.巴金纪念馆
7.麟山　8.龟山
9.凤山　10.坝上桥
11.蛇山　12.牡丹园
13.法桐大道　14.翠竹路
15.大草坪　16.樱花大道
17.水杉大道　18.红枫园
19.碧桃园
20.戴安澜将军墓
21.将军门广场
22.睡莲池

花溪公园赏花的好去处。睡莲池旁边的乌桕、无患子和朴树是秋季的主角，尤其是两排无患子行道树在10月底满树金黄，搭配贵阳特殊的小阳春气候带来的蓝天白云已然成为花溪公园最美秋色叶树种。

该区主要植物有侧柏、圆柏、南方红豆杉、枇杷、女贞、柞木、枳椇、乌桕、构树、梧桐、银杏、槐、朴树、无患子、楝树、白蜡树、元宝枫、夹竹桃、贴梗海棠、'凤尾'竹、紫藤、地锦、火棘、茶梅、山茶、棕榈、加那利海枣、锦带花、紫薇、含笑、月季、细叶萼距花、旱金莲、蒲苇、芦苇、花叶芦竹、再力花、蔓长春花、睡莲和荷花等。

**(2) 花溪河（公园段）及四山**

花溪河（公园段）及周边的四山（麟山、龟山、凤山和蛇山）组成了花溪公园的基本骨架（图5-2）。河流两岸和喀斯特山体基本上保留了原有植被，是花溪公园有别于其他城市公园的精华所在。一年四季清澈的花溪河如同流动乐章，沿河

**图 5-2 麟　山**

自然分布的各种原生水生植物就是那跳动的音符，奏响了一曲曲山水之歌。河水在花溪公园有急流、有浅滩，水中苦草和眼子菜等沉水植物维持着水体的清洁，水麻、小梾木和蚊母树等湿生植物与自然驳岸融为一体，河边搭配人工栽植的垂柳、枫杨、水杉、白蜡树等，完美的阐释了"虽由人作，宛自天开"的造景手法。1959年陈毅元帅曾赋诗称赞"真山真水到处是，花溪布局更天然"。沿河分布的四座喀斯特山体植被茂密、怪石嶙峋，拾阶而上，喀斯特地貌特有的石上森林景观尽收眼底，这里有原生的贵州石楠、翅荚香槐、蜡梅、野扇花等不胜枚举，尤其是秋冬季节如火如荼的黄连木遮天蔽日，待秋叶凋零时，林下的蜡梅便送来缕缕幽香。此区域特色为原生植物与园林栽培植物搭配种植，既保留了花溪公园喀斯特地貌的植物特色，又丰富了各季植物景观，园林植物为花溪公园该区域锦上添花，使山环水绕的花溪公园花开四季，碧水长流。

该区主要植物有侧柏、水杉、池杉、贵州石楠、女贞、黄连木、枫杨、皂荚、朴树、喜树、垂柳、白蜡树、蜡梅、小梾木、蚊母树、水麻、花叶芦竹、芦苇、蒲苇、再力花等。

(3) 碧桃园及周边区域

主要以种植桃花为主，周边主要由疏林草地组成。桃花是花溪区的区花，也是花溪区世居少数民族春季"跳花节"的主要代表植物，因此碧桃园在花溪公园备受青睐。但是由于花溪公园地下水位较高，桃不耐水湿，长势欠佳，近年来大规模改造之后相对较好。碧桃园紧邻樱花大道和水杉路，每年春秋是花溪公园最吸引游人的地方（图5-3）。水杉路的另一侧就是香樟疏林草地，香樟在花溪公园栽培历史悠久，树大荫浓，林间空旷处有野花组合，栽培有大量一、二年生草本花卉。

该区主要植物有侧柏、雪松、滇杨、枫香、红花檵、栾树、桃、日本晚樱、紫玉兰、木香、茶梅、小叶女贞、含笑、麻叶绣线菊、八角金盘、南天竹、'花叶'蔓长春花、'花叶'络石、扶芳藤、一叶兰、鸢尾、石竹、金鱼草、蓝羊茅、波斯菊、金盏菊、彩苞鼠尾草、矢车菊、万寿菊、虞美人等。

(4) 大草坪及周边区域

此区域以大面积草坪结合散植乔木造景为主，是早春踏青和冬日暖阳等时节的最佳去处，也是花溪公园各种集体活动首选场地。大草坪周边配置的大乔木栽培历史悠久，树体高大，树冠自然成形，体现了不同树形树冠的姿态美（见彩图3），例如，浑圆饱满的香樟，尖塔形的水杉高耸入云，散植于草地的雪松似乎时刻都在想

图5-3 碧桃园秋景

念贵阳难得的阳光，孤植的二球悬铃木树冠巨大，还保留了一株高大的原生贵州石楠，每到秋季果实累累，成为鸟类的最爱。大草坪另一侧是一处密林，由原来的一片苗圃地发展而成，林下配置非常有特色的耐阴地被。

该区主要植物有雪松、水杉、猴樟、广玉兰、山玉兰、贵州石楠、慈竹、二球悬铃木、白玉兰、木瓜、日本晚樱、梅、棕榈、小蜡、红花檵木、薜荔、麦冬、一叶兰、鸢尾、芭蕉、大吴风草、萱草、水鬼蕉、肾蕨、春羽、吉祥草等。

**（5）牡丹园及周边区域**

牡丹园得名由来已久，但实为一处以栽培花灌木和宿根花卉为主的区域，也是因地下水位高的原因，牡丹时有时无。牡丹园四时繁花、姹紫嫣红。接近公园四号门，周边景点是凤山、蛇山和悬铃木大道，当悬铃木树叶变黄，从稍远一些的山上看下来，犹如金色大道。园中种植的花卉种类各式各样，花期将至时，花朵竞相开放，花香扑鼻。此区域主要作用是科研教学及为游客提供学习和赏景的场所。

该区主要植物有侧柏、圆柏、池杉、青檀、湖北紫荆、紫荆、石榴、垂丝海棠、蜡梅、大叶黄杨、枸骨、细叶萼距花、三色堇、金鱼草、芦竹、黑心金光菊、一叶兰、石竹、八宝景天、'胭脂红'拟景天、毛地黄钓钟柳、旱伞草、牡丹、芍药、紫娇花、朱顶红等。

### 5.1.3 实习要求

（1）掌握贵阳地区常见园林植物的识别要点。

（2）了解贵阳喀斯特山体和河流两岸原生植物的生境特点。

（3）认真分析贵阳花溪公园不同区域园林植物的造景特征，对栽培植物群落的组成和观赏应用进行深入学习。

（4）利用不同季节实习的观察，掌握贵阳花溪公园不同园林植物的季相特征。

### 5.1.4 实习作业

（1）调查总结贵阳花溪公园主要园林植物的种类、识别要点、观赏特性及园林用途，不少于100种。

（2）分析和总结贵阳花溪公园三处具有特色的园林植物造景。

## 5.2 贵阳花溪十里河滩湿地公园

### 5.2.1 公园概述

贵阳花溪十里河滩湿地公园是2009年12月由国家住房和城乡建设部批准的第六批国家城市湿地公园之一，是国家AAAA级旅游景区。公园位于贵阳市花溪区中心城区北部，距离贵阳市中心12km，平均海拔1140m，年平均气温14.9℃，冬无严寒，夏无酷暑，气候温和湿润，空气清新宜人。属于亚热带湿润气候下的高原岩溶丘陵区，是以喀斯特地貌为特征的城市湿地公园(图5-4)。湿地公园具有河流、农田和库塘等多类型湿地，区域河流长

6.5km，面积2.19km²。公园以花溪河为纽带，集山地、水文、生物以及人文景观为一体，以自然景观与生态体验为主要特色。公园内秀峰环抱、竹木夹岸、洲岛错落，包括荷花塘、桂花林、水杉林和油菜花田等景点。在景区植物配置中，主要以本土树种为主，外来植物为辅，以香樟、垂柳、女贞、水杉、枫杨、银杏为主要树种，以湿地植物、陆生植物和水生植物三大类为基调植物。花境以自然植物群落为主，更加符合人们的审美情趣，配置'细叶'芒、蒲苇、美人蕉等多种观赏植物。十里河滩景区植物的合理配置和景观营造，打造出自然、生态、充满湿地野趣的公园氛围(图5-5)。

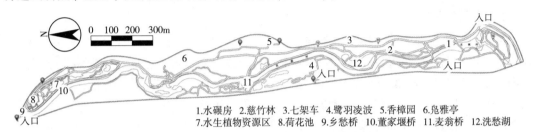

1.水碾房 2.慈竹林 3.七架车 4.鹭羽凌波 5.香樟园 6.凫雅亭
7.水生植物资源区 8.荷花池 9.乡愁桥 10.董家堰桥 11.麦翁桥 12.洗愁湖

**图5-4 贵阳花溪十里河滩湿地公园平面示意图**

**图5-5 贵阳花溪十里河滩湿地公园景观**

### 5.2.2 实习内容及主要园林植物种类

**(1) 牛角岛区域**

牛角岛区域位于湿地公园最南端，与花溪车站和清华中学相衔接，与花溪公园正大门一桥之隔。本区域为湿地公园的湖中岛区域，以草坪、花境和乔木孤植、列植等方式为主要造景特色。花境中，草本层主要以草坪为主，其次将小叶黄杨、锦绣杜鹃、苏铁等植物搭配造景,在道路两侧以'洒金'东瀛珊瑚和广玉兰搭配列植;在草坪区域以雪松孤植为造景特色,搭配草坪配置的景观小品,成为夏日乘凉游憩的好去处,为人们的休闲生活增添了无穷乐趣。

该区主要植物有水杉、雪松、猴樟、女贞、乐昌含笑、广玉兰、杨梅、垂柳、紫叶李、日本晚樱、缫丝花、苏铁、'黄金间碧'竹、狭叶十大功劳、'无刺'枸骨、八角金盘、'洒金'东瀛珊瑚、野迎春、红花檵木、小叶黄杨、锦绣杜鹃、紫叶美人蕉等。

(2) 南入口区

南入口区为湿地公园南端,位于花溪城区,是十里河滩湿地公园最主要的一个入口。本区由入口广场、花圃果乡和清水芙蓉等景点组成,沿着穿城而过的花溪河两岸分布。在花圃果乡区域,主要以枇杷、日本晚樱、蜡梅、杨梅、桃、杏和梨树群植,形成特色园区,极富田园风光。滨河带状花境也是这个区域的特色之一,由于入口区人流量大,对景观要求高,以四季可观的花境为宜。

该区主要植物有南方红豆杉、红花木莲、乐昌含笑、山杜英、杨梅、枫香、珙桐、柽柳、红千层、紫叶李、木芙蓉、梨、杏、桃、蜡梅、石榴、紫珠、紫薇、南天竹、蒲苇、黄菖蒲、花叶芦竹、迷迭香、雄黄兰、'深蓝'鼠尾草、墨西哥鼠尾草、波斯菊、矢车菊、蜀葵、蛇目菊等。

(3) 乡愁桥至洗愁湖段

乡愁桥至洗愁湖段为十里河滩湿地公园植物造景的核心区域,该区域是健身步道的起点,也是花田、花带、花海、花境和缀花草地等造景手法最丰富的地段。花草成片、花艳草绿,以园林美学为指导,充分展现植物本身的自然美、色彩美和群体美。以宿根天人菊、紫娇花、大花金鸡菊和天蓝鼠尾草等观花草本植物为前景,以红花檵木、红叶石楠、锦绣杜鹃和小叶黄杨等灌木球为中景,配以水杉、广玉兰和银杏等高大乔木为背景,充分形成有层次、有丰富变化的景观花境。由原来的水稻田改造而成的油菜花田是春夏两季的主要景观,当油菜花开放时,仿佛一块黄宝石镶嵌在青山翠岭之间,春夏季各类观花草本适时开放,整个场景"人如海,花如潮",蔚为壮观。

该区主要植物有水杉、柳杉、池杉、落羽杉、墨西哥落羽杉、银杉、日本扁柏、广玉兰、猴樟、夹竹桃、慈竹、刚竹、红瑞木、'花叶'杞柳、紫娇花、迷迭香、山桃草、柳叶马鞭草、翠芦莉、美丽月见草、火炬花、蓍草、天人菊、松果菊、波斯菊、白晶菊、大花金鸡菊、矢车菊、大滨菊、'深蓝'鼠尾草、天蓝鼠尾草、'金山'绣线菊、虞美人、蜀葵、花叶芦竹、花叶玉簪、韭莲等。

(4) 洗愁湖至孔学堂段

洗愁湖至孔学堂段为湿地公园的中段,主要由两处人工湖组成,以湿生植物和片植花灌木为主要植物造景特色。该区域有鹭羽凌波、绣水浮径、蛙鼓花田、溪山魅影、月潭天趣、水乡流韵等景点,因地制宜、因势造景,根据地形和立地条件进行园林植物配置。在湿地景观部分,湿生植物形态各异,可以感受到草长莺飞,一派欣欣向荣的景象,洗愁湖也成为学生观察和识别水生和湿生植物造景的最佳区域。

该区主要植物有水杉、落羽杉、墨西哥落羽杉、池杉、杨梅、白蜡树、榆、榉树、柞木、枫香、山楂、金丝桃、'金山'绣线菊、再力花、千屈菜、'金叶'石菖蒲、紫叶美人蕉、香蒲、芦苇、鸢尾、荷花、睡莲、水葱、梭鱼草、旱伞草、狐尾藻、细茎针茅、松果菊、'银边'紫娇花、雄黄兰、萱草、细叶美女樱等。

### 5.2.3 实习要求

(1) 掌握贵阳地区常见湿生及水生园林植物的识别要点。

(2) 分析贵阳花溪十里河滩湿地公园不同区域园林植物造景的特征,并对栽培植物群落的组成和观赏应用进行深入学习。

(3) 利用不同季节实习的观察,掌握贵阳花溪十里河滩湿地公园不同园林植物的季相特征。

### 5.2.4 实习作业

(1) 调查总结贵阳花溪十里河滩湿地公园主要园林植物的种类、识别要点、观赏特性及园林用途,不少于100种。

(2) 选择贵阳花溪十里河滩湿地公园一处人工湿地进行园林植物调查,并分析其造景特色。

## 5.3 贵阳泉湖公园

### 5.3.1 公园概述

《泉湖公园记》记载:"贵阳白云区主城南,其地平旷,有泉侧出,经年不歇,号之龙泉。龙泉背倚空山止水之景,眼眺云山、孤山之胜,魂魄一线牵的则是西普陀寺。泉眼无声,终年涓滴,凉爽清亮,犹如串串珍珠,洒布成一泓碧水。此园原称南湖公园,昔时,南湖蒙垢,浇薄虚浮,成为令人心痛的污水塘。而今,铲刈秽草,伐去杂木,整治粗涩。公园诸景,升华转变,焕然一新,美不胜收。湖因泉名,泉因湖扬"。公园拥山数座,占地千余亩,其中水域面积205亩,绿化面积达750亩。依托云山、孤山、空山、泉湖、西普陀寺"三山一湖一寺"人文自然景观,星罗棋布,以供观瞻。园内包含云楼禅影、泉湖秘境、泉湖溪畔、温澜对雪、空山止水、水舞天章、百戏云阶、水玉长桥、云山石韵和数聚泉湖、普陀夕照十一景(图5-6)。园区共完成绿化面积37hm$^2$,栽植各类植物250余种。其中,种植大中型乔木8000余株,各类灌木、地被18hm$^2$,水生植物3hm$^2$,草坪6hm$^2$。《泉湖公园记》记载:"园中嘉木美竹,奇花异卉,参差点缀,尽态极妍,虚实互用,色色映带。如高手作文,不使一语不韵"。公园建设还运用了现代科学技术,在原有生态环境下打造出了一个透明的水下生态循环系统,通过7级净化体系使水质得到改善,水体透明度达1.5m以上,恢复纯净生态水环境,让泉湖重新焕发生机。

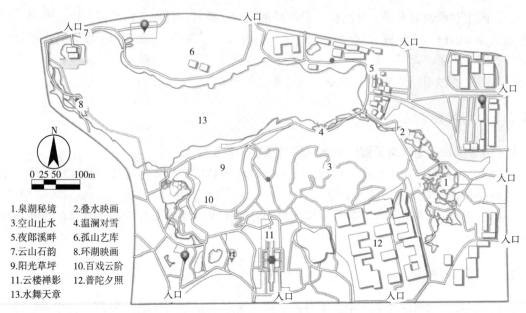

1.泉湖秘境　2.叠水映画
3.空山止水　4.温澜对雪
5.夜郎溪畔　6.孤山艺库
7.云山石韵　8.环湖映画
9.阳光草坪　10.百戏云阶
11.云楼禅影　12.普陀夕照
13.水舞天章

图5-6　贵阳泉湖公园平面示意图

## 5.3.2　实习内容及主要园林植物种类

### (1) 东入口区

东入口区位于公园的东侧,是主大门的入口处,是通往各个景点的必经通道,在组织交通、集散人流、接待游客等方面具有重要作用。该区域包括泉湖秘境、叠水映画、普陀夕照和夜郎溪畔等景观节点。泉湖秘境位于泉湖湖畔,依托原有地势而建,紧邻西普陀寺。作为禅意的延伸,通过错落有致的罗汉松、曲曲折折的亲水栈道、高低层次的叠水瀑布,把曲径通幽的自然意境表达到极致,充分展现了中式园林风格和贵州山水神韵(图5-7)。泉湖秘境曲径通幽,林荫草木,溪水潺潺,泉湖秘境中的意境,水流桥不流、桥流水不

图5-7　泉湖秘境

流，只有把心静下来去看、去听，才能体悟到"流"和"不流"的真谛。从入口广场进入公园，右侧紧邻西普陀寺，寺园相融，古木参天，独具寺观园林特色。

该区主要植物有罗汉松、榔榆、朴树、槐、黄连木、皂荚、乌桕、红花槭、紫薇、木槿、梅、'紫叶'加拿大紫荆、刚竹、'黄金间碧'竹、棕榈、棕竹、蒲葵、红花檵木、金丝桃、南天竹、野迎春、'金山'绣线菊、剑麻、春羽、美人蕉、锦绣杜鹃、火棘、细叶萼距花、黄金菊、花叶芦竹、鸢尾、石蒜、虾蟆花、一叶兰等。

**(2) 空山止水区**

空山止水区保留现状山体，包括空山止水、温澜对雪等景点，此处为公园最高点，以山体自然植被为主，并且依山建设步道和平台，适当配置具有不同季相特色的园林植物。"空山止水"位于空山之顶，山下云楼禅影、西普陀寺映带左右，蔚为奇观。山顶释心台，碧水如镜，是洗涤心灵的绝胜处。"温水灿澜耀龙泉，暖雾缭雪不觉寒"，温澜对雪景致之处，即是泉湖的泉眼，地下水从泉眼处汩汩而出，是为泉湖水域补水的重要所在，也是源头活水之处。冬季温热的龙泉水遇到寒冷的空气，形成大量白雾，白雾轻抚水面，宛若下雪，故称温澜。

该区主要植物有香樟、女贞、枇杷、杨梅、珊瑚树、银杏、垂柳、桑树、槐、构树、盐肤木、皂荚、黄连木、朴树、白玉兰、梧桐、紫薇、山茶、梅、海棠花、'红枫'、红叶石楠、银叶金合欢、火棘、胡颓子、红千层、野迎春等。

**(3) 大草坪及环湖区**

大草坪及环湖区为泉湖公园核心游憩空间，包括孤山艺库、云山石韵、环湖映画、阳光草坪、百戏云阶和云楼禅影等景点。此区域以大面积草坪、花境和片植花灌木为主要植物造景方式，植物种类丰富。《泉湖公园记》记载："阳光草坪，绿意盎然似画卷；百卉熙园，芳香馥郁如蟾宫。风翻柳堤翠幕，霞照夜郎朱帏。一叶三径，纡余委蛇，络绎纠缠；五柳七松，郁郁葱葱，喧喧妍妍。"

该区域主要植物有雪松、侧柏、水杉、罗汉松、桂花、香樟、贵州石楠、杨梅、乐昌含笑、女贞、银杏、皂荚、黄连木、朴树、垂柳、槐、元宝枫、加那利海枣、丝葵、苏铁、野迎春、紫叶李、梅、碧桃、山茶、紫薇、剑麻、鸢尾等。

### 5.3.3 实习要求

(1) 掌握贵阳地区城市综合公园绿地常见园林植物的识别要点。

(2) 认真分析贵阳泉湖公园不同区域的园林植物造景特征，对栽培植物群落的组成和观赏应用进行深入学习。

### 5.3.4 实习作业

(1) 调查总结贵阳泉湖公园主要园林植物的种类、识别要点、观赏特性及园林用途，不少于100种。

(2) 选择贵阳泉湖公园较有代表性的景点进行园林植物调查，并分析其造景特色。

## 5.4 贵州省植物园

### 5.4.1 植物园概述

贵州省植物园始建于1964年，海拔1210~1411m，为典型的黔中喀斯特地貌。植物园保存有蕨类植物、裸子植物和被子植物等共计190科844属2500余种，是贵州省内专门从事植物引种驯化和植物种质资源保存的基地。贵州植物园规划总面积为210hm²（重点建设面积88hm²），按其功能不同，划分为森林植被区、树木园、植物展览区和果树资源区四个区域（图5-8）。森林植被区面积122hm²，为植物园的天然背景，由马尾松林、华山松林、常绿落叶混交林、藤刺灌丛坡、草灌丛坡和沼泽地等组成。树木园面积20hm²（含秀湖水面区0.6hm²），划分为裸子植物、木兰科、槭树科、珍稀濒危植物、其他被子植物、竹亚科和苗圃七个小区，已种植植物近600种，其中以松属、柏属、蔷薇属、木兰属、木莲属、含笑属、杜鹃花属、山茶属等种类较丰富。其中，月季园面积0.4hm²，栽培园艺品种近400个；木兰园面积0.7hm²，收集木兰科植物45种。植物园现已有月季园、中华苗药园、珙桐园、杜鹃园、茶花园、盆景园等专类园。

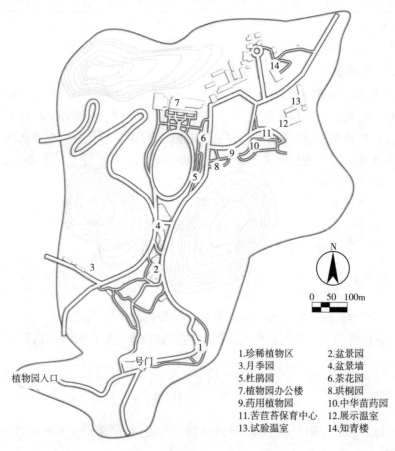

1. 珍稀植物区　2. 盆景园
3. 月季园　4. 盆景墙
5. 杜鹃园　6. 茶花园
7. 植物园办公楼　8. 珙桐园
9. 药用植物园　10. 中华苗药园
11. 苦苣苔保育中心　12. 展示温室
13. 试验温室　14. 知青楼

图5-8　贵州省植物园平面示意图

## 5.4.2 实习内容及主要园林植物种类

**(1) 珍稀植物园**

珍稀植物园位于贵州省植物园入口处,面积 6.3hm²,主要引种保存贵州省特色珍稀濒危植物,已种植珙桐、鹅掌楸等珍稀植物 30 种,其他植物 20 种,计划引进珍稀濒危植物 100 种。

该区主要植物有日本扁柏、水杉、福建柏、珙桐、杜仲、枫香、蓝果树、山杜英、连香树、山玉兰、鹅掌楸、厚朴、乐东拟单性木兰等。

**(2) 盆景园**

盆景园位于植物园中部的一处庭园,面积 1hm²,建有温室一座,已有盆景 300 盆、盆景桩头 400 个及其他植物 50 种。盆景艺术是从植物栽培和造园艺术发展而来的民族瑰宝,利用园艺、绘画、赏石等手段,表达了人们的审美意向和艺术情感。随着盆景园的逐步发展,一幅"立体的画"、一首"无声的诗"展现在植物园内。盆景园内,随着山地起伏变幻,不同的树木、不同的假山叠石呈现出多彩的效果。园区植物主要以盆景方式展示,观赏性较强。该区域依地形不同,放置了造型各异的盆景植物,在庭园中步移景异,整个园区中将中国园林因地制宜的造园手法展现得淋漓尽致。并且有各式盆景展示其间,气概非凡,盆景景观中尤其以石灰岩系列采集最多,充分展示了其艺术性、科学性。

该区主要植物有罗汉松、'龙柏'、日本五针松、黑松、银杏、三角槭、石榴、枇杷、紫藤、乌柿、紫薇、马缨杜鹃、火棘等。

**(3) 大草坪及植物展览区**

大草坪及植物展览区是植物园对外展示和休闲游憩的主要区域,面积 30hm²(含水面面积 0.5hm²),包括大草坪区、观赏植物区、水生湿生植物区、杜鹃园、茶花园、珙桐园(图 5-9)

图 5-9 珙桐园

和药用植物区多个分区。其中，杜鹃园中种植了各式各样的杜鹃花种类，形成了群芳吐蕊、花团锦簇的自然美景。花期将至时，各个园区植物竞相绽放，富有自然野趣，令人乐不思返。大草坪区位于植物园的腹地，是园区最具有标志性的景点之一，北侧为植物园办公大楼，西侧倚靠在由各色乡土树种组成的阔叶山林脚畔，东侧由杜鹃园与茶花园镶嵌，南侧因地制宜凿一水池，夏季荷花飘香，紧邻盆景园。该区域视野开阔，以高大雄伟的桂花、二球悬铃木和圆柏作为主要植物材料，与草坪周围的几株北美鹅掌楸百年古树、树形优美的香樟林互相衬托，十分匹配。该区域运用现代景观造园手法，以几株园景树孤植点缀，以及疏林草地作为游人的休憩场地，既勾勒出了园区天际线，又留出了足够开阔的观景空间和活动空间，景观效果与功能都得到了极大的满足。

该区主要植物有侧柏、南方红豆杉、银杉、'龙柏'、北美红杉、'绒柏'、金钱松、桂花、枇杷、广玉兰、香樟、檫木、喜树、重阳木、灯台树、梓树、朴树、构树、榔榆、银杏、北美鹅掌楸、珙桐、马缨杜鹃、映山红、金花茶、山茶、月季、蝴蝶绣球、锦带花、结香、红花酢浆草、水仙等。

### 5.4.3 实习要求

(1) 掌握贵州省常见乡土园林植物识别要点。
(2) 了解和识别贵州省植物园栽培的贵州珍稀濒危植物。
(3) 了解和掌握花卉专类园的植物选择和配置方法。

### 5.4.4 实习作业

(1) 调查总结贵州省植物园主要园林植物的种类、识别要点、观赏特性及园林用途，不少于 100 种。
(2) 选择贵州省植物园一处花卉专类园进行园林植物调查，并分析其造景特色。

# 6 重庆主要实习地点及内容

## 6.1 重庆南山植物园

### 6.1.1 植物园概述

重庆南山植物园位于重庆市南岸区，面积551hm$^2$，是重庆市南山南泉风景名胜区核心景区、国家AAAA级旅游景区、重庆市十佳旅游景区，2008年被中华人民共和国住房和城乡建设部授予"国家重点公园"的荣誉称号。其前身是1959年建成的南山公园，2004年更名为重庆市南山植物园。园内现保存植物5000余种，主要以观赏植物专类园为中心，是集植物迁地保护、引种驯化、科研科普、繁育栽培、园林艺术布置和旅游服务于一体的综合性植物园。

重庆南山植物园分为观赏植物风景林区、专类观赏植物园区、科研苗圃区和植物生态保护区。规划建设16个专类观赏园，已建成的专类园有蔷薇园（2000年）、兰园（2001年）、梅园（2002年）、山茶园（2004年）、一棵树景观园（2003年）、盆景园（2005年）、中心景观园（2007年）和展览温室（2009年）。公园以收集我国亚热带低山植物种质资源为中心，形成了"春观樱花、夏点慈兰、秋赏桂花、冬咏梅花"的游园特色。同时，园内有唐代所建的庙观、铁桅杆、文峰塔，以及抗战期间大量的官邸、外国使馆等历史价值极高的陪都人文景观遗址，建有重庆抗战历史遗址博物馆，并设置了植物博物馆、标本馆、图书馆等，是开展科普教育和教学实习实践的理想基地（图6-1）。

### 6.1.2 实习内容及主要园林植物种类

**（1）蔷薇园**

蔷薇园位于南山植物园中心区，栽培蔷薇科植物180余种6万余株，大量种植了樱花、海棠花、桃、玉兰等名花异卉，形成了群芳吐蕊、花团锦簇的自然美景。其中，樱花是南山植物园的传统花卉，吸引众多游人慕名而来。每年3~5月，园内桃红若霞、海棠如烟、樱花娇颜、白兰高洁，加之各类鲜花适时开放，樱花大道、樱花广场、海棠烟雨、桃花区等景点人如海、花如潮，蔚为壮观。施光南音乐广场的精彩表演，又为人们的休闲生活增添了无穷乐趣。

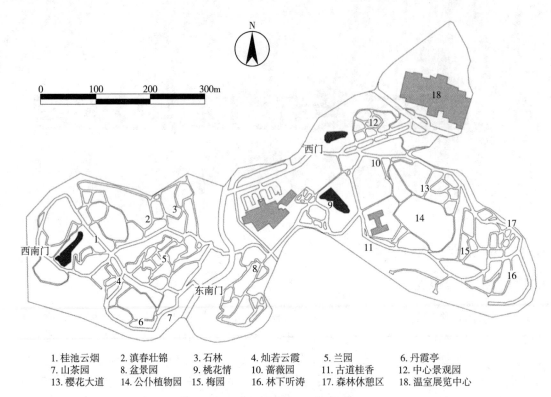

1. 桂池云烟　　2. 滇春壮锦　　3. 石林　　　　4. 灿若云霞　　5. 兰园　　　　6. 丹霞亭
7. 山茶园　　　8. 盆景园　　　9. 桃花情　　10. 蔷薇园　　11. 古道桂香　　12. 中心景观园
13. 樱花大道　14. 公仆植物园　15. 梅园　　　16. 林下听涛　　17. 森林休憩区　18. 温室展览中心

图 6-1　重庆南山植物园平面示意图

该区主要植物有日本晚樱、东京樱花、钟花樱桃、垂丝海棠、湖北海棠、桃、李、月季、野蔷薇、玫瑰、梅、玉兰、野迎春、桂花等。

**（2）山茶园**

山茶园东邻兰园，西接金鹰园，园内栽培川茶、滇茶、金花茶以及西洋茶等170余个品种1万余株，其中百年以上的古茶花千余株，尤其是"古茶宛"内几株树龄400年以上的古茶，至今古干虬枝、繁花满树，实为稀世珍宝。"茶花王"不愧为花中魁首，单株化开数千朵，姹紫嫣红，气势宏伟。山茶园属于典型的山地园林，富有自然野趣和重庆特色。一座座陪都时期的大使馆和别墅掩隐在绿树丛中，保存了陪都历史文化的建筑风貌。园中的桂池之水天上来，仿佛一块明镜镶嵌在青山翠岭之间。

该区主要植物有山茶、滇山茶、茶梅、金花茶、小叶短柱茶、瘤果茶、四川大头茶、钝叶桴、岗桴、无患子、杜英、木麻黄、常春油麻藤、洋常春藤等。

**（3）梅园**

梅园位于蔷薇园东南角，分为梅花区和森林游憩区两大区，景点包括"红梅赞""岁寒三友""凌寒迎春"和"林下听涛"。梅园地处幽静，小巧雅致，是古香古韵的梅花与古典园林艺术结晶之作，游之令人乐不思返。历来赏梅、咏梅者甚多。大文豪郭沫若上南山赏梅，兴之所至，咏诗一首："闻说寒梅已半开，南山有鸟唤春回。嘉陵江上东风起，嫩绿红肥映碧台。"园内梅花苍劲挺秀，疏影横斜。红梅观赏区以松、竹为背景，配置植物120

余种5000余株，长廊回转，庭园深深，诗词歌赋，刻碑咏叹。森林游憩区在保持原有山林野趣的同时，新修游道逾2800m，其间点缀座椅、亭廊，古朴典雅、清幽静谧，是休闲观光、怡情健身的好去处。

该区主要植物有梅、马尾松、'小琴丝'竹、四川苏铁、福建柏、金花茶、山玉兰、乐昌含笑、黑壳楠、蜡梅、皱皮木瓜、红花檵木、十大功劳、安坪十大功劳等。

**(4) 盆景园**

盆景园位于南山植物园中心区，桩景及各式盆景展示其间，气势非凡。园内大型塑石主要有8种，风格各异，开人眼界，尤其以石灰岩系列采集最多，将其艺术性、科学性展示得淋漓尽致，如墨石的雄奇、黄石的跌宕、灰石山峰的俊俏、鱼纹石的惟妙惟肖、化石传承的历史，无不令人感叹。渝派盆景(重庆传统佳作)罗汉松桩头是镇园之宝，其造型、树龄与数量之和，当居世界前列。庭园虽小，但步移景异，中国园林因地制宜的造园手法展现得淋漓尽致。景点包括"灵石擎天""三大夫松""巴山渝水""漱池夜月""黄葛独钓""泻玉飞珠""黔山秀水"和"东溪石韵"。这里是收集、制作、保存和展示重庆盆景精品的盆景专类观赏园。

该区主要植物有罗汉松、乌柿、小叶蚊母树、榔榆、紫薇、湖北梣、垂丝海棠、皱皮木瓜、皋月杜鹃、银杏、山茶、紫果槭、檵木、西南卫矛、金钱松、九里香、小叶柿等。

**(5) 兰园**

兰园位于南山植物园中心区，园内林木葱郁，植被丰富，叠石水景，流水潺潺，环境幽静，鸟语花香，非常适合兰科植物生长繁衍，也是休闲的绝好之处。园内收集、培植、展示兰科植物20余种3000余盆。园内有抗战期间留下的陪都建筑西班牙别墅、"王者香"等景点和石柱曲廊、竹建的瑞馨亭等小品及宕水小溪、叠石造景，与环境融为一体，散发出浓郁的重庆园林乡土气息。如今，这里已经成为培植、繁殖兰花的重要基地。

该区主要植物有春兰、建兰、墨兰、虎头兰、多花兰、大花蕙兰、桫椤、南方红豆杉、四川苏铁、七叶树、三角槭、南川木波罗、罗汉松、青城细辛等。

**(6) 中心景观园**

中心景观园位于南山植物园中心园区，面积约35 000m²，其中，水体和湿地面积约2500m²。该园是大门通往展览温室的必经通道，在组织交通、集散人流、接待游客等方面具有重要作用。中心景观园在植物景观施工上十分注重对原有植物、历史建筑、地形地貌和水体的保护，特别是大树保护，对涉及的575株大树进行了精确定位测量，就地保护大树423株，迁地保护大树152株，新种植物110余种。

该区主要植物有香樟、楠木、日本晚樱、乐昌含笑、深山含笑、紫玉兰、小叶鸡爪槭、红花羊蹄甲、大丝葵、山里红、小叶漆、桂花、鸳鸯茉莉、红背桂、花叶青木、花叶冷水花等。

### 6.1.3 实习要求

(1)学习重庆南山植物园及其中各专类园的设计理念和功能分区。
(2)掌握重庆地区常见园林植物的识别要点。

(3)认识重庆地区重要的孑遗植物和珍稀植物。

### 6.1.4 实习作业

(1)调查重庆南山植物园主要园林植物的种类及其应用形式,不少于100种。
(2)调查树桩盆景常用的植物种类。
(3)总结重庆地区的主要珍稀植物。

## 6.2 重庆园博园

### 6.2.1 公园概述

重庆园博园位于重庆市两江新区鸳鸯街道龙景路,是第八届中国(重庆)国际园林博览会的承办地,占地面积220hm²(其中湖面53hm²),园区遵循生态、环保、节约、低碳及可持续发展的建设理念,提倡使用新材料、新技术和新思想,是一座集自然景观和人文景观于一体的超大型城市主题公园,国家AAAA级旅游景区。2011年11月19日建成开园。

在空间规划上,主要采用"山拥""水环""一轴""多带"等方式。"山拥"即营造众星拱月之势,龙景湖为园博园的核心;"水环"即龙景湖滨水景观带,为观赏湖景的最佳区域;"一轴"即以主展馆、巴渝园、龙景湖、中心景园形成的景观轴线;"多带"即园区南部绵延伸展的山谷景观带展现层叠辗转的古典韵味。园区分为入口区、展园区、景园区和生态区四大功能区。其中,展园区分为11个展区(国际园林展区、现代园林展区、港澳园林展区、岭南园林展区、江南园林展区、闽台园林展区、西部园林展区、北方园林展区、企业园林展区、个人园林展区和园林实践展区),127个城市展园;景园区分为13个景区(中心景园区、巴渝园景区、卧龙石景区、龙景书院景区、云顶揽胜景区、双亭瀑布景区、候鸟湿地景区、桃花源景区、沐风廊景区、枫香秋停景区、东篱村寨景区、青山茅庐景区和植物园景区)(图6-2)。

园区共有维管植物108科285属525种(不包括一、二年生花卉),其中,蕨类植物3科3属3种,裸子植物9科17属32种,被子植物96科265属490种。

### 6.2.2 实习内容及主要园林植物种类

**(1)荟萃园展区**

荟萃园展区位于园博园中部,毗邻凌云桥,远眺巴渝园,面积6.5hm²。包括北京园、天津园、上海园、太原园、济南园、苏州园、宁波园、深圳园和绍兴园9个城市展园,景区制高点建有重云塔。荟萃园集展园和景园于一身,以展示传统古典园林的魅力和中华南北园林的精髓。

该区主要植物有日本晚樱、雪松、黑松、银杏、紫薇、桂花、香樟、皂荚、天竺桂、合欢、榕树、黄葛树、复羽叶栾树、广玉兰、红花檵木、白花杜鹃、南天竹、山茶、凤尾竹等。

**(2)巴渝园景区**

巴渝园景区位于园博园主展馆背面的龙景湖畔,与主展馆、重云塔组成园博园的景观

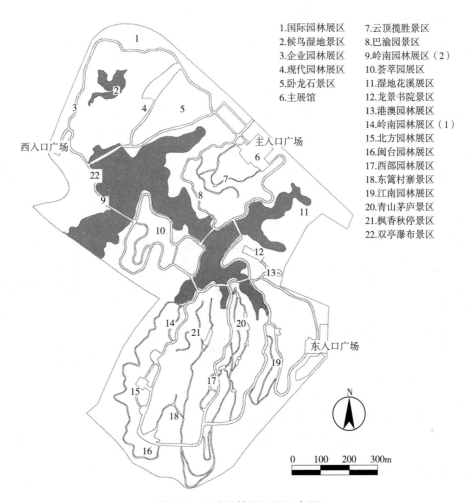

图 6-2 重庆园博园平面示意图

轴线，占地面积约 $8hm^2$。建有 10 座各具特色的山地院落，并运用巴渝地区的乡土植物，将具有巴渝风格的吊脚楼掩映在山体之中，形成"园中隐院，院融景园"的空间格局。

该区主要植物有黄葛树、银杏、垂柳、复羽叶栾树、碧桃、日本晚樱、二乔玉兰、山茶、南天竹、'红枫'、海桐、白花杜鹃、蜡梅、细叶结缕草、肾蕨、麦冬、粉美人蕉、旱伞草等。

**(3) 现代园林展区**

现代园林展区位于主入口西北方，占地面积 $4.36hm^2$。包括海口园、郑州园、连云港园、柳州园、喀什园、西昌园、巴中园、内江园、毕节园、湛江园、中山园、武汉园、淮安园、荆州园、三亚园和温州园 16 个城市展园，以及以城市艺术雕塑"圆缘园"为中心的艺术广场。

该区主要植物有二球悬铃木、桂花、蒲葵、榕树、楠木、天竺桂、垂柳、水杉、红花檵木、海桐、白花杜鹃、山茶、紫荆、鹅掌藤、细叶结缕草、麦冬、肾蕨、狐尾藻、水竹芋等。

### (4) 龙景书院景区

龙景书院景区位于龙景湖畔东部，南侧为港澳园林展区，北侧远眺巴渝园，占地面积约9000m²。分为书院游览区、半山观弈区和滨湖水榭区。结合山头地形较缓区域，布置两进院落。在中央建筑内仿古代学堂布局，并在周边院落及附楼内以照片和雕塑的形式，展示巴渝古今之事。龙景书院采取院落式布局，在空间上给人以包融感，并结合地形，形成从低到高又从高到低的两个空间序列，强调出大殿的气势，突出空间统领性。

该区主要植物有雪松、桂花、银杏、垂丝海棠、乐昌含笑、樱花、朴树、梅、蜡梅、山茶、'红枫'、紫薇、石榴、'斑竹'、红叶石楠、红花檵木、桂竹、肾蕨、一叶兰、春羽、吉祥草等。

### (5) 云顶揽胜景区

云顶揽胜景区位于主入口处山体顶端，在园区主要景观轴线上，东侧为主展馆，西侧为巴渝园景区，占地面积2hm²。主要分为云顶远眺区和疏林休闲区。该点为园区内制高点，在该处设计多层次的观景平台，平台周边运用疏林草地的造景手法打开视线通道，并且利用疏林草地作为游人休憩的场地，加大云顶揽胜景区游人容量。

该区主要植物有桂花、香樟、黄葛树、复羽叶栾树、鸡爪槭、栀子、金叶女贞、红花檵木、八角金盘、锦绣杜鹃、鹅掌藤、细叶结缕草、肾蕨、麦冬、春羽等。

## 6.2.3 实习要求

(1)了解重庆园博园各主要城市展园的特色植物。
(2)掌握重庆地区常见园林植物的园林用途。

## 6.2.4 实习作业

(1)调查重庆园博园中上海园的植物种类，并分析总结如何体现低碳节能的设计主题。
(2)调查总结重庆园博园行道树和湿地植物的种类。

# 7 西藏主要实习地点及内容

## 7.1 福建园

### 7.1.1 公园概述

福建园是西藏自治区第一座现代综合性公园,位于西藏林芝市巴宜区八一镇。该园背靠比日山,由南北向的林芝路、318国道和东西向的工布路、塔布路所围合,实际用地面积12.4hm²。林芝市素有"西藏江南"之美称,福建园的设计和建造就是围绕这一主题,运用我国江南古典园林的造园手法,融入藏式园林风格,借鉴福建园林和江南园林元素,营造的既具备闽藏文化艺术内涵,又具有时代气息的古典自然山水园(图7-1)。

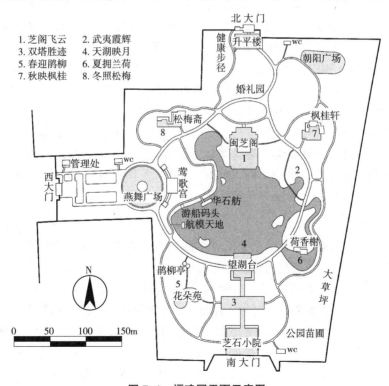

图7-1 福建园平面示意图

福建园以闽芝湖为中心,以沿湖岸布置的主游道为纽带,步移景异,构成了一湖(闽芝湖)、两塔(借鉴福州白塔与乌塔设计的铜铸塔)、四季(植物景观)、八景(芝阁飞云、武夷霞辉、双塔胜迹、天湖映月、春迎鹃柳、夏拥兰荷、秋映枫桂和冬照松梅)的空间序列;同时,营造东部风景林,借景比日山,形成了近园远山的园林景观。

福建园是福建对口支援西藏的重点工程,始建于1999年5月,历时3年建成。建设中,为最大限度发挥公园服务西藏经济社会发展的功能,既考虑了满足西藏人民休闲游憩的需要,建有亭、台、楼、阁、轩、榭、廊、舫等传统园林建筑;也考虑到了满足西藏园林植物特色景观营造的需要,一是从陕西西安和四川成都引种了能在林芝市八一镇安全越冬的栽培类木本园林植物20科32属46种、草本植物12种;二是以林芝色季拉山国家森林公园为中心,筛选驯化了17科29属36种野生园林植物,成为林芝市开展科普教育和教学实习实践的重要基地。

## 7.1.2 实习内容及主要园林植物种类

### (1)西大门区

采用混合式布局,入口建筑采用了"木构架,大屋顶,马鞍墙,燕尾脊;粉墙黛瓦,飞檐翘角,雕梁画栋,楹联点景"等中国南方传统园林建筑形制,暗合"西藏江南"之意。园内设悬山顶须弥座一字石照壁,两侧通行转入以莺歌宫为中心的歌舞活动区;延伸的主游道对称布置花坛,配置'千头'柏、冬青卫矛、月季、一品红、四季秋海棠等,花团锦簇,两侧行植北美短叶松,规则严整。莺歌宫前置燕舞广场,满足了西藏人民开展歌舞活动需要,成为林芝市重要的锅庄舞活动场地;后临湖建植缀花草坪,周边点缀垂柳、贴梗海棠、金叶女贞、大花黄牡丹等,构成了林卡游憩区域,湖边山石驳岸巧妙精致。登临莺歌宫,西眺高楼林立;东望重峦叠嶂,风光尽收眼底。"冬照松梅"景点则以松梅斋为中心,以"岁寒三友"松竹梅组景,构成了"不经一番寒彻骨,怎得梅花扑鼻香"的冬末初春景观;同时,巧妙点缀西藏箭竹和白柳等,暗含"残雪暗随冰笋滴,新春偷向柳梢归"之意。

该区主要植物有北美短叶松、雪松、华山松、急尖长苞冷杉、日本落叶松、'塔柏'、西藏箭竹、日本晚樱、贴梗海棠、垂丝海棠、石榴、广玉兰、圆锥山蚂蝗、裂叶蒙桑、乌柳、白柳、垂柳、榆叶梅、蜡梅、梅、杏梅、火棘、'千头'柏、粉枝莓、大花黄牡丹、金叶女贞、凤尾丝兰、菊花、大丽花、酢浆草、反苞蒲公英等。

### (2)北大门区

北大门区在中国古典园林建筑形制的闽芝阁、升平楼之间,采用自然式布局,通过地形改造、旱溪点缀,丛植或点缀高山松、林芝云杉、川滇高山栎、三角槭、白玉兰、高丛珍珠梅、尖叶栒子和月季,巧妙重现了藏东南高原暖温带森林景观。沿湖区域则布置了芝阁飞云、武夷霞辉景点。闽芝阁紧邻闽芝湖,四面八角、四阿四牖,阁体高耸入云,阁内遍布藏式彩绘、陈设林芝特色器具,登阁亦可俯瞰全园;月台设置勾阑,与南岸"天湖映月"遥相呼应,尽得"宠辱不惊,看庭前花开花落;去留无意,望天上云卷云舒"之意。东侧大型假山武夷"丹霞峰"上瀑布三叠迭落湖中,汀步连接两岸,动静相糅;峰顶点缀云南沙棘,山下片植西藏箭竹、刚竹,缀以垂柳、柳杉、槐、日本晚樱、碧桃、紫叶李、紫荆、锦带花、红叶石楠等,疏密有致,构成了"山瀑飞落绿竹梢,裁脱红尘入翠微"的意境。

该区主要植物有油松、高山松、林芝云杉、川西云杉、川滇高山栎、西南花楸、三角槭、白玉兰、柳杉、云南沙棘、碧桃、紫叶李、紫荆、刚竹、高丛珍珠梅、锦带花、海桐、红叶石楠、日本木瓜、迎春、尖叶栒子、牡丹、美人蕉、白花车轴草等,也常采用波斯菊、万寿菊、金鱼草、三色堇组成花境。

**(3) 东部林区**

为隔断318国道交通车辆对园内环境的影响,东部区域主要营造了降尘减噪风景林,同时,为保证与比日山自然景观的协调,在植物配置上以藏川杨、山杨、糙皮桦等野生园林植物为主,点缀尼泊尔黄花木、美丽金丝桃、高丛珍珠梅、麻叶绣线菊、粉花绣线菊等。风景林西侧建有"夏拥兰荷"和"秋映枫桂"两个景点。"夏拥兰荷"建于闽芝湖主岛之上,以卷棚歇山顶荷香榭为观景点,以景桥连接两岸;岛上种植水杉、紫荆、'龙爪'槐、白玉兰、红瑞木等,水中种植睡莲,呼应主题。"秋映枫桂"则以枫桂为中点,周植鸡爪槭、桂花、女贞、紫叶李、二球悬铃木、裂叶蒙桑、川滇高山栎等,营造出"红叶黄花秋意晚,寂寞梧桐霜雨浓"的意境。

该区主要植物有藏川杨、山杨、合欢、糙皮桦、水杉、鸡爪槭、桂花、女贞、紫叶李、二球悬铃木、裂叶蒙桑、复羽叶栾树、'龙爪'槐、尼泊尔黄花木、美丽金丝桃、麻叶绣线菊、粉花绣线菊、红瑞木、鸢尾、睡莲等。

**(4) 南大门区**

南大门区是春景集中区域。入口处建有"芝石小院",以景墙、游廊围合,连接"春迎鹃柳""双塔胜迹""天湖映月"三个景点。"春迎鹃柳"意在营造"亭午无人初破睡,杜鹃啼在柳梢边"的意境,建造双亭,布置儿童游乐设施,配以垂柳、碧桃、二乔玉兰、日本晚樱、锦绣杜鹃、光柱杜鹃、小蜡,形成春意盎然、儿童嬉戏的欢乐场景。芝石小院、双塔胜迹、天湖映月则贯穿于南大门中轴线上,配以高山松、黑松、银杏、刚竹、榆、云南沙棘、臭椿、合欢、丁香、红叶石楠、尼泊尔黄花木等,形成全园景观集中区;花架上,紫藤、南蛇藤、葡萄蜿蜒,增加了空间层次感。

该区主要植物有藏红杉、垂柳、碧桃、二乔玉兰、日本晚樱、锦绣杜鹃、光柱杜鹃、黑松、银杏、榆、太白深灰槭、臭椿、合欢、丁香、南天竹、千里光、紫藤、南蛇藤、葡萄,也常采用波斯菊、雄黄兰、天人菊组成花境。

## 7.1.3 实习要求

(1) 掌握福建园常见园林植物的识别要点,学习园林植物在古典园林中的文化特征。
(2) 分析福建园不同区域园林植物造景的特征,了解人工植物群落的组成和群落演替趋势。
(3) 在不同季节进行观察实习,掌握福建园不同园林植物的季相特征。

## 7.1.4 实习作业

(1) 总结福建园内80种以上园林植物的识别要点、观赏特性及园林用途。
(2) 分析福建园内4个以上局部景点的古典园林植物造景特点。

## 7.2 工布公园

### 7.2.1 公园概述

工布公园是在林芝市城市管理和综合执法局下属的城市园林局苗圃以及八一镇城镇防护林的基础上共同升级改造而成的。该园地处尼洋河以东、双拥路以西、和谐路以北、广福大道以南,用地面积约72hm²。整个区域由三部分组成:东部为城市园林局苗木花卉引种培育实验基地,由温室花卉生产展示区和露地花卉培育观光区组成,占地面积20.5hm²。中部为以福清河自然湿地为基础建成的休闲游憩区,占地面积32.7hm²;以生态保护为重点,建有木质栈道桥、灯光喷泉、景观雕塑、花境等,营建了森林氧吧、小鸟天堂、梦幻水秀园、民族团结广场、艺术花廊、花涧漫道、植物科普园等景点,是整个公园中休闲游憩、自然生态保护、民俗风情展示的核心区域;西部区域是儿童游乐区,紧邻滨江公园,由青少年科普馆和儿童乐园等组成(图7-2)。

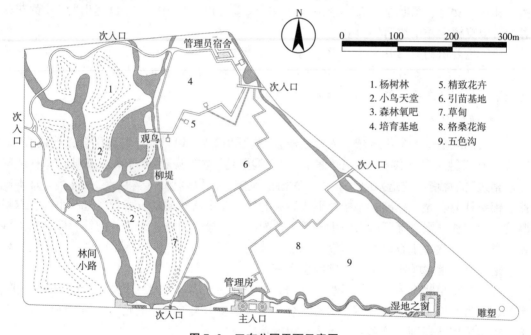

图7-2 工布公园平面示意图

工布公园见证了林芝市政府所在地八一镇的发展:2015年前是八一镇防风防沙保护林,防护着来自尼洋河河谷的风沙侵袭。随着福建对口援藏的投入,2015年以后功能进一步拓展,建成了林芝市首个市区湿地公园,维护城市生态平衡的功能得到了提升。2019年以来,广东援藏工作队进一步推进了该园区的建设,将其升级改造为工布公园,成为林芝市八一镇的中央公园。

### 7.2.2 实习内容及主要园林植物种类

**(1) 苗木花卉引种培育实验基地**

由培育基地、引苗基地和格桑花海等组成,该区域承担着整个林芝市八一镇城区景观花境花卉以及室内盆栽花卉的培育，是整个八一镇园林建设用苗的重要培育单位。该基地引种栽培了各种花卉苗木19种，其他园林植物近70种，并建有花架、观光亭等园林建筑，将园林生产与休闲游憩结合。

该区主要植物有叶子花、桂花、苏铁、印度胶榕、瓜栗、变叶木、鹅掌柴、八角金盘、鱼尾葵、袖珍椰子、棕榈、象脚丝兰、栀子、雀舌黄杨、果子蔓、莲花掌、燕子掌、芦荟、白鹤芋、竹节秋海棠、文竹、吊兰、吊竹梅、常春藤、绿萝、天竺葵、大花蕙兰、仙客来、羽衣甘蓝、孔雀草等。

**(2) 休闲游憩区**

休闲游憩区以福清河自然湿地为基础建成，含"小鸟天堂"和"森林氧吧"等景点。建设过程中，在远离河流的高地上，选用北京杨、女贞、鸡爪槭、日本晚樱、桂花、核桃等适生园林植物组景，形成"森林氧吧"；边缘点缀白柳、乌柳、藏川杨、刺枝野丁香等一些自然环境中分布在草地与湿地过渡地带的植物，与湿地形成过渡；湿地区域种植云南沙棘、樱桃、山荆子等鸟嗜植物，构建"小鸟天堂"，达到引鸟入林的目的。水域中，补种了芦苇、小花水柏枝、睡莲、水毛茛、灯心草、浮叶眼子菜等植物，既改善了水质，又保证了湿地物种多样性。

该区主要植物有西藏柏木、巨柏、核桃、北京杨、石枣子、刺枝野丁香、元宝槭、'红花'刺槐、长尾槭、白皮松、'紫叶'小檗、山荆子、二球悬铃木、紫薇、侧柏、沿阶草、鸡爪槭、水杉、柳杉、紫叶李、雪松、'金枝'槐、金钟花、女贞；水生植物有芦苇、小花水柏枝、水毛茛、灯心草、浮叶眼子菜等；片植花卉主要有波斯菊、翠菊、月见草、菊花、一串红、金盏菊等。

**(3) 儿童游乐区**

儿童游乐区位于八一大街南段(会展中心以南)西侧、滨河大道中段以东、广福大道以南的三角形地块。为便于儿童游乐，该区域以儿童游乐设施为主，在植物配置上以庭荫树、造型树、观花观果植物为主，植物种类较为单一。

该区主要植物有'塔柏'、光核桃、桂花、女贞、'龙爪'槐、垂柳、'金叶'榆、苹果、布朗李、山杏、刚竹、卫矛冬青、大丽花、翠菊、矮牵牛、一串红、金盏菊等。

## 7.2.3 实习要求

(1) 掌握工布公园常见园林植物的识别要点。
(2) 了解工布公园植物的生境特点，并分析花境中植物的组成和群落稳定性。
(3) 利用不同季节实习的观察，掌握工布公园不同园林植物的季相特征。
(4) 了解植物景观与园林小品之间的关系，分析植物在园林景观中的地位。
(5) 熟悉温室花卉栽培技术。

## 7.2.4 实习作业

(1) 总结工布公园中80种以上主要园林植物的识别要点、观赏特性及园林用途。
(2) 分析工布公园的现代园林植物造景特点。

# 8 园林树木——乔木类

## 8.1 针叶类乔木

### 8.1.1 常绿针叶类乔木

**(1) 苏铁 *Cycas revoluta*（苏铁科苏铁属）**

常绿木本。茎常不分枝，顶端被茸毛。营养叶一回羽裂，羽片宽4~7mm，边缘反卷，背面具柔毛。雌雄异株，雄球花圆柱形，大孢子叶、胚珠密被茸毛。种子2~5，橘红色，被茸毛（图8-1）。

产于我国福建、台湾、广东，现我国各地常有栽培。喜光，耐半阴，喜暖热气候，不耐寒，喜肥沃湿润的砂质土，较耐旱，忌积水。

树姿优美，宜孤植、对植或丛植于花坛、建筑物门前、草地边际，也可盆栽和作切叶。

同属常见种：①攀枝花苏铁（*C. panzhihuaensis*）：似苏铁，但羽片边缘不反卷，背面无毛。胚珠及种子无毛（图8-2）。②四川苏铁（*C. szechuanensis*）：茎顶无茸毛。羽片宽10~15mm，中脉两面凸起，大孢子叶无毛或疏被毛。胚珠及种子无毛（图8-3）。

**(2) 南洋杉 *Araucaria cunninghamii*（南洋杉科南洋杉属）**

常绿乔木，树皮粗糙。主干分枝轮生，侧生小枝近羽状排列。幼树及侧枝之叶锥形、镰形或三角形，大树及花枝之叶卵形、三角状卵形或三角状钻形，上下扁。苞鳞先端尾状，向外反曲，种子两侧具翅。

原产于大洋洲东南沿海地区，现我国南方各地均有栽培。喜光，喜温暖湿润气候，不耐寒，喜深厚肥沃、排水良好的酸性土，忌积水。

世界五大园景树之一，宜孤植于空旷地。

同属常见种：异叶南洋杉（*A. heterophylla*）：树皮薄片状脱落。幼树及侧枝之叶锥形，常两侧扁，大树及花枝之叶宽卵形或三角状卵形。苞鳞先端三角形，向上弯曲。种子两侧具宽翅。

图8-1 苏 铁

### (3) 冷杉 *Abies fabri*（松科冷杉属）

常绿乔木。一年生枝淡黄褐色，疏生短毛或无毛。叶条形，边缘微反卷，具二边生树脂道。雌雄同株，球花单生叶腋。球果直立，具短梗，苞鳞微露出，成熟时种鳞脱落。花期5月，球果10月成熟。

中国特有种，产于我国四川高山地区。耐阴力强，喜冷凉气候，不耐高温。

树形优美，宜孤植或作风景林栽培。

同属常见种：长苞冷杉（*A. georgei*）：一年生枝红褐色或褐色，密被褐色或锈褐色毛。球果无梗，苞鳞明显露出，熟时紫黑色。中国特有种。其变种：急尖长苞冷杉（var. *smithii*）：苞鳞先端圆而常微凹，中央有较短急尖头。中国特有种，产于云南西北部、四川西南部及西藏东南部海拔2500~4000m地带。树形高大茂盛，大枝轮生平展。球果直立，大型，成熟前蓝紫色。适宜作孤景树、行道树，也可作为圣诞树应用。

### (4) 云南油杉 *Keteleeria evelyniana*（松科油杉属）

常绿乔木。叶条形，二列，先端常有凸起的钝尖头，两面沿中脉两侧具气孔线。雌雄同株，雄球花簇生，雌球花单生枝顶。球果直立，中部种鳞先端向外反曲，边缘有明显的细缺齿。花期4~5月，球果10月成熟。

中国特有种，分布于云南、四川和贵州。喜光，喜温暖湿润气候，耐寒，不耐干旱、积水。

树干通直高大，可作行道树。

### (5) 云杉 *Picea asperata*（松科云杉属）

常绿乔木。小枝被短柔毛或无毛，叶枕有白粉，基部宿存芽鳞先端向外反卷。叶四棱状条形，长1~2cm，四面有气孔线。雌雄同株，雄球花单生叶腋，雌球花单生枝顶。球果下垂，种鳞宿存，中部种鳞露出部分具纵纹（图8-4）。

中国特有种，分布于陕西、甘肃和四川。耐阴，喜冷凉湿润气候，不耐热，喜湿润及排水良好的土壤。

树冠塔形，宜孤植、丛植或作行道树。

### (6) 林芝云杉 *Picea likianensis* var. *linzhiensis*（松科云杉属）

常绿乔木，高达50m，树皮深裂成不规则的厚块片。树冠塔形，枝条平展。叶长0.6~1.5cm，先端尖或钝尖，横切面扁菱形，上（腹）面每边有白色气孔线4~7条，下

图8-2 攀枝花苏铁

图8-3 四川苏铁

(背)面无气孔线,稀有 1~2 条不完整的气孔线(每条仅有极少的气孔点)。球果成熟前种鳞紫红色或黑紫色,成熟后下垂,卵状圆柱形。花期 4~5 月,球果 9~10 月成熟。

中国特有种。产于西藏东南部、云南西北部、四川西南部海拔 2900~3700m 地带。喜光、喜酸性土,耐贫瘠。

壮年植株的树冠呈塔形,大枝轮生平展,球果成熟前种鳞紫红色,鲜艳美丽,适宜作为园景树、行道树,也可作为圣诞树应用。

同属常见种:①青杆(*P. wilsonii*):一年生枝无毛,稀疏生短毛,基部宿存芽鳞紧贴小枝不反卷。叶长 0.8~1.3cm,先端尖,四面有气孔线,微具白粉。中部种鳞露出部分无明显的槽纹。②白杆(*P. meyeri*):一年生枝密被或疏被短毛,基部宿存芽鳞反卷。叶长 1.3~3cm,先端锐尖或钝,四面有粉白色气孔线。中部种鳞露出部分有纵纹。③川西云杉(*P. likiangensis* var. *rubescens*):一年生枝密被毛;叶上面每边气孔线 4~7 条,下面每边具 3~4 条完整或不完整的气孔线。④麦吊云杉(*P. brachytyla*):大枝平展,侧枝细而下垂。叶条形,上面有 2 条白粉带,下面无气孔线。球果长圆柱状,熟时褐色或微带紫色。

**(7)银杉 *Cathaya argyrophylla*(松科银杉属)**

常绿乔木。具长枝和不明显的短枝。叶线形,长 4~6cm,螺旋状互生,背面中脉两侧具粉白色气孔带。雌雄同株,球花单生叶腋。球果初直立后下垂,种鳞 13~16 枚,宿存。

中国特产稀有树种,国家 I 级保护植物。主要分布于广西和四川。喜光,喜温暖湿润气候。生长极慢,天然更新差。

多见于植物园栽培(图 8-5)。

图 8-4 云 杉

图 8-5 银 杉

**(8)雪松 *Cedrus deodara*(松科雪松属)**

常绿乔木。具长枝与短枝,小枝常下垂。叶针形,3(4)棱,长 2.5~5cm。雌雄同株,球花单生短枝顶端。球果直立,长 7~12cm,径 5~9cm,苞鳞小而不露出,成熟时种鳞自中轴脱落(见彩图 4)。

分布于阿富汗至印度,现我国南北各地广泛栽培。喜光,喜温暖湿润气候,有一定耐寒能力,不耐水湿。

世界五大园景树之一,树形优美,孤植最能体现其风姿。

**(9)高山松 *Pinus densata*(松科松属)**

常绿乔木,高达 30m。树皮块裂。一年生枝黄褐色,有光泽。叶通常 2 针 1 束,稀 3

针或2~3针1束并存；叶粗硬，长6~15cm，边缘具锐细齿，内有3~7(10)个边生树脂道。球果基部歪斜，种鳞鳞盾肥厚隆起，鳞脐常有刺尖。

中国特有种，西藏、云南、四川、青海有分布。高山地区阳性树种，耐干旱瘠薄的土壤。

壮年植株株形紧凑，生长迅速，老年植株枝条略下垂，常作为行道树、防护林等应用。

**（10）日本五针松 *Pinus parviflora*（松科松属）**

常绿乔木。一年生枝密被淡黄色柔毛。叶针形，5针1束，长3.5~5.5cm，背面具2边生树脂道，腹面具1中生树脂道，叶鞘早落。球果长4~7.5cm，种子具宽翅（图8-6）。

原产于日本，我国长江流域及青岛等地普遍栽培。喜光，较耐阴，喜温暖湿润气候，喜排水良好的酸性土，忌积水。

珍贵观赏树，最宜与假山石配置成景，亦为树桩盆景珍品。

图8-6　日本五针松

**（11）北美短叶松 *Pinus banksiana*（松科松属）**

常绿乔木，高达25m。树皮不规则鳞状薄片脱落。针叶2针1束，叶通常扭曲，长2~4cm，粗短，全缘；内有2个中生树脂道。当年生秋果生于小枝侧面，鳞脐无刺尖。

原产于北美洲东北部。我国东北、北京、山东、河南、江苏、江西等地有栽培。

树干常歪曲，树冠开展，小枝平直，叶色深绿，适于作为造景树。

同属常见种：①华山松（*P. armandii*）：针叶5针1束，树脂道3，中生或背面2个中生、腹面1个边生。种子无翅。②白皮松（*P. bungeana*）：老树树皮具粉白色斑块，叶3针1束，树脂道6~7个，边生，稀背面1~2个中生。鳞脐先端具反曲的刺状尖头。③黑松（*P. thunbergii*）：冬芽银白色；叶2针1束，长6~12cm，粗硬，树脂道6~11，中生。鳞脐具短刺。④云南松（*P. yunnanensis*）：叶3针1束，稀2针1束，树脂道4~5，中生与边生并存。鳞盾具横脊，鳞脐有短刺。⑤乔松（*P. wallichiana*）：叶5针1束，下垂，树脂道3，边生。球果长15~25cm，下垂，果梗长2.5~4cm。⑥马尾松（*P. massoniana*）：叶2针1束，树脂道4~8，边生。鳞脐无刺。

**（12）杉木 *Cunninghamia lanceolata*（杉科杉木属）**

常绿乔木。叶条状披针形，长2~6cm，宽3~5mm，边缘有细齿，背面中脉两侧各有1条白色气孔带。球果苞鳞大，先端具刺状尖头，边缘有不规则的锯齿。种鳞小，先端3裂，种子3，扁平，两侧边缘有窄翅。花期4月，球果10月成熟（图8-7）。

广布于我国长江流域及以南地区。喜光，喜温暖湿润气候，喜深厚、疏松肥沃的酸性土。

宜作风景林，庭园偶见栽培，主要为造林用材树种。

图8-7 杉 木

图8-8 柳 杉

**(13) 柳杉 *Cryptomeria japonica* var. *sinensis*（杉科柳杉属）**

常绿乔木。叶锥形，螺旋状互生，先端内弯。球果种鳞木质、盾形，约20枚，种鳞先端具4~5裂齿，齿长2~4mm，发育种鳞具2种子（图8-8）。

中国特有种，产于浙江、福建及江西，现长江流域及其以南地区有栽培。喜光，喜温暖湿润气候，稍耐寒，喜深厚、肥沃的酸性土，抗空气污染力强。

树冠整齐，枝叶繁茂，为优良庭荫树，孤植、列植、丛植、片植均宜。

同属常见种：日本柳杉（*C. japonica*）：叶先端直伸。种鳞20~30枚，先端裂齿长6~7mm，发育种鳞具2~5种子。

**(14) 北美红杉 *Sequoia sempervirens*（杉科北美红杉属）**

常绿乔木。叶二型：鳞叶螺旋状排列，贴生小枝或微开展；线形叶排成二列，下面有2条白色气孔带。雄球花单生枝顶或叶腋，雌球花单生短枝顶端，珠鳞15~20，胚珠3~7。球果下垂，发育种鳞具3~7种子。种子两侧有翅。

原产于美国加利福尼亚州海岸，我国上海、南京、杭州、成都等地有引种栽培。喜光，喜温暖湿润气候，不耐酷暑及严寒，宜深厚、肥沃、湿润、排水良好的微酸性土。

世界五大园景树之一，宜在湖畔、水边、草坪中孤植或群植。

**(15) 侧柏 *Platycladus orientalis*（柏科侧柏属）**

常绿乔木。生鳞叶小枝直展，排成平面。叶交互对生，鳞叶背面有腺点。雌雄同株，球花单生枝顶，雄球花具6对雄蕊，雌球花具4对珠鳞，仅中部2对各具1~2胚珠。球果当年成熟，种鳞木质、扁平，背部近顶端有反曲的尖头，发育种鳞具1~2种子。种子无翅。

我国南北均有分布。喜光，稍耐阴，耐寒，对土壤要求不严，耐干旱瘠薄，耐修剪，抗烟尘及多种有毒气体。寿命长。

优良绿化树种，常栽植于寺庙、陵墓和庭园中。

常见品种：①'窄冠'侧柏（'Zhaiguancebai'）：树冠窄，叶绿色。②'金塔'侧柏（'Beverleyensis'）：树冠塔形，叶金黄色。

**(16) 日本花柏 *Chamaecyparis pisifera*（柏科扁柏属）**

常绿乔木。小枝排成平面。叶鳞形，交互对生，背面具白粉和不明显条状腺点，侧叶较中央叶稍长或等长，先端锐尖。球果种鳞5~6对，发育种鳞各具1~2种子，种子两侧有宽于种子的翅(图8-9)。

原产于日本，我国青岛、南京、上海、杭州、成都等地引种栽培。喜光，稍耐阴，喜温暖湿润气候，较耐寒，不耐干旱。

优良绿化树种，我国各地常见栽培。

同属常见种：日本扁柏(*C. obtusa*)：乔木，鳞叶背面有白粉，背部无腺点，先端钝，侧叶较中央叶长2~3倍。球果种鳞4对，种子有窄翅。

常见品种：①'黄叶'扁柏('Crippsii')：叶金黄色。②'云片'柏('Breviramea')：树冠窄塔形，生鳞叶小枝排列如云片。

**(17) 柏木 *Cupressus funebris*（柏科柏木属）**

常绿乔木。小枝下垂，排成平面。鳞叶先端锐尖，中央叶背面具条形腺点，两侧叶对折，有棱脊。球果种鳞4对，微被白粉，熟时张开，发育种鳞具5~6种子。种子两侧具窄翅。

中国特有种，分布广，以四川、湖北和贵州栽培最多。喜光，耐寒性较强，对土壤要求不严，在石灰岩山地钙质土中生长良好。

优良绿化树种，常栽植于寺庙、陵墓和庭园中。

图8-9 日本花柏

**(18) 巨柏 *Cupressus gigantea*（柏科柏木属）**

常绿乔木，高30~45m，胸径1~3m，稀达6m。树皮暗灰色，纵裂成条状脱落。生鳞叶的枝排列紧密、粗壮，不排成平面，常呈四棱形。鳞叶斜方形，交叉对生，紧密排成整齐的四列，背部有钝纵脊或拱圆，具条槽。球果矩圆状球形，长1.6~2cm；种鳞8对，木质，盾形，顶部平，多呈五角形或六角形，中央有明显而凸起的尖头。种子两侧具窄翅。

中国西藏特有植物。仅产于西藏雅鲁藏布江流域的郎县、米林及巴宜等地。喜光，耐旱、耐寒、耐贫瘠。

植株高大，株形丰满，适于作为孤景树或制作树桩盆景，幼苗也可作为绿篱材料。

同属常见种品种：①西藏柏木(*C. torulosa*)：生鳞叶小枝末端细长，微下垂或下垂，排列较疏，种鳞5~6对。②'蓝冰'柏(*C. glabra* 'Blue Ice')：叶灰蓝色，被白粉，球果被白粉，是圣诞树首选树种。③干香柏(*C. duclouxiana*)：小枝四棱形，不下垂，鳞叶蓝绿色，微被白粉，先端微钝，背部有纵脊及腺槽，无明显腺点。球果种鳞4~5对，被白粉，发育种鳞具多数种子。④绿干柏(*C. arizonica*)：小枝不下垂，末端小枝四棱形或近四棱形。鳞叶蓝绿色，微被白粉，先端尖，背面具纵脊，中部具明显圆形腺点。球果种鳞3~4对，无白粉。

**(19) 圆柏 *Juniperus chinensis*（柏科刺柏属）**

常绿乔木。幼树树冠尖塔形，老树树冠广圆形。叶兼有鳞叶及刺叶，鳞叶背部中央具腺体，刺叶3枚交叉轮生，基部不下延。球果具白粉，熟时不开裂，具1~4无翅种子(见彩图5)。

图8-10 福建柏

广布于我国南北各地。喜光，亦耐阴，耐寒又抗热，对土壤要求不严，以微酸性或中性土中生长良好。

用途极广，可作绿篱、行道树，还可作桩景、盆景材料。

常见品种：①'塔柏'（'Pyramidalis'）：树冠圆柱状塔形，叶多为刺叶，间有鳞叶。②'龙柏'（'Kaizuca'）：树冠圆柱状塔形，大枝有扭转向上之势，几全为鳞叶（见彩图5）。

同属常见种：刺柏（*J. formosana*）：乔木或灌木状，小枝细软下垂。叶全为刺叶，3枚轮生，基部下延，腹面中脉绿色，两侧各有1条白色气孔线。球果腋生。

### (20) 福建柏 *Fokienia hodginsii*（柏科福建柏属）

常绿乔木。小枝扁平排成平面。鳞叶交叉对生，4枚明显成节，下面具白色气孔带；两侧叶宽于中央叶或等宽。球花单生枝顶，雌球花珠鳞6～8对，每珠鳞2胚珠。球果近球形，发育种鳞具2种子，上端具1大1小的薄翅（图8-10）。

我国华东、华中、华南及西南地区均有分布。喜光，较耐阴，喜温暖湿润气候，耐干旱与瘠薄。

树形美观，树干通直，可作行道树、庭荫树。

### (21) 翠柏 *Calocedrus macrolepis*（柏科翠柏属）

常绿乔木，小枝扁平排成平面。鳞叶交叉对生，4枚明显成节，中央叶宽于侧叶。球花单生枝顶，雌球花珠鳞3对，仅中央1(2)对各具2胚珠。球果圆柱形，种子上部具1长1短的翅。

产于我国云南、贵州和广西等地。喜光，喜温暖湿润气候，不耐寒，耐干旱与瘠薄。

四季常青，树形优美，为优良的园林绿化树种。

### (22) 罗汉松 *Podocarpus macrophyllus*（罗汉松科罗汉松属）

常绿乔木。叶螺旋状排列，线状披针形，长7～12cm，宽7～10mm，仅具1中脉，且两面隆起。雌雄异株，雄球花腋生，柔荑花序状；雌球花单生叶腋。种子核果状，被白粉，生于肉质种托上（见彩图6）。

产于我国秦岭以南地区。耐阴性强，喜温暖湿润气候，不耐寒，喜湿润及排水良好的砂质壤土。

树姿葱翠古雅，红色种托好似披着袈裟打坐的罗汉，颇具奇趣。常孤植、对植，或作盆景树种。

同属常见种：百日青（*P. neriifolius*）：叶长7～15(22)cm，宽9～15mm，先端渐长尖。种子无白粉。

### (23) 竹柏 *Nageia nagi*（罗汉松科竹柏属）

常绿乔木。叶对生，长卵形至椭圆状披针形，具多数并列细脉，无主脉。叶长2～9cm，宽 0.7~2.5cm。雄球花穗状，单生叶腋，常分枝状。种子圆球形，无肉质种托(图 8-11)。

主要分布于我国浙江、福建、湖南、广西和四川等地。耐阴树种，喜温暖湿润气候，不耐寒，对土壤要求不严，忌积水。

树形美观，叶青翠而有光泽，为优良风景树。

**(24) 三尖杉 Cephalotaxus fortunei (三尖杉科三尖杉属)**

常绿乔木。小枝对生，基部具宿存芽鳞。叶交互对生，二列，条状披针形，长 3.5~12.5cm，宽 3.2~5mm，背面气孔带白色，较绿色边带宽 2~5 倍。雄球花单生叶腋，6~14 聚生成头状。种子核果状，全部包于肉质假种皮中。

中国特有种，产于我国长江流域及以南地区。阴性树种，喜半湿润的高原气候，耐寒，以湿润而排水良好的土壤生长良好。

园林中多见于植物园栽培。

**(25) 南方红豆杉 Taxus wallichiana var. mairei (红豆杉科红豆杉属)**

常绿乔木。小枝不规则互生。叶互生，线形，基部扭转排为二列，长 2~4.5cm，先端渐尖，背面中脉带上无乳头状突起。种子倒卵圆形，包于杯状红色肉质假种皮中(图 8-12)。

产于我国长江流域及以南地区。喜半阴，喜凉爽湿润气候，耐寒，宜湿润、排水良好的砂质壤土。

树形优美，假种皮鲜红色，可孤植、对植、丛植。

同属常见种：东北红豆杉(*T. cuspidata*)：小枝基部有宿存芽鳞，叶彼此重叠排列成不规则的二列，长 1~2.5cm。常见品种：'矮'紫杉('Nana')，半球状密纵灌木，树形矮小，叶螺旋状着生，假种皮鲜红色，生长缓慢，耐阴性强。

**(26) 巴山榧树 Torreya fargesii (红豆杉科榧树属)**

常绿乔木。小枝对生或近轮生，基部无宿存芽鳞。叶对生或近对生，排成二列，条形，长 1.3~3cm，宽 2~3mm，先端具刺状短尖头，腹面常有 2 条明显的凹槽，延伸不达中部以上，背面淡绿色，气孔带为绿色边带之半。种子核果状，全部包于肉质假种皮中。

中国特有种，主要分布于我国陕西、湖北和四川。喜温凉湿润气候，喜深厚肥沃的微酸性土。

珍稀孑遗植物，偶见于植物园栽培。

图 8-11　竹　柏

图 8-12　南方红豆杉

### 8.1.2 落叶针叶类乔木

**(1) 藏红杉 *Larix griffithii*（松科落叶松属）**

落叶乔木，高达20m。树皮深纵裂，树冠圆锥形。大枝平展，小枝细长下垂，具长、短枝。叶条形，具2边生树脂道。球花单生于短枝顶端。球果直立，近圆柱形，种鳞宿存；苞鳞长于种鳞，强烈反折，先端急尖，不分裂。

喜马拉雅特有植物，产于我国西藏东南海拔3000~4100m地带。喜光，不耐阴，喜冷凉气候，不耐热，不耐水湿，耐贫瘠。

小枝下垂，树形婆娑，春季嫩绿满枝，秋色叶金黄，适于干旱坡地种植作风景林。

同属常见种：日本落叶松（*L. kaempferi*）：小枝不下垂。球果卵圆形，长2~3.5cm，苞鳞短于种鳞，强烈反折，先端三裂，中裂片先端急尖。

**(2) 金钱松 *Pseudolarix amabilis*（松科金钱松属）**

落叶乔木。具长、短枝。叶线形，在短枝上簇生形如圆盘，秋季落叶前金黄色。雄球花簇生短枝顶端，雌球花单生。球果直立，苞鳞小，不露出，成熟后种鳞自中轴脱落（图8-13）。

中国特有种，主要分布于长江流域。喜光，喜温凉湿润气候，耐寒，不耐旱亦不耐水湿，以深厚、肥沃、排水良好的微酸性土生长良好。

世界五大园景树之一，树姿优美，秋叶金黄，孤植最能体现其风姿。

**(3) 水杉 *Metasequoia glyptostroboides*（杉科水杉属）**

落叶乔木。侧生小枝对生，排成羽状，冬季掉落。叶、雄球花、雄蕊、珠鳞与种鳞均交互对生。叶线形，在侧枝上排成羽状。雄球花多排成圆锥花序，花药3；雌球花单生侧枝顶端，每珠鳞5~9胚珠。球果下垂，于当年成熟。种子扁平，周围有窄翅（图8-14）。

中国特产孑遗植物，大部分地区均有栽培。喜光，喜温暖湿润气候，耐热又抗寒，宜深厚、肥沃、排水良好的土壤，土壤干旱及排水不良时生长较差。

树冠尖塔形，秋色叶砖红色，为优美观赏树。

图8-13 金钱松

图8-14 水杉

## (4) 落羽杉 Taxodium distichum (杉科落羽杉属)

落叶乔木。基部具膝状呼吸根；侧生短枝二列。叶互生，线形，长1~1.5cm，在小枝上排成羽状二列。雄球花于枝顶排成总状或圆锥状；雌球花单生枝顶，珠鳞旋生，胚珠2。种鳞木质、盾形。种子不规则三角形，具锐脊状厚翅(见彩图7)。

原产于北美洲东南部，现我国长江流域及以南地区均有栽培。喜光，喜暖热湿润气候，耐水淹，也耐干旱，喜深厚、肥沃的酸性土。速生树种。

树形美观，枝叶秀丽，叶落前变红褐色，为优良的庭荫树、护岸树和秋色叶树种。

常见变种：池杉(T. distichum var. imbricatum)：叶锥形，在枝上近直展，长4~10mm，不排为二列。

同属常见种：墨西哥落羽杉(T. mucronatum)：常绿或半常绿乔木，侧生短枝螺旋状排列。叶线形，在小枝上排列成较紧密的羽状二列，中部叶长约1cm，向两端逐渐变短。

## (5) 水松 Glyptostrobus pensilis (杉科水松属)

半常绿乔木。叶旋生，三型：主枝上叶为鳞形，宿存；幼树一年生小枝或大树萌枝上叶为线形；大树一年生短枝上叶为线状锥形。线形叶与锥形叶秋季与小枝一同脱落。球果直立，种鳞背面上部边缘具6~10尖齿，发育种鳞具2种子，种子下端有1长翅(图8-15)。

中国特有种，主要分布于广东和福建，四川、云南等地也有零星分布。喜光，喜温暖湿润气候，不耐寒，除盐碱地外均能生长，耐水湿。

图8-15 水 松

树形优美，耐水湿，宜配置于河边、湖畔或沼泽地带，也可用作护堤树。

## 8.2 阔叶类乔木

### 8.2.1 常绿阔叶类乔木

#### (1) 广玉兰(荷花玉兰、洋玉兰) Magnolia grandiflora (木兰科木兰属)

常绿乔木，原产地高达30m，树皮薄鳞片状开裂。小枝、芽、叶背、叶柄均密被褐色短茸毛。单叶互生，厚革质，椭圆形或长圆状椭圆形，叶面深绿色，有光泽，背面锈色，全缘。花大，白色，芳香，厚肉质。花期5~6月，果期9~10月。

原产于北美洲东南部，现我国长江流域及以南地区广泛栽培。喜光，耐阴，喜温暖湿润气候，不耐寒，耐烟尘，对有害气体抗性强。

叶色深而花洁白，如朵朵荷花绽放枝头，为美丽的庭园及工矿绿化树种。宜作行道树，常应用于纪念性公园(图8-16)。

图8-16 广玉兰

同属常见种：山玉兰（*M. delavayi*）：常绿乔木，小枝密被毛。叶大型，椭圆形，厚革质，背面粉白色，托叶贴生于叶柄。花大，白色。花期4~6月。

(2) 红花木莲 *Manglietia insignis*（木兰科木莲属）

常绿乔木，高达30m。单叶互生，革质，倒披针形或长圆状椭圆形，先端尾状渐尖，表面暗绿色，背面蓝绿色。花芳香，花梗粗壮，花被片9~12，外轮3片褐色，腹面染红色，向外反曲；中内轮6~9片，直立，乳白色染粉红色，1/4以下渐狭成爪。聚合果紫红色。花期5~6月，果期8~9月（见彩图8）。

产于我国湖南、广西、四川、云南及西藏。喜光，耐阴，喜湿润肥沃土壤。

树形优美，花色美丽，是优良的庭园观赏树种。

(3) 白兰花（白兰）*Michelia × alba*（木兰科含笑属）

常绿乔木，高达17m。枝广展，树冠呈阔伞形。单叶互生，薄革质，长椭圆形或披针状椭圆形，背面疏生微柔毛，干时两面网脉均很明显，托叶痕达叶柄中部，揉枝叶有芳香。花单生叶腋，白色，极香，花被片10片以上，披针形。花期4~9月，多不结实（见彩图9）。

原产于印度尼西亚。喜光，喜温暖湿润，怕高温，不耐寒，适于微酸性土，不耐干旱和水涝。对有毒气体抗性差。

叶色浓绿，花洁白清香，为名贵的香花树种。是行道树、庭荫树及芳香类花园的良好树种，花朵常作襟花佩戴。

同属常见种：①黄兰（*M. champaca*）：为白兰花的亲本，与白兰花的主要区别在于树冠狭长，花淡黄色，托叶痕长于叶柄的一半，叶下面被柔毛。产于我国西南地区。②醉香含笑（火力楠）（*M. macclurei*）：常绿乔木。芽、幼枝、叶柄、叶背、花梗均被褐色短茸毛。叶倒卵状椭圆形，厚革质，叶柄上无托叶痕。花淡黄白色，花被片9~12，芳香。③深山含笑（*M. maudiae*）：常绿乔木，全株无毛。芽、嫩枝、叶背和苞片均被白粉。叶长椭圆形，叶柄无托叶痕。花白色，花被片9，芳香。④峨眉含笑（*M. wilsonii*）：常绿乔木，树皮光滑。叶革质，倒卵形至倒披针形，背面灰白色，叶柄具托叶痕，花被片9~12，淡黄色，芳香，雌蕊群细长。⑤乐昌含笑（*M. chapensis*）：常绿乔木，小枝无毛。叶薄革质，倒卵形，两面绿色，叶柄无托叶痕，花被片6，黄白色带绿色。

(4) 云南拟单性木兰 *Parakmeria yunnanensis*（木兰科拟单性木兰属）

常绿乔木，高达30m。树皮灰白色，光滑不裂。单叶互生，薄革质，卵状长圆形，先端渐尖，基部阔楔形，两面网脉明显。花两性和杂性，雄花与两性花异株，相似，花被片12，外轮红色，内3轮白色，肉质，芳香。花期5月，果期9~10月。

中国特有种，产于云南、广西。适应性强，生长快，病虫害少。

树干通直，叶色浓绿有光泽，嫩叶紫红色，花美丽芳香，是良好的园林绿化树种。

同属常见种：乐东拟单性木兰(*P. lotungensis*)：小枝环状托叶痕明显。叶倒卵状椭圆形，硬革质。外轮花被片浅黄色，内轮白色，芳香。

### (5) 华盖木 *Manglietiastrum sinicum*（木兰科华盖木属）

常绿大乔木，高达40m。树干基部稍具板根，全株无毛。单叶互生，革质，狭倒卵形或狭倒卵状椭圆形，先端圆，具小钝尖，基部渐狭楔形，边缘稍背卷，上面深绿色，有光泽，中脉两面凸起；叶柄无托叶痕。花单生枝顶，花被片9，3轮。花期4月，果期9~11月。

中国特有种，仅产于云南，为国家Ⅰ级保护植物。因数量稀少而被称为"植物中的大熊猫"。

树冠庞大似伞盖，树干光滑挺直，嫩叶黄红色，花色艳丽而芳香，可用作庭园观赏树种。

### (6) 香樟（樟树）*Cinnamomum camphora*（樟科樟属）

常绿大乔木，高达30m。树冠广卵形，树皮不规则纵裂，枝、叶均有樟脑气味。叶互生，卵状椭圆形，全缘，薄革质，离基三出脉，脉腋处有腺体，叶背灰绿色，无毛。果近球形，紫黑色。花期4~5月，果期8~11月。

产于我国南方及西南各地。喜光，稍耐阴，喜温暖湿润气候，耐寒性不强，较耐水湿，但不耐干旱、瘠薄和盐碱土，萌芽力强，耐修剪，深根性。

树姿雄伟，冠大荫浓，枝叶繁茂，是作行道树、庭荫树、工厂绿化、防护林及风景林的重要树种。

### (7) 银木（大叶香樟）*Cinnamomum septentrionale*（樟科樟属）

常绿中至大乔木，高达25m。树皮灰色，光滑。枝条具棱，被白色绢毛。叶互生，椭圆形或椭圆状倒披针形，近革质，表面被短柔毛，背粉白色；羽状脉，侧脉脉腋在上面微凸起，下面呈浅窝穴状。果球形。花期5~6月，果期7~9月。

产于我国四川西部、陕西南部及甘肃南部。喜温暖气候，喜光，稍耐阴，深根性，萌芽性强。

是极好的城市绿化树种，常作庭荫树及行道树。

### (8) 天竺桂 *Cinnamomum japonicum*（樟科樟属）

常绿乔木，高达15m。叶近对生，卵圆状长圆形至长圆状披针形，革质，全缘，上面有光泽，背淡粉绿色，两面无毛，离基三出脉。圆锥花序腋生，果长圆形，果托浅杯状。花期4~5月，果期7~9月。

分布于我国华南等地，西南地区常见栽培。中性树种，幼年期耐阴，喜温暖湿润气候，在排水良好的微酸性土中生长最好，中性土亦能适应。抗污染。

树姿优美，长势强健，常作行道树、庭荫树及造林树种。

同属常见种：银叶桂(*C. mairei*)：叶披针形，上面绿色，光亮，无毛，下面苍白色，密被银色绢状毛。产于我国云南东北部、四川西部。

**（9）猴樟 *Cinnamomum bodinieri*（樟科樟属）**

常绿乔木，高达 16m，树皮灰褐色。叶互生，卵圆形或椭圆状卵圆形，坚纸质，上面光亮，下面苍白，极密被绢状柔毛；侧脉最基部的一对近对生，其余均互生、斜生，脉腋处有腺体。圆锥花序长 10~15cm。果球形，果托浅杯状。花期 5~6 月，果期 7~8 月。

产于我国贵州、四川、湖北、湖南及云南。喜光，稍耐阴，喜深厚肥沃湿润的酸性土。生长快。

叶大荫浓，树冠开展，宜作绿化观赏树种。

**（10）兰屿肉桂 *Cinnamomum kotoense*（樟科樟属）**

图 8-17　兰屿肉桂

常绿乔木，高约 15m，叶、枝及树皮干时无香气。叶对生或近对生，卵圆形至长圆状卵圆形，长 8~11（14）cm，先端锐尖，基部圆形，革质，光亮，两面无毛，离基三出脉，细脉两面明显。果卵球形，果期 8~9 月（图 8-17）。

产于我国台湾南部。喜高温，较耐阴，不耐干旱、积水，不耐寒。

植株能散发香气，可作为大型盆栽观叶植物及园景树。

**（11）滇润楠 *Machilus yunnanensis*（樟科润楠属）**

常绿乔木，高达 30m。枝条无毛。叶互生，倒卵形或倒卵状椭圆形，先端短渐尖，基部楔形，革质，下面淡绿色或粉绿色，两面均无毛，边缘软骨质而背卷。聚伞花序 1~3 花，黄绿色。果椭圆形，熟时黑蓝色，具白粉，宿存的花萼果后向外反曲。花期 4~5 月，果期 6~10 月。

产于我国云南和四川。喜光，喜温暖湿润气候及疏松肥沃的酸性土。

四季常绿，春叶红艳，树冠圆整，是优良的绿化和防风树种。

**（12）楠木（桢楠）*Phoebe zhennan*（樟科楠木属）**

常绿大乔木，高逾 30m，树干通直。小枝细，被灰黄色柔毛。单叶互生，革质，倒披针形，长 7~13cm，背面密被褐色柔毛，网脉明显。聚伞状圆锥花序十分开展。果椭圆形，果梗微增粗，熟时黑色。花期 4~5 月，果期 9~10 月。

产于我国湖北、贵州西部及四川。喜光，幼时耐阴性较强，喜温暖湿润气候，在肥沃深厚、排水良好的中性和微酸性土中生长良好。不耐寒，对大气污染抗性弱，生长慢，寿命长，深根性。

树姿雄伟，枝叶秀美，为优良的庭荫树、行道树及风景树，古寺院中常见栽培。

同属常见种：小叶楠木（细叶桢楠）（*P. hui*）：与楠木主要区别在于，叶倒披针形，较小，长 5~8cm，先端尾状渐尖，叶背被平伏毛，网脉不明显。习性和用途均同楠木。

**（13）黑壳楠 *Lindera megaphylla*（樟科山胡椒属）**

常绿乔木，高达 25m。树皮灰黑色，散布凸起之圆形皮孔。叶互生，集生枝顶，倒披针形至长卵形，革质，表面深绿色，有光泽，背面苍白色，无毛，叶干后呈黑色。伞形花序多花。果椭圆形，长约1.8cm，紫黑色，无毛。花期2~4月，果期9~12月（见彩图10）。

产于我国长江流域及以南地区。喜温暖湿润气候，耐高温及干旱，抗寒性较差，为中性偏阴性树种，喜深厚、肥沃、排水良好的酸性至中性土壤。

四季常青，树干通直，树冠圆整，是优良的园林绿化树种。

**(14) 壳菜果 Mytilaria laosensis（金缕梅科壳菜果属）**

常绿乔木，高达30m。小枝具节及环状托叶痕。单叶互生，宽卵形，革质，基部心形，全缘，幼叶常3浅裂，掌状脉；叶柄盾状着生。花两性，螺旋着生于具柄肉穗状花序，花瓣5，带状舌形，白色。蒴果卵圆形。

产于我国云南、广东和广西。喜弱光树种，喜温热气候，有一定的耐寒性。萌蘖力极强。可用作水土保持及防火树种，或植于庭园观赏。

**(15) 水丝梨 Sycopsis sinensis（金缕梅科水丝梨属）**

常绿乔木，高达14m。嫩枝、叶柄被鳞垢。单叶互生，矩圆状卵形，革质，嫩叶两面有星状柔毛，兼有鳞垢，叶中上部具数枚小齿。花单性，雌雄同株，无瓣。蒴果近圆形，有长丝毛，被鳞垢，宿存花柱短。

我国华北以南地区均有分布。喜光，喜温暖气候及肥沃土壤。

适宜作园林绿化树种。

**(16) 马蹄荷 Exbucklandia populnea（金缕梅科马蹄荷属）**

常绿乔木，高达30m。小枝具环状托叶痕，有柔毛，节膨大。单叶互生，革质，宽卵形，全缘，偶有掌状3浅裂，基部心形；托叶椭圆形，合生，宿存。头状花序，花小，杂性。头状果序，蒴果椭圆形。

我国西南地区有分布。耐半阴，喜温暖湿润气候，不耐寒。

托叶特别，宜作庭荫树和观赏树。

**(17) 榕树（小叶榕、细叶榕）Ficus microcarpa（桑科榕属）**

常绿乔木，高达25m。树冠开展，具下垂须状气生根。单叶互生，卵圆形至倒卵形，薄革质，全缘，革质，无毛，侧脉不明显。隐花果小，扁球形。花期5~6月。

产于我国西南和华南。喜暖热湿润气候，喜酸性土。生长快，寿命长。

树冠庞大，枝叶繁茂，气生根下垂美丽，是西南地区常见的行道树和庭荫树（图8-18）。同属常见种：①印度胶榕（印度橡皮树）（F. elastica）：常绿乔木，富含乳汁，全体无毛。叶大，长10~30cm，长椭圆形，厚革质，有光泽，全缘，中脉显著，羽状侧脉多且细密，平行直伸；托叶大，淡红色。原产于印度和缅甸。常盆栽观赏。②垂叶榕（F. benjamina）：常绿乔木，通常无气生根。枝常下垂，叶卵状长椭圆形，先端尾尖，革质有光泽，侧脉平行细且多。隐花果鲜红色。我国华南和西南有分布，可作庭荫树、行道树、园景树和绿篱，或盆栽观赏（图8-19）。③大琴叶榕（F. lyrata）：常绿乔木，叶大，提琴状倒卵形，顶端大且圆，基部耳状，硬革质。原产于热带非洲。叶形奇特，常盆栽观赏（图8-20）。④菩提树（F. religiosa）：常绿乔木。叶革质，三角状卵形，表面深绿色，光亮，先端骤尖，顶部延伸为尾状。果球形，熟时红色。我国云南有栽培。其树形高大，枝繁叶茂，冠幅广展，叶形美丽，是优良的观赏树种(图8-21)。⑤高山榕（大叶榕、大青树）(*F. altissima*)：高达30m。叶革质，宽卵形。果成对腋生，熟时红或带黄色。多气生根和支柱根，根形状多样而奇特。不仅会绞杀寄主植物，而且很容易形成独木成林景观。果小而量多，果熟时枝头如挂满无数红色珊瑚，引来鸟兽争食。我国海南、广西、云南南部等地有分布。云南西双版纳、德宏等地少数民族视其为神树加以崇拜、敬仰。

图8-18 榕 树

图8-19 垂叶榕

图8-20 大琴叶榕

图8-21 菩提树

**(18) 箭毒木（见血封喉）** *Antiaris toxicaria*（桑科见血封喉属）

常绿大乔木，高达 25～40m，具板根。叶长椭圆形，先端骤短尖，基部圆或浅心形，两侧不对称，叶互生，排为二列，全缘或有锯齿，叶脉羽状；托叶披针形，早落。花雌雄同株。核果梨形，具宿存苞片，鲜红至紫红色。

稀有种，国家Ⅲ级保护植物，产于我国云南南部、广西、广东、海南。越南、印度、中南半岛也有分布。生于低山坡干性雨林中。

树干白色乳汁有巨毒，以前供涂箭头猎兽用。植物园中有栽植。

**(19) 波罗蜜（树波罗）** *Artocarpus heterophyllus*（桑科波罗蜜属）

常绿乔木，高达 10～20m，老树常具板根。树皮厚，黑褐色。小枝托叶痕明显。叶革质，螺旋状排列，椭圆形或倒卵形，先端钝或渐尖，基部楔形。花雌雄同株。聚花果巨大，椭圆形至球形，长 0.3～1m，熟时黄褐色，表面具坚硬的瘤状突起和粗毛。

我国广东、海南、广西、云南南部常有栽培。喜热带气候，适生于无霜冻、年降水量充沛的地区。喜光，幼时稍耐阴，喜深厚肥沃土壤，忌积水。

著名热带水果。树干通直，冠大荫浓，果实奇特，形如佛头上的螺髻，在我国云南南部地区园林绿化中可作行道树和庭荫树，村寨、庭园和宅旁均可作为园林绿化兼生产树种。

**(20) 黄杞** *Engelhardtia roxburghiana*（胡桃科黄杞属）

半常绿乔木，高达 18m。全株被黄色腺鳞。叶革质，偶数羽状复叶互生，小叶长椭圆形，全缘，基部歪斜。1 条雌花序和数条雄花序形成顶生的圆锥状花序束；雄花花被片 4，兜状；雌花花被片 4，贴生于子房。果实坚果状，球形。花期 5～6 月，果期 8～9 月（图 8-22）。

产于东南亚，我国南部及西南部有分布。喜光，不耐阴，喜温暖湿润气候，耐干旱，耐瘠薄。

树体高大，枝叶浓密，果序下垂，适宜用作山地绿化的先锋树种。

同属常见种：①毛叶黄杞（*E. colebrookiana*）：小乔木。小枝多皮孔。偶数羽状复叶，叶背密被柔毛。果实具毛，球状。花期 2～3 月。②云南黄杞（烟包树）（*E. spicata*）：高 15～20m。羽状复叶，小叶具柄，叶轴和小叶背面近中脉有毛，后无。雌雄同株。果实球状。花期 11 月。

**(21) 杨梅** *Myrica rubra*（杨梅科杨梅属）

常绿乔木，高达 15m。单叶互生，叶倒披针形，革质，全缘或近端处有浅齿；多集生于枝顶，生于萌发条和孕性枝上叶片形状不同。雌雄异株，雄花序圆柱状，紫红色。核果球状，外果皮肉质多汁，成熟时深红色。花期 4 月，果期 6～7 月（见彩图 11）。

分布于我国长江以南各地。喜温暖湿润气候，不耐寒。耐阴而不耐阳光直射。适生

**图 8-22 黄 杞**

于肥沃疏松的酸性土中，忌积水和土质黏重。

树冠圆整，枝叶繁茂，果实密集而红紫，可作高篱、花果树。

同属常见种：毛杨梅(*M. esculenta*)：常绿乔木，高4~10m。小枝密被毛。叶革质。雌雄异株，花序显著分枝。核果椭圆状，成熟时红色。

### (22) 苦槠(血槠、槠栗) *Castanopsis sclerophylla* [壳斗科(山毛榉科)锥属]

常绿乔木，高达5~10m。树皮浅纵裂，当年生枝红褐色，常具棱，枝叶无毛。单叶互生，革质，长椭圆形，长7~15cm，宽3~6cm，叶中部以上有锯齿，叶背被灰白色或浅褐色蜡层，螺旋状排列。壳斗具坚果1个，果实成串。花期4~5月，果期10~11月。

广布于我国长江以南各地。喜温暖湿润气候，喜光亦耐旱。适生于肥沃深厚的中性至酸性土。对二氧化硫等有毒气体抗性强。

枝叶繁茂，树冠浑圆，宜作公园绿地群植。

### (23) 青冈栎(青冈) *Cyclobalanopsis glauca* (壳斗科青冈属)

常绿乔木，高达20m。小枝无毛。单叶互生，叶倒卵状长椭圆形至长椭圆形，中部以上有锯齿，叶背灰绿色，有白毛，常有白色鳞粃。壳斗碗形，被薄毛，小苞片合生成5~6条同心环带。坚果卵形或椭圆形，果脐平或微凸。花期4~5月，果期10月。

广布于我国长江流域及以南地区。中性偏喜光树种，幼树稍耐阴。对土壤要求不严，在酸性土至石灰岩钙质土中均生长良好。深根性树种，萌芽力强。

树形优美，生性强健，为优良的园林绿化树种。

### (24) 石栎(柯) *Lithocarpus glaber* [壳斗科石栎属(柯属)]

常绿乔木，高达15m。一年生枝、嫩叶叶柄、叶背及花序轴均密被灰黄色短茸毛。单叶互生，叶长椭圆形，革质或厚纸质，全缘或近顶端叶缘有2~4个浅锯齿，叶背具蜡质鳞粃，螺旋状排列。壳斗碟状或浅碗状，小苞片覆瓦状排列或连成圆环，密被灰色柔毛。坚果椭圆形，被白粉，果脐微下凹。花期9~10月，果期翌年9~10月。

产于我国东南部地区。喜光树种，萌蘖力强。因常被砍伐，多呈灌木状。

树形优美，结实量大，适宜于公园草坪或坡地孤植或群植，也可作为山区绿化或水土保持树种。

### (25) 川滇高山栎 *Quercus aquifolioides* (壳斗科栎属)

常绿大乔木，高达20m，有时呈灌木状。叶片椭圆形或倒卵形，长2.5~7cm，老树之叶全缘，幼树之叶叶缘有刺锯齿；中脉上部呈"之"字形曲折，侧脉每边6~8条。壳斗浅杯形，包裹坚果基部，直径0.9~1.2cm，内壁密生茸毛(图8-23)。花期5~6月，果期9~10月。

中国特有种。产于西藏、四川、贵州、云南等地海拔2000~4500m的山坡向阳处或高山松林下。喜光，耐旱，耐寒，耐瘠薄，生长缓慢。

树冠浓密，叶片深绿色，是优秀的常绿庭荫树、孤景树，也可作绿篱植物或树桩盆景。

同属常见种：高山栎(*Q. semecarpifolia*)：叶片长5~12cm，侧脉每边8~14条；坚果球形，直径2~3cm。

### (26) 木麻黄 Casuarina equisetifolia（木麻黄科木麻黄属）

常绿乔木，高达 40m，树干通直。树冠狭长圆锥形。树皮深褐色，纵裂，内皮深红色。小枝灰绿色，纤细，下垂，具 7~8 条沟槽及棱，节间短，节易折断，每节上有极退化的鳞叶，近透明。雌花头状生于短枝顶端，雄花成柔荑花序生于小枝顶端。果序椭圆形，幼时被毛，小坚果具翅。花期 4~5 月，果期 7~10 月（图 8-24）。

原产于大洋洲。喜温暖湿润气候，喜中性至微碱性土。耐干旱瘠薄，也耐潮湿。

叶似松针，为优良的防风固沙和农田防护林先锋树种，也可用作行道树和园景树。

### (27) 五桠果 Dillenia indica（五桠果科五桠果属）

常绿乔木，高达 30m，树皮薄片状脱落。单叶互生，叶大型，薄革质，矩圆形或倒卵状矩圆形，先端具短尖头，边缘有明显锯齿，齿尖锐利；叶柄具狭窄的翅。花单生枝顶叶腋，花白色，内轮雄蕊长于外轮；萼片 5，肥厚肉质，外侧被毛。果实球形。花期 7 月（图 8-25）。

分布于我国云南南部。喜温暖湿润气候，生于山谷溪旁水湿地带。

图 8-23 川滇高山栎

图 8-24 木麻黄

五桠果的花

五桠果的果

图 8-25 五桠果

树冠浓密，开展如盖，分枝点低，下垂至近地面，花果美丽，宜作热带、亚热带地区的花果树、庭荫树。

同属常见种：①小花五桠果（*D. pentagyna*）：落叶乔木。叶缘有波状齿，侧脉32~60对。小花簇生。果实近球形，成熟时黄红色。种子黑色，无假种皮。花期4~5月。产于云南、广东。②大花五桠果（*D. turbinata*）：常绿乔木。嫩枝被褐色茸毛。叶革质，侧脉16~27对；叶柄具窄翅，被褐色柔毛。总状花序顶生。花大，具香气，花瓣黄色或浅红色。果实近球形，暗红色。花期4~5月。

### (28) 望天树（擎天树）*Parashorea chinensis*（龙脑香科柳安属）

常绿大乔木，高达40~70m。树皮灰或棕褐色，块状剥落，幼枝被鳞片状茸毛。叶革质，椭圆形或椭圆状披针形，先端渐尖，基部圆，全缘，被毛。圆锥花序顶生或腋生，密被毛，花瓣5，黄白色，芳香。果长卵形，密被银灰色绢毛。花期5~6月，果期8~9月。

产于我国云南南部、广西等地，在东南亚大部分热带雨林都有分布。生于沟谷、坡地、丘陵及石灰山密林中。

已被列为中国国家Ⅰ级重点保护野生植物，云南南部产地已建立自然保护区。中国科学院西双版纳热带植物园中有栽植。

### (29) 大头茶 *Gordonia axillaris*（山茶科大头茶属）

常绿乔木，高达9m。单叶互生，厚革质，长椭圆形至倒披针形，基部楔形，全缘或近先端具钝齿。花大，径7~10cm，白色，单生枝顶叶腋，花梗极短；花瓣5，被毛，先端凹缺。蒴果长倒卵形，5片裂。种子顶部具翅。花期10月至翌年1月。

产于我国西南至华南等地。喜温暖湿润气候，喜富含腐殖质的酸性壤土。

叶常绿，树姿优美，入秋后白花素雅，与金黄色雄蕊群相衬格外醒目。可丛植、片植。

图8-26 木 荷

### (30) 木荷 *Schima superba*（山茶科木荷属）

常绿乔木，高达30m。单叶互生，革质，椭圆形，具钝齿，叶背网脉清晰，无毛。花白色，径3cm，生枝顶叶腋，花瓣最外1片风帽状，常多花成总状花序。蒴果扁球形，木质，熟时5裂。种子具翅。花期6~8月（图8-26）。

广布于我国长江以南地区。喜温暖湿润气候，喜肥沃而排水良好的土壤，稍耐阴。

树大荫浓，树干挺拔，叶片厚，具抗火性，是南方重要防火树种。嫩叶、秋叶红艳，宜作行道树或孤植作庭荫树。

### (31) 银木荷 *Schima argentea*（山茶科木荷属）

常绿乔木，高达30m，小枝及芽被银白色茸毛。单叶互生，厚革质，长圆形或长圆状披针形，全缘，背面具银白色柔毛，后脱落。花瓣5，白色，数朵生于枝顶及叶腋,被绢毛;子房被毛。蒴果球形。花期7~9月,果期翌年2~3月。

产于我国四川、贵州、云南、广西、广东等地。喜温暖湿润气候,稍耐旱,喜肥沃而排水良好的土壤。

树大荫浓,树干挺拔,白花美丽,可孤植、作行道树。亦是优良的防火树种。

同属常见种:西南木荷(峨眉木荷、红木荷)(*S. wallichii*):叶薄革质,椭圆形,全缘,叶背毛带黄色;嫩叶红色。花淡红色,数朵生枝顶及叶腋。蒴果扁球形。夏季开花。产于我国云南、贵州及广西,是很好的防火树种。

### (32) 云南藤黄 *Garcinia yunnanensis*(藤黄科藤黄属)

常绿乔木。髓中空。叶对生,纸质,倒披针形至长圆形,先端钝渐尖、突尖或浑圆,有时微凹或2裂状,基部楔形,边缘微反卷,网脉密集而明显。花瓣黄色,与萼片等长或稍长;子房陀螺形,4室。浆果,椭圆形,光滑,成熟时紫红色。花期4~5月,果期7~8月。

产于我国云南西南部。喜温暖湿润环境。

枝繁叶茂,株形紧凑,果可食,果实量大,可作园林兼生产树种。

同属常见种:①木竹子(多花山竹子)(*G. multiflora*):常绿乔木,小枝具纵槽。叶边缘微反卷。萼片2大2小,花瓣橙黄色。果熟时黄色。花期6~8月,果期11~12月。②菲岛福木(福木)(*G. subelliptica*):常绿乔木,小枝具4~6棱。花瓣黄色。浆果顶端圆,熟时黄色。

### (33) 山杜英(杜英) *Elaeocarpus sylvestris*(杜英科杜英属)

常绿小乔木,高达10m,树皮不裂。枝叶无毛。单叶互生,纸质,倒卵形或倒披针形,先端钝,基部下延,缘具钝齿,绿叶丛中常存少数鲜红的老叶。总状花序生于枝顶叶腋,花白色,下垂,花瓣上半部撕裂成流苏状。核果椭圆形,紫黑色。花期4~5月(见彩图12)。

产于我国西南、华南等地。较喜光,稍耐阴,喜温暖湿润环境,抗寒力较差。对土壤要求不严。萌芽力强,生长快,抗风力强。

树形优美,枝叶繁茂,叶片红绿相间,观赏性较强。宜植于草坪、坡地,也可用于工厂矿区隔离噪声或作防火林带。

### (34) 水石榕 *Elaeocarpus hainanensis*(杜英科杜英属)

常绿小乔木。单叶互生,常集生枝顶,狭披针形,革质,两端尖,边缘密生小钝齿。短总状花序生当年枝叶腋,有明显之叶状苞片。花下垂,花瓣5,白色,与萼片等长。核果纺锤形,长4cm。花期6~7月。

产于我国海南、广西南部及云南东南部。深根性树种,喜光,幼树稍耐阴,喜温暖湿润气候,不耐积水,适生于肥沃疏松、排水良好的酸性砂壤土。

树姿优美,花期长,花果悬垂,与枝叶相映成趣。宜孤植、丛植于草坪、庭园等,亦可作行道树。

### (35) 猴欢喜 *Sloanea sinensis*(杜英科猴欢喜属)

常绿乔木。单叶互生,薄革质,长圆形或狭倒卵形,边缘中上部有锯齿,树冠中有零星红色老叶。花簇生于枝顶叶腋,花梗被灰色毛,花瓣4,白色,外侧有微毛,先端撕裂。蒴果木质,5~6裂,密生刺毛,熟时鲜红色。花期9~11月,果翌年6~7月成熟。

产于我国长江以南地区。喜温暖湿润气候，在肥沃深厚、排水良好的酸性或偏酸性土中生长良好。

冠大荫浓，花繁茂，果实外的刺毛红色美丽，宜作庭园观赏树和行道树等。

### (36) 蚬木 *Excentrodendron hsienmu* (椴树科蚬木属)

常绿乔木。单叶互生，革质，卵形，基部圆，下面脉腋有毛，基出脉3条，具明显的边脉，全缘。花柄无节，两性花，萼片外被褐色星状柔毛。圆锥花序，花瓣5，阔倒卵形，白色，花丝线形多数，基部略合生。蒴果椭圆形，具5条薄翅。花期2~3月，果期5~7月。

产于我国云南南部及广西西部。喜温暖，抗寒性差，生于石灰岩山地常绿林中，不耐水湿。

热带石灰岩特有植物，经济价值和科研价值较高，是国家Ⅱ级保护植物。

### (37) 梭罗树 *Reevesia pubescens* (梧桐科梭罗树属)

常绿乔木，树皮纵裂。全株被星状柔毛。单叶互生，薄革质，卵形或椭圆形，长7~12cm，顶端渐尖，基部钝形或浅心形，全缘或中上部具齿。花瓣5，白色或淡红色，外被短柔毛。蒴果梨形，木质，具五棱，被淡褐色短柔毛。种子有翅。花期5~6月。

产于我国海南、广西及西南地区。喜光，稍耐阴，较耐寒。

树干端直，花盛夏时节颇为美丽，宜作行道树、庭荫树。

同属常见种：两广梭罗树 (*R. thyrsoidea*)：与梭罗树的主要区别在于其叶为椭圆状卵形，长5~7cm，两面均无毛。萼钟状，花白色，花瓣略短，花期3~4月。产于我国广东、广西、海南及云南。宜作庭荫树、行道树。

### (38) 苹婆 *Sterculia nobilis* (梧桐科苹婆属)

常绿乔木，高达20m。树皮黑褐色。叶对生，薄革质，矩圆形或椭圆形，全缘；叶柄两端膨大。无花冠，花萼钟状，初时乳白色，后转为淡红色，5裂，圆锥花序下垂。蓇葖果红色，厚革质，顶端有喙，密被短茸毛，熟时暗红色。花期4~5月，果期8~9月(图8-27)。

产于我国广东、广西南部、福建东南部、云南南部和台湾。喜光，耐半阴，喜肥沃、排水良好的土壤，在酸性土和钙质土中均可生长。

树冠球形，枝叶浓密，是优良的庭园及行道树树种。

同属常见种：假苹婆 (*S. lanceolata*)：与苹婆的区别主要在于，其叶较小较窄，长椭圆形至披针形。蓇葖果较大，每荚内种子数量较多，6~7枚种子(苹婆每荚内种子1~3个)。产于我国华南至西南，树冠广阔，红果鲜艳，宜作庭荫树。

图8-27 苹婆

## (39) 翻白叶树（异叶翅子树）*Pterospermum heterophyllum*（梧桐科翅子树属）

常绿乔木。幼枝被黄褐色短柔毛。单叶互生，二型，幼树或萌蘖枝上的叶掌状3~5裂，叶柄盾状着生；成年树上的叶矩圆形至卵状矩圆形，全缘，叶背发白。花青白色，有香味，萼片5，线形，被黄褐色茸毛，花瓣5，与萼片等长。蒴果木质，5裂，种子具膜质翅。花期6~7月，果期8~11月。

主产于我国广东、福建、广西等地。喜光，喜温暖湿润气候。适生于肥沃深厚、疏松的酸性土，也可在石灰岩山地上生长。抗大气污染能力较强。

树体高大，萌芽力强，抗风能力强，是优良的行道树和庭荫树，可群植作景观基调树。

## (40) 长柄银叶树 *Heritiera angustata*（梧桐科银叶树属）

常绿乔木。幼枝被柔毛。叶互生，革质，长圆状披针形，全缘，背面被银白色或略带金黄色的鳞秕；托叶早落。圆锥花序顶生或腋生，花单性，无花瓣，花萼坛状，红色，4~6浅裂，两面均被星状柔毛。核果木质，具长约1cm的翅。种子卵圆形。花期6~11月。

产于我国广东、海南和云南。抗风、耐水湿、耐盐碱。

花密色艳，盛花期满树粉红，观赏性极佳。可生于近海岸，起护岸防风、净化水体、减少赤潮、美化环境的作用。

图8-28　瓜栗　　　　　　图8-29　栀子皮

## (41) 瓜栗（马拉巴栗、发财树）*Pachira macrocarpa*（木棉科瓜栗属）

常绿小乔木，高4~5m。掌状复叶互生，具长柄，小叶5~9，长椭圆形，全缘。花单生叶腋，花瓣淡黄绿色，狭披针形，长15cm，上部反卷，雄蕊多且长，短于花柱，基部合生。蒴果近梨形，长9~10cm，5裂。种子大且多数。花期5月~翌年1月（图8-28）。

原产于中美洲。喜温暖湿润环境，不耐寒，忌碱性土或黏重土壤，较耐水湿，也稍耐旱。

枝叶平展，叶色亮绿，花大美丽，在园林绿化中宜作庭荫树及行道树。常见将其数条茎编织成辫状供室内盆栽观赏。

## (42) 栀子皮（伊桐）*Itoa orientalis*（大风子科栀子皮属）

常绿乔木，高8~20m。树皮灰色或浅灰色，光滑。叶互生，大型，长椭圆形，薄革质，缘具钝齿，羽状脉，叶表光滑，叶背有黄色茸毛。花单性异株，花瓣缺，雄花顶生圆锥花序，雌花单生，花萼4裂。蒴果大，椭圆形，木质。种子具膜质翅。花期5~6月，果期9~10月（图8-29）。

产于我国四川、云南、贵州及广西等地。喜光，喜温暖、较阴湿的环境，不耐寒。树姿优美，叶大荫浓，果实纺锤状，具观赏价值。在园林中可混植于树丛内，或作庭荫树。

**（43）枇杷 *Eriobotrya japonica*（蔷薇科枇杷属）**

常绿小乔木，高达10m。小枝、叶背、花序密被锈色茸毛。单叶互生，革质，倒卵状披针形，长12~30cm，中上部具粗锯齿，表面羽状脉明显下陷。圆锥花序顶生，花白色。梨果近球形，橙黄色，径3~4cm。花期10~11月，果期4~6月（见彩图13）。

产于我国东西部地区。喜光，稍耐阴，深根性，喜温暖气候和肥沃湿润、排水良好的土壤，稍耐寒。

冠形整齐，叶大浓绿，冬花夏实，花芳香，果色金黄。古人有"树繁碧玉叶，柯叠黄金丸"的诗句咏枇杷，也是国画常用题材。可作为庭荫树、行道树、花果树。

**（44）银荆（鱼骨松）*Acacia dealbata*（含羞草科金合欢属）**

常绿乔木，高达15m。小枝具棱，被茸毛。二回羽状复叶互生，羽片8~20对，小叶极小，线形，银灰色，两面被毛，总叶轴上每对羽片间有1腺体。头状花序球形，黄色，芳香，排成总状或圆锥状。荚果无毛。花期1~4月（图8-30）。

原产于澳大利亚，我国南部各地有栽培。喜光，不耐寒，生长快，抗逆性强。

羽叶雅致，花序如金黄色的绒球，宜作园景树、庭荫树和水土保持树种。

同属常见种：黑荆树（*A. mearnsii*）：小叶深绿色，有光泽，总叶轴上每对羽片间有1~2个腺体。花淡黄色，荚果密被茸毛。花期12月~翌年5月。

**（45）红花羊蹄甲 *Bauhinia blakeana*[云实科（苏木科）羊蹄甲属]**

半常绿乔木，高6~10m。树冠开展，树干弯曲不直。叶大，近圆形，先端2裂。花大，花瓣5，倒卵形至椭圆形，艳紫红色，有香气，可育雄蕊5，3长2短。花期11月~翌年3月，可全年开花，盛花期在春秋季，不结实。有学者认为是羊蹄甲和洋紫荆的杂交种（图8-31）。

图8-30　银　荆

图8-31　红花羊蹄甲

最早发现于我国广州,现在华南和西南普遍栽培。喜光,喜暖热气候,耐干旱瘠薄,抗大气污染,抗风力弱。

香港市花,俗称"紫荆花"。宜作庭荫树。

同属常见种:①羊蹄甲(紫羊蹄甲)(*B. purpurea*):叶长略大于宽,裂片端钝或略尖。花玫瑰红色或白色,可育雄蕊3~4。花期秋末冬初,可结实。②洋紫荆(*B. variegata*):叶宽大于长,裂片端圆。花粉红或淡紫色,可育雄蕊5。花期春末夏初,可结实。品种'白花'洋紫荆('Candida'):花白色或浅粉色而喉部发绿。花期3月。

### (46) 铁刀木 *Cassia siamea* (云实科决明属)

常绿乔木,高约10m。树皮灰色,稍纵裂;嫩枝有棱条。羽状复叶长20~30cm,叶轴与叶柄无腺体,小叶6~10对,对生,顶端常微凹,有短尖头,革质。伞房状总状花序生于枝条顶端叶腋,花黄色。荚果扁平,熟时带紫褐色。花期10~11月,果期12月~翌年1月。

我国广东、海南、广西南部、云南南部和西部均有种植。喜强光,生长快,耐热、耐旱、耐湿、耐瘠薄、耐盐碱,抗污染,易移植。

因材质坚硬、刀斧难入而得名。枝叶苍翠、叶茂花美、开花期长、病虫害少,可用作行道树及防护林树种,根据地形不同可采取单植、列植或群植栽培。

### (47) 中国无忧花(无忧花、火焰花) *Saraca dives* (云实科无忧花属)

常绿乔木,高达20m。羽状复叶具小叶5~6对,嫩叶略带紫红色,下垂。小叶长椭圆形至长倒卵形,近革质,基部1对常较小。花序腋生,较大,花黄色,后部分(花盘、花柱、雄蕊等)变红色。荚果扁平,棕褐色。花期4~5月,果期7~10月(见彩图14)。

产于我国云南和广西南部地区。喜温暖、湿润的亚热带气候,不耐寒。要求排水良好、湿润肥沃的土壤。

树干高大,枝叶浓密,花大而色红,盛开时远望如团团火焰,是良好的庭园绿化和观赏树种。是西双版纳地区佛教中的圣花,常在傣族寺庙中栽植。

### (48) 红豆树 *Ormosia hosiei* [蝶形花科红豆树属(花榈木属)]

常绿乔木,高达20~30m。小枝绿色。奇数羽状复叶,小叶5~7,长椭圆状卵形,先端尖。圆锥花序,花白色或淡红色,芳香。荚果木质,扁平,圆形或椭圆形,端尖。种子扁圆形,鲜红色有光泽。花期4月。

产于我国华中、华东及西南等地。喜光,喜肥沃湿润土壤,干性较弱,易分枝。萌芽力强,根系发达。

树冠伞状开展,宜作行道树或园景树。种子红色,可作装饰品。

### (49) 银桦 *Grevillea robusta* (山龙眼科银桦属)

常绿乔木,高达10~25m。叶互生,二回羽状深裂,裂片披针形,边缘反卷,叶背密被银灰色丝毛。总状花序,花偏于一侧,无花瓣,萼片4,花瓣状,橙黄色。蓇葖果具细长花柱宿存。花期5月(图8-32)。

原产于澳大利亚。喜光,喜温暖,不耐寒,喜酸性土,生长快。

树干通直,树冠整齐,初夏有橙黄色花序点缀枝头,颇为美观。宜作行道树、园景树。

同属常见种：红花银桦（*G. banksii*）：常绿小乔木或灌木，体形较小，花鲜红色至橙红色。

**（50）大叶桉 *Eucalyptus robusta*（桃金娘科桉属）**

常绿乔木，高达20m。树皮粗糙纵裂，不剥落。单叶互生，卵状长椭圆形，全缘，革质，叶背有白粉，侧脉在叶缘处连成边脉，有香气。伞形花序，花白色，花萼与花瓣联合成一帽状花盖。蒴果。花期4~9月。

产于澳大利亚。喜光，喜湿，耐热，不耐寒，生长快。

树冠庞大，宜作行道树、庭荫树，也是重要的造林和防风林树种。

同属常见种：①柠檬桉（*E. citriodora*）：树皮光滑，灰白色，枝叶具强烈柠檬香味。幼叶卵状披针形，叶柄盾状着生，成熟叶镰状狭披针形。②蓝桉（*E. globulus*）：干多扭转，树皮薄片状剥落。叶蓝绿色，正常叶镰状狭披针形，幼树及萌蘖枝上异常叶卵状长椭圆形，对生，无柄。③直干蓝桉（*E. maideni*）：似蓝桉，干不扭转，树皮灰白色。④细叶桉（*E. tereticornis*）：树皮光滑，干基部宿存粗糙树皮。幼叶椭圆形，成熟叶狭披针形。

**（51）白千层 *Melaleuca cajuputi* ssp. *cumingiana*（桃金娘科白千层属）**

常绿乔木，高达18m。树皮灰白色，厚而疏松，可薄片状剥落，小枝常下垂。单叶互生，披针形，全缘，具平行纵脉。花丝长，白色，密集成顶生穗状花序，似白色试管刷。花期1~2月（图8-33）。

原产于澳大利亚、印度尼西亚等地。喜光，很不耐寒，适应性强，耐干旱，也耐水湿。宜作行道树及防护林树种。

**（52）蒲桃 *Syzygium jambos*（桃金娘科蒲桃属）**

常绿乔木，高达10m。树冠球形。单叶对生，革质，两面具透明腺点，长椭圆状披针形，先端渐尖，羽状侧脉连合成边脉。伞房花序顶生，雄蕊多数，白色。果球形，淡黄绿色。花期夏季。

图8-32 银桦

图8-33 白千层

产于我国西南和华南等地。喜光，喜湿热气候，喜生于水边，喜酸性土。深根性。宜作庭荫树及防风固堤树种。

**(53) 头状四照花 *Dendrobenthamia capitata*（山茱萸科四照花属）**

常绿乔木，高3~15m。幼枝密被白色柔毛。单叶对生，薄革质，长椭圆形，叶背密被丁字毛，脉腋处具明显凹窝。头状花序球形，总苞片4，大形，白色。果序扁球形，熟时紫红色，总果梗粗壮，圆柱形。花期5~6月，果期9~10月。

产于我国西南部及浙江、湖北、广西等地。

初夏白黄花朵满枝，晚秋红色果实累累，是优良的观赏树种，果实味甜可食。

同属常见种：黑毛四照花（*D. melanotricha*）：常绿小乔木。叶背脉腋处具显著黑褐色髯毛。果序球形，红色，荔枝状。

**(54) 冬青 *Ilex chinensis*（冬青科冬青属）**

常绿乔木，高达13m。树皮光滑。单叶互生，长椭圆形，先端尾尖，缘具钝齿，齿尖有腺体，薄革质。花紫色，聚伞花序腋生。核果椭圆形，紫红色。花期5~6月，果期9~11月（图8-34）。

产于我国长江流域及以南地区。喜光，稍耐阴，喜温暖湿润气候，喜酸性土，不耐寒，耐修剪，萌芽力强，生长慢，对有毒气体和烟尘的抗性较强。

绿叶长青，紫花红果，宜作绿篱及庭园观赏树。

同属常见种：铁冬青（*I. rotunda*）：常绿乔木。小枝明显具棱。幼枝及叶柄带紫红色，叶全缘，色较深。花白色。果红色。

**(55) 紫锦木（俏黄芦）*Euphorbia cotinifolia*（大戟科大戟属）**

常绿乔木或呈灌木状，高13~19m。多分枝。小枝及叶片均紫红色，单叶对生或3叶轮生，三角状卵形，全缘；具长柄。

原产于热带美洲。喜光，喜温暖湿润，耐干旱瘠薄，怕积水，不耐寒。

叶片终年紫红色，为优良观叶植物。

**(56) 龙眼（桂圆）*Dimocarpus longan*（无患子科龙眼属）**

常绿乔木，高达10m。树皮粗糙，开裂。幼枝生锈色柔毛。偶数羽状复叶互生，小叶3~6对，长椭圆状披针形，侧脉明显，基部歪斜。花小，花瓣5。果球形，光滑。肉质假种皮白色，味甜。花期4~5月，果期8~9月。

原产于我国南部地区。稍耐阴，喜温暖湿润气候。

树冠广阔，枝叶茂密，幼叶紫红色，宜作庭荫树。为南方重要果树。

同科常见种：荔枝（*Litchi chinensis*）（荔枝属）：树

图8-34 冬 青

皮光滑不裂。偶数羽状复叶，小叶2~4对，下面灰绿色，侧脉不明显。无花瓣。果实有小瘤状突起，熟时红色。荔枝耐寒性及耐旱性比龙眼差。

**(57) 罗浮槭 (红翅槭) *Acer fabri* (槭树科槭树属)**

常绿乔木，高达10m。单叶对生，披针形至长椭圆状披针形，全缘，先端锐尖，两面无毛或仅叶背脉腋稀被毛，主脉在两面凸起。伞房花序，花杂性，花萼紫色。果翅自幼至成熟均紫红色，两翅呈钝角。花期3~4月，果期9月。

产于我国华中、西南至华南北部。喜温暖湿润及半阴环境，适应性较强。

翅果红色艳丽，新叶紫红色，后渐变绿，老叶凋落前变红，是美丽的彩色景观树。

同属常见种：①光叶槭 (*A. laevigatum*)：常绿乔木。叶亮绿革质，长圆披针形，全缘或近先端具稀疏锯齿。翅果嫩时紫色，成熟时淡黄褐色。②飞蛾槭 (*A. oblongum*)：常绿或半常绿乔木。叶矩圆形，全缘，近革质，羽状脉或基部三出脉，叶背被白粉。

**(58) 清香木 *Pistacia weinmannifolia* (漆树科黄连木属)**

常绿乔木，高达2~8m。小枝、嫩叶及花序密被锈色茸毛。偶数羽状复叶互生，叶轴具窄翅，小叶长椭圆形，全缘。花单性异株，成圆锥花序。核果熟时红色 (图8-35)。

产于我国西南地区及广西。春季嫩叶红艳，宜植于庭园观赏。

**(59) 柚 *Citrus maxima* (芸香科柑橘属)**

常绿小乔木，高达8m。小枝具棱角，枝刺较大。单身复叶互生，叶较大，卵状椭圆形，叶柄上之翅宽大，缘具钝齿。花白色。果实大型，黄色，皮厚难剥离。9~11月果熟。

原产于亚洲南部，我国南部广泛栽培，是南方重要果树之一。宜作庭园绿化树种。

**(60) 柑橘 (桔) *Citrus reticulata* (芸香科柑橘属)**

常绿小乔木，高达3~4m。具枝刺。单身复叶，互生，具透明油点。叶长卵状披针形，全缘或具细齿，叶柄之翅近无。花白色。柑果扁球形，橙黄色，果皮易剥离。花期4~5月，10~12月果熟。

原产于我国东南部。喜光，喜温暖湿润气候和肥沃的微酸性土，不耐寒。

四季常青，春季满树香花，秋冬黄果累累，是园林结合生产的优良树种 (图8-36)。

图8-35 清香木

图8-36 柑　橘

图 8-37 佛 手

图 8-38 柠 檬

同属常见种：①甜橙(*C. sinensis*)：叶柄具狭翅。果皮较平滑，紧贴果肉，不易剥离。②佛手(*C. medica*)：果裂如指状，著名观果树种(图 8-37)。③柠檬(*C. limon*)：枝具刺。叶较小，有狭翼。花淡紫色。果顶部有乳头状突起，果皮粗糙难剥离，味极酸(图 8-38)。

### (61) 幌伞枫 *Heteropanax fragrans*（五加科幌伞枫属）

常绿乔木，高达 5~30m。大枝在干上互生。三回奇数羽状复叶互生，小叶椭圆形，全缘。花杂性，小而黄色，伞形花序再总状排列，密被黄褐色星状毛。果扁形。花期秋冬季。

产于我国云南、广东和广西。枝叶浓密，形如罗伞，常作室内盆栽观叶植物，宜作庭荫树及行道树。

### (62) 孔雀木 *Schefflera elegantissima*（五加科南鹅掌柴属）

常绿小乔木，高达 4m。掌状复叶互生，具长柄。小叶条形，缘具疏齿裂，暗绿色，主脉红褐色。花小，成顶生大型伞形花序。

原产于大洋洲。喜光，喜温暖阴湿环境。

优良的室内盆栽观叶植物。

### (63) 灰莉（非洲茉莉）*Fagraea ceilanica*（马钱科灰莉属）

常绿小乔木，高达 15m，全体无毛。单叶对生，椭圆形至长倒卵形，全缘，革质，有光泽。花冠白色，漏斗状 5 裂，裂片开展，1~3 多聚伞形花序。浆果卵球形。花期 4~6(8)月。

原产于印度及东南亚。喜光，耐半阴，喜暖热气候，不耐寒。萌发力强，耐修剪。

叶色浓绿光洁，花色洁白清香。宜作绿篱及园景树，也适宜于室内盆栽观赏。

### (64) 女贞（大叶女贞）*Ligustrum lucidum*（木犀科女贞属）

常绿乔木，高达 25m，全株无毛。单叶对生，近圆形或卵形，上面光亮，质脆。圆锥花序顶生，花白色。果肾形，成熟时蓝黑或红黑色，被白粉。花期 5~7 月，果期 7 月~翌年 5 月。

产于我国长江以南至华南、西南各地。性喜光，耐半阴，有一定抗寒力。对有毒气体抗性强。

四季常青，树形优美，花色白而清香。可孤植、散植于绿地观赏，常用作行道树及工矿区绿化树种。耐修剪，可作为高篱。

### (65) 桂花（木犀）*Osmanthus fragrans*（木犀科木犀属）

常绿小乔木至灌木，高达3~5m，树皮灰色。单叶对生，叶腋具2~3叠生芽，长椭圆形至宽卵形，缘具疏齿或全缘。花簇生叶腋或聚伞状，花小，白色、淡黄色至橙红色，浓香。核果椭圆形，紫黑色。花期9~10月，果期为翌年4~5月（图8-39）。

原产于我国西南部，现各地广泛栽培。喜光，稍耐阴，较耐寒，喜温暖和通风良好的环境。

中国十大传统名花之一，树姿优美，树冠圆整，四季常青，花期正值仲秋。园林中常植于道路两侧、假山、草坪、院落等地，可孤植、散植和列植等。

桂花可分为以下五个品种群：①四季桂品种群（Semperflorens Group）：丛生灌木状。叶显著二型，春叶较宽，近于全缘，先端常突尖；秋叶较窄，多有锯齿，先端渐尖。四季开花，以春季和秋季为盛。②彩叶桂品种群（Colour Group）：枝条或叶片具有明显的彩色变异，并可保持全年或半年以上。③银桂品种群（Albus Group）：花色较浅，呈银白、乳白、绿白色、乳黄、黄白色等。④金桂品种群（Luteus Group）：花黄色至浅橙黄色。⑤丹桂品种群（Aurantiacus Group）：花色较深，橙黄色至红橙色。

### (66) 油橄榄（木犀榄）*Olea europaea*（木犀科木犀榄属）

常绿小乔木，高达10m。小枝近四棱形，密被银灰色鳞片。叶窄披针形或椭圆形，全缘，叶缘反卷，上面稍被银灰色鳞片，下面密被银灰色鳞片。花芳香，白色。果椭圆形，成熟时蓝黑色。花期4~5月，果期6~9月。

原产于地中海地区。喜光，喜冬季温暖湿润、夏季干燥炎热气候。

枝叶繁茂，树冠浑圆，叶背面银白色，秋季可观果。是和平的象征。可用作行道树、庭荫树等，修剪造型后可栽植于庭园观赏。

### (67) 菜豆树 *Radermachera sinica*（紫葳科菜豆树属）

常绿乔木，高达10m。羽状复叶，小叶卵形或卵状披针形。圆锥花序顶生，花冠钟状漏斗形，白色或淡黄色。蒴果下垂，圆柱形。花期5~9月，果期10~12月。

图8-39 桂 花

产于我国台湾、广东、广西、贵州、云南。喜高温多湿、阳光充足的环境，不耐寒，喜疏松肥沃、排水良好的土壤。

枝叶美丽，冠大荫浓，可作庭荫树、行道树，广泛用作室内观叶。

### (68) 火烧花 *Mayodendron igneum*（紫葳科火烧花属）

常绿乔木，高达15m，树皮光滑。奇数二回羽状复叶对生，长达60cm，小叶卵形或卵状披针形，全缘。短总状花序具5~13花，着生于老茎或侧枝上，佛焰苞状，密被柔毛。花冠筒状，橙黄色，先叶开放。蒴果线形，下垂。花期2~5月，果期5~9月(图8-40)。

产于我国台湾、广东、广西、云南南部，在中国科学院西双版纳热带植物园有栽培。喜高温、高湿和阳光充足的环境，能耐干热和半阴，不耐寒冷，忌霜冻，不耐盐碱。生长适温为23~30℃。

老茎生花、花色艳丽，是公园、庭园、街道和风景区的优良园林风景树种，宜孤植作庭荫树或列植作行道树。

**(69) 香龙血树(巴西木、巴西铁) *Dracaena fragrans*(百合科龙血树属)**

常绿单干小乔木，盆栽高50~100cm。叶聚生茎顶，长圆状披针形，绿色，革质，叶片向下弧形弯曲。圆锥花序顶生，花淡黄色，芳香。

图8-40 火烧花

原产于非洲。喜高温湿润环境，喜散射光，忌阳光直射，耐阴性强，忌干燥干旱，不耐寒。植株挺拔，叶姿优美，可作室内大型观叶植物。

常见品种：①'金心'香龙血树('Massangeana')：叶中央黄色带状条纹。②'金边'香龙血树('Victoriae')：叶边缘黄色带状条纹。

同属常见种：①富贵竹(*D. sanderiana*)：常绿小乔木，茎细长，有节，叶长披针形，薄革质，叶边缘常具乳白色条纹。盆栽或茎扎成塔状、笼状室内水养。常见品种：'金边'('Golden edge')：绿色叶边缘金黄色带状条纹。'绿叶'('Virens')：叶片绿色。②长花龙血树(*D. angustifolia*)：常绿小乔木，茎细长丛生。叶带形，弯垂，中脉明显，无叶柄，叶基膨大抱茎。

## 8.2.2 落叶阔叶类乔木

**(1) 银杏 *Ginkgo biloba*(银杏科银杏属)**

落叶乔木。具长枝与短枝。叶扇形，叶脉叉状。雌雄异株；雄球花柔荑状，每雄蕊具2花药。雌球花具长梗，顶端有2环形珠领，每珠领各有1直生胚珠。种子核果状，外种皮肉质，被白粉，中种皮白色骨质，内种皮红色，膜质。花期3~4月，种子9~10月成熟(图8-41，另见彩图15)。

中国特产的孑遗稀有树种，仅浙江天目山有野生状态的银杏，在我国大部分地区均有栽培。喜光，喜温暖湿润气候，喜深厚肥沃、排水良好的酸性至中性土。

树姿雄伟，叶形奇特，秋色金黄，宜作行道树、绿荫树或独赏树，也可作树桩盆景。

常见品种：①'垂枝'银杏('Pendula')：枝条下垂。②'黄叶'银杏('Aurea')：叶色鲜黄。③'黄斑'银杏('Variegata')：叶具黄斑。

图8-41 银杏

图8-42 玉兰

图8-43 凹叶厚朴

**(2)玉兰(白玉兰)** *Magnolia denudata*(木兰科木兰属)

落叶乔木,高达25m。树皮粗糙开裂,枝具环状托叶痕。冬芽及花梗密被灰黄色长柔毛。单叶互生,纸质,倒卵状椭圆形,先端具短突尖,中部以下渐狭成楔形,全缘。花大,先叶开放,芳香,花萼、花瓣相似,共9片,白色,基部常带粉红色,厚而肉质。聚合蓇葖果开裂露出红色假种皮。花期2~3月,果期8~9月(图8-42)。

原产于我国中部。喜光,喜侧方庇荫,较耐寒,较耐干旱,喜肥沃、排水良好的微酸性砂质土。肉质根,怕积水。

早春白花满树,艳丽芳香,为驰名中外的早春庭园观赏树种。最适宜植于堂前,点缀中庭。民间传统有宅院配置中讲究"玉棠春富贵",其意为吉祥如意、富有和权势。玉兰盛开之际有"莹洁清丽,恍疑冰雪""玉洁冰清"之赞。

同属常见种:望春玉兰(*M. biondii*):落叶乔木。叶长椭圆状披针形。花瓣6,白色,基部紫红色,芳香;萼片3,狭小,紫红色。3月先叶开放。

**(3)厚朴** *Magnolia officinalis*(木兰科木兰属)

落叶乔木,高达20m。树皮不开裂。小枝粗壮,淡黄色,有绢毛。叶大,近革质,常聚生枝端,长圆状倒卵形,长22~45cm,先端具短急尖或圆钝,全缘而微波状,背面被毛及白粉。花大,白色,芳香,厚肉质,盛开时外轮花被片常向外反卷,内轮花被片直立。花期5~6月,果期8~10月(图8-43)。

产于我国西南、华中和西北南部地区。喜光,耐侧方庇荫,喜温暖湿润气候,在肥沃、排水良好的微酸性或中性土中生长较好。生长快。

叶大荫浓,花大美丽,可作庭荫树。

常见亚种:凹叶厚朴(ssp. *biloba*):与厚朴主要区别在于,其叶先端凹缺,聚合果大,红色。

**(4)鹅掌楸** *Liriodendron chinense*(木兰科鹅掌楸属)

落叶乔木,高达40m。树干灰白光滑。单叶互生，马褂状，近基部每边具1侧裂片，端截形，背面苍白色；具长柄。花单生枝端，杯状，花被片9，外轮3片萼片状，绿色，向外弯垂；内两轮6片花瓣状，直立，绿色，具黄色纵条纹。聚合翅果。花期5月，果期9~10月（图8-44）。

产于我国长江流域及以南地区。喜光，喜温暖湿润气候，耐寒性不强，喜深厚肥沃、排水良好的酸性或微酸性土，忌水涝。

叶形奇特，秋季叶色金黄，是珍贵的行道树和庭园观赏树种。

同属常见种：①北美鹅掌楸（*L. tulipifera*）：与鹅掌楸的主要区别在于，其树干粗糙纵裂，叶较宽而短，侧裂较浅，近基部两侧常各有一小裂片。花大，形似郁金香，花瓣淡黄绿色，基部橙红色。原产于北美洲东南部。②杂种鹅掌楸（*L. chinense* × *L. tulipifera*）：上述两种鹅掌楸杂交而成，树皮紫褐色，叶形介于二者之间，花被片9，外轮黄绿色，内两轮黄色。具有明显的杂种优势，耐寒性较强。

### （5）檫木 *Sassafras tzumu*（樟科檫木属）

落叶乔木，高达35m。枝条粗壮，无毛，初时带红色。叶互生，聚集于枝顶，卵形或倒卵形，全缘或3裂，背面灰绿色，离基三出脉；叶柄纤细，鲜时带红色。花序顶生，花黄色，具香气。核果近球形，熟时蓝黑色，有白粉，果梗红色。花期3~4月，果期5~9月（图8-45）。

中国特有种，分布于我国长江流域及以南地区。喜光，不耐阴，不耐寒。在土层深厚、排水良好的酸性红、黄壤土上生长良好。不耐旱，忌水湿。深根性。

树干通直，叶形奇特，秋叶红艳，早春黄花先叶开放，亦作行道树及山区造林绿化树种。

### （6）连香树 *Cercidiphyllum japonicum*（连香树科连香树属）

落叶乔木，高达20m，栽培时常较小而多干。单叶对生，近圆形或宽卵形，掌状脉，基部心形，缘有圆钝齿，下面灰绿色。花单性异株，无花被，簇生叶腋。聚合蓇葖果荚果状。花期4月，果期8月。

古老孑遗树种，产于我国中西部山地。喜光，喜温凉气候及湿润肥沃土壤，萌芽力强。

树姿优雅，幼叶紫色，秋叶黄色、橙色、红色或紫色，是优美的山林风景树及庭荫

图8-44 鹅掌楸

图8-45 檫 木

树、观赏树种。

**（7）悬铃木（英桐、二球悬铃木）** *Platanus × acerifolia*（悬铃木科悬铃木属）

落叶乔木，高达35m。树皮薄片状剥落后成绿白色，光滑。幼枝、幼叶具星状毛。单叶互生，三角状广卵形，3~5掌状中裂，缘具不规则大尖齿。果球常2个一串，宿存花柱刺状。花期4~5月，果9~10月成熟（图8-46）。

法桐与美桐的杂交种，1663年首次在英国栽种，欧洲、北美洲和我国长江流域各城市广泛栽植。喜光，喜温暖湿润气候，适应性强，有一定耐寒性，不择土壤，耐干旱瘠薄，耐修剪，抗烟尘及有毒气体，生长快。本种是三种悬铃木中抗性最强的一种。

树体高大通直，干皮美观，枝叶繁茂，遮阴效果好，有"行道树之王"的美称。

图8-46 悬铃木

同属常见种：①美桐（一球悬铃木）（*P. occidentalis*）：树皮常小块状裂，不易剥落。叶3~5掌状浅裂，宽度大于长度。果球常单生，宿存花柱极短。②法桐（三球悬铃木）（*P. orientalis*）：树皮薄片状剥落，叶5~7掌状深裂。果球常3~6个串生，宿存花柱刺尖。

**（8）枫香** *Liquidambar formosana*（金缕梅科枫香属）

落叶乔木，高达30m。树皮纵裂。单叶互生，掌状3裂，缘具齿，基部心形。花单性同株，无瓣。蒴果木质，集成球形果序，大而下垂，宿存花柱针刺状。花期3~4月，果期10月。

产于我国长江流域及以南地区。喜光，喜温暖湿润气候，耐干旱瘠薄，不耐水湿。喜深厚湿润土壤，抗风，耐火，对有毒气体抗性强，生长快。

树高干直，秋叶红艳，是我国南方著名的秋色叶树种。宜作庭荫树及风景林。陆游有"数树丹枫映苍桧"的诗句。不耐修剪，大树移植较难，故一般少作行道树。

**（9）杜仲** *Eucommia ulmoides*（杜仲科杜仲属）

落叶乔木，高达20m。小枝光滑，具片状髓。单叶互生，椭圆形，缘有锯齿，表面网脉明显下陷。花雌雄异株。小坚果具翅，长椭圆形，扁平，顶端2裂。枝、叶、果及树皮断裂后均有弹性丝相连。花期4月，果10~11月成熟。

原产于我国中西部地区。喜光，耐寒，不耐阴。适应性强，喜肥沃、湿润及排水良好的土壤。体内各部含大量胶质，可提炼硬橡胶。

树干端直，树形整齐，枝叶繁茂，可作庭荫树、行道树或绿化造林树种。

**（10）榆树** *Ulmus pumila*（榆科榆属）

落叶乔木，高达25m。树皮粗糙，纵裂。小枝细长，常排成二列状。单叶互生，卵状长椭圆形，先端渐尖，基部近对称，缘具不规则重锯齿或单锯齿。早春先叶开花。翅果近圆形。花期3~4月，果4~6月成熟。

广泛分布于我国东北到西南各地。喜光，耐寒，抗旱，耐干旱瘠薄及盐碱土，不耐水湿。对烟尘及有毒气体抗性强，耐修剪。

树形高大，适应性强。是优良的行道树、庭荫树、防护林及"四旁"绿化树种。亦可作盆景。

常见品种：①'垂枝'榆（'Pendula'）：树冠伞形，枝条下垂。②'龙爪'榆（'Tortuosa'）：树冠球形，小枝卷曲下垂。③'金叶'榆（'中华金叶'榆）（'Jinye'）：叶金黄色。

### (11) 榔榆 *Ulmus parvifolia*（榆科榆属）

落叶或半常绿乔木，高达25m。树皮不规则薄鳞片状剥落后露出红褐色内皮。单叶互生，叶小而质厚，长椭圆形至卵状椭圆形，基部歪斜，缘具单锯齿。翅果长椭圆形至卵形。花期8~9月，果10~11月成熟（图8-47）。

产于我国长江流域及以南地区。喜光，稍耐阴，喜温暖气候，较耐寒。喜肥沃、湿润土壤，具一定的耐干旱瘠薄能力。对烟尘及二氧化硫等有毒气体抗性较强。

树形优美，树皮斑驳，是制作盆景的优良材料，亦可作庭荫树和行道树。

### (12) 榉树（大叶榉）*Zelkova schneideriana*（榆科榉属）

落叶乔木，高达30m。树皮不裂。小枝细，红褐色，密被柔毛。单叶互生，卵状长椭圆形，羽状脉，具整齐桃圆形锯齿，表面粗糙，背面密生灰白色柔毛。坚果小，歪斜，有皱纹。花期3~4月，果10~11月成熟。

产于我国淮河流域、秦岭以南至华南、西南广大地区。喜光，喜温暖气候及肥沃湿润土壤，忌积水，不耐干瘠。耐烟尘及有毒气体，抗病虫害，抗风力强，深根性。

树形雄伟，枝细叶美，秋叶变黄或红，宜作行道树、宅旁及工矿绿化、防风林树种。亦可制作盆景。

### (13) 朴树 *Celtis sinensis*（榆科朴属）

落叶乔木，高达20m。树皮不裂。小枝幼时有毛。单叶互生，纸质，卵状椭圆形，基部歪斜，中上部具浅钝齿，三出主脉。花杂性同株。核果小，近球形，熟时橙红色；果柄与叶柄近等长。花期4月，果期9~10月。

产于我国秦岭以南各地。喜光，稍耐阴，喜温暖气候，能耐轻盐碱土。抗烟尘及有毒气体能力强。深根性，抗风力强。寿命长。

树冠宽广，绿荫浓郁，秋叶黄色，宜作庭荫树及行道树，也可选作厂矿区绿化及防风护堤树种，亦可制作盆景。

同属常见种：①昆明朴（滇朴）（*C. kunmingensis*）：小枝无毛，叶卵形或菱状卵形，先端近尾尖，基部歪斜，中上部具齿。果蓝黑色，果柄长约为叶

**图8-47 榔 榆**

柄长的2倍。②小叶朴(黑弹树)(*C. bungeana*)：叶两面无毛。果熟时紫黑色，果柄长为叶柄长的2倍或更长。

**(14) 青檀 *Pseudoceltis tatarinowii*(榆科青檀属)**

落叶乔木，高达20m。树皮薄长片状剥落。单叶互生，卵形，先端长尖，基部全缘，上部具齿，三出主脉，叶背脉腋有簇毛。花单性同株。小坚果周围具薄翅。花期4月，果期8~9月。

中国特有种，主产于黄河及长江流域。喜光，稍耐阴，耐干旱瘠薄，根系发达，萌芽力强，寿命长。

可作为石灰岩山地绿化造林树种，亦可作庭荫树。

**(15) 桑树 *Morus alba*(桑科桑属)**

落叶乔木，高达16m。嫩枝、叶含乳汁。单叶互生，卵形或卵圆形，缘齿粗钝，表面光滑有光泽，背面脉腋有簇毛。花雌雄异株，雌雄花均为柔荑花序。聚花果名桑葚，长卵形至圆柱形，熟时红色、紫黑色或白色。花期4月，果期5~6月。

原产于我国中部，南北各地均有栽培。喜光，喜温暖，适应性强，耐寒，耐湿，耐干旱瘠薄。萌芽性强，耐修剪，耐烟尘及有毒气体，深根性。

树冠宽阔，秋季叶色变黄。适宜于城市、工矿区及"四旁"绿化。我国古代人民有在房前屋后种植桑树和梓树的传统，因此"桑梓"代表故土家乡。

常见品种：①'垂枝'桑('Pendula')：枝条细长下垂。②'龙桑'('Tortuosa')：枝条扭曲，状如龙游。

**(16) 裂叶蒙桑 *Morus mongolica* var. *diabolica*(桑科桑属)**

落叶乔木，高达3~5m。树皮灰褐色，纵裂。叶卵形，长8~18cm，宽6~8cm；多数叶片3~5裂，顶端渐尖或尾状渐尖，基部心形，边缘有粗牙齿，齿端有刺芒尖，尖刺长约2mm，叶背密被白色柔毛。雄花序长约3cm；雌花序长约1cm，花柱极短，柱头2。聚花果(桑椹)圆筒形，成熟时红色或近黑色，长2~2.5cm，花柱宿存。花期4~5月，果期6~7月(图8-48)。

**图8-48 裂叶蒙桑**

产于我国西藏、四川、山西、陕西、河南等地海拔1400~2000m山坡灌丛中。日本也有分布。喜光，耐瘠薄，萌枝力强，抗旱、耐寒。

植株高大，树冠宽大，枝叶茂密，是优良的庭荫树种。

**(17) 构树 *Broussonetia papyrifera*(桑科构属)**

落叶乔木，高10~20m。小枝密生刚毛。单叶互生，卵形，两侧常不对称，不裂或3~5不规则深裂，缘具粗齿，两面密生柔毛。花雌雄异株，雄花序为柔荑花序，雌花序球形头状。聚花果球形，肉质，熟时橘红色。花期4~5月，果期6~7月。

产于我国华北至西南各地。喜光，耐干旱瘠薄，耐水湿，耐烟尘及有毒气体，萌芽性强，生长迅速。

性极强健，树形较粗野，可用作工矿区、荒山坡地及"四旁"绿化树种。

**(18) 黄葛树 Ficus virens var. sublanceolata (桑科榕属)**

落叶或半常绿乔木，高达26m。单叶互生，卵状长椭圆形，全缘，坚纸质，无毛；托叶长带形，粉红色。隐花果球形，无梗，熟时黄色或红色。花果期4~8月(图8-49)。

产于我国华南及西南地区。喜光，喜温暖湿润气候及肥沃土壤。生长快，萌芽力强，抗污染。

树大荫浓，宜作庭荫树及行道树。在3~4月新叶开放时，鲜红色叶苞纷纷落地，极为美丽。

**图8-49 黄葛树**

**(19) 核桃(胡桃) Juglans regia (胡桃科胡桃属)**

落叶乔木，高达25m。奇数羽状复叶互生，小叶5~9，全缘，椭圆形至长椭圆形，基部偏斜。雄花为柔荑花序，下垂。雌花为穗状花序。果序短，核果球形，单生或成对，核具浅纵纹和2纵脊。花期4~5月，果期9~10月。

原产于我国新疆至伊朗一带，在我国有两千多年栽培历史。喜光，耐干冷，不耐湿热。喜肥沃湿润的砂质壤土。深根性，怕积水，不耐移栽，寿命长。

树冠庞大雄伟，枝叶茂密，绿荫覆地，树干灰白洁净。可孤植、丛植于园中作庭荫树，或成片、成林植于风景疗养区。

同属常见种：野核桃(野胡桃)(J. cathayensis)：奇数羽状复叶，叶柄及叶轴被毛，叶基部偏斜，边缘有细锯齿。果实卵圆状，常6~10成串。

**(20) 枫杨(麻柳) Pterocarya stenoptera (胡桃科枫杨属)**

落叶大乔木，高达30m。枝髓片状，裸芽密生锈色腺鳞。多为偶数羽状复叶，具叶轴翅，小叶10~20，叶尖端钝圆，基部歪斜。柔荑花序单性下垂。坚果长椭圆形，具2翅，成串下垂。花期4~5月，果期8~9月(图8-50)。

我国黄河流域、长江流域至西南、华南有分布。喜光，不耐阴，喜温暖湿润气候，较耐寒，耐水湿。对土壤要求不严。

树冠宽广，果序随风飘舞，常植于河岸边。对有毒气体有一定抗性，可用于工厂矿区绿化。

图 8-50　枫　杨

**(21) 美国山核桃（薄壳山核桃、碧根果）*Carya illinoinensis*（胡桃科山核桃属）**

落叶乔木，高达50m，树皮深纵裂。奇数羽状复叶，小叶9~17，卵状披针形，基部偏斜。雄花序3条1束，下垂。雌花序直立。果实长椭圆形，具4条纵棱，外果皮薄革质。花期5月，9~11月果熟。

原产于美国。喜光，喜温暖湿润气候。适生于肥沃、深厚的砂壤土，不耐旱，耐水湿。

树姿雄伟壮丽，是优良的行道树和庭荫树，可用于河岸、湖泊周边绿化。

**(22) 化香树 *Platycarya strobilacea*（胡桃科化香树属）**

落叶乔木，高达20m。老树皮具不规则纵裂，羽状复叶互生，小叶7~23，纸质，侧生小叶无叶柄，基部偏斜。果序球果状，苞片宿存，木质。坚果两侧具狭翅。种子卵形，种皮黄褐色，膜质。花期5~6月，果期7~8月（图8-51）。

产于我国长江流域及西南地区。喜光树种，喜温暖湿润气候，对土壤要求不严，酸性土至钙质土中均可生长。

树姿优美，枝繁叶茂，枝端直立的果序经久不落，具有较高的观赏价值，可用作庭荫树或营造风景林。

图 8-51　化香树　　　　　图 8-52　板　栗

### (23) 青钱柳（摇钱树）Cyclocarya paliurus（胡桃科青钱柳属）

落叶乔木，高达10~30m。奇数羽状复叶互生，小叶7~9，纸质，缘具细齿。柔荑花序，雄花序长7~18cm，3条成1束腋生；雌花序单生。果序轴25~30cm，果实扁球形，具革质圆盘状翅。花期4~5月，果期7~9月。

产于我国长江以南各地。喜光，喜温暖湿润气候，适生于肥沃深厚的土壤。稍耐旱。

树姿优美，枝叶伸展，果形奇特，如一串铜钱迎风摇曳，可用作庭荫树。

### (24) 板栗（栗）Castanea mollissima（壳斗科栗属）

落叶乔木，高达20m。单叶互生，叶椭圆至长圆形，顶部渐尖，缘具芒状锯齿，叶背被灰白色星状毛。成熟壳斗具锐刺，内具扁圆形坚果2~3，顶端被茸毛。花期5~6月，果期8~10月（图8-52）。

中国特有种，我国辽宁以南各地均有分布。喜光，不耐涝。对土壤要求不严，忌碱性土。对有毒气体抗性强。

树冠圆广，枝茂叶大，可孤植或群植，是园林结合生产的好树种。

### (25) 麻栎 Quercus acutissima（壳斗科栎属）

落叶乔木，高达30m。树皮深纵裂，木栓皮不发达。单叶互生，叶常为长椭圆状披针形，羽状侧脉直达齿端成芒状齿，叶背绿色，近无毛，幼叶被柔毛。坚果椭圆形或卵形，直径1.5~2cm，顶端圆形，果脐凸起。花期3~4月，果期9~10月。

多产于我国黄河中下游及长江流域地区。喜光，不耐阴，较耐寒。对土壤要求不严，不耐盐碱。

树冠宽广，枝茂浓密，秋季叶色转为橙褐色，季相变化明显，观赏性较强。可作行道树或植于工厂矿区用于防风、防火、防尘等。

### (26) 栓皮栎 Quercus variabilis（壳斗科栎属）

落叶乔木，高达30m。树皮黑褐色，深纵裂，木栓层发达。小枝无毛，芽鳞具缘毛。单叶互生，叶长椭圆状披针形，叶缘具芒状锯齿，叶背密被灰白色星状茸毛。坚果近球形，顶端圆。花期3~4月，果期9~10月。

产于我国华北、华东、中南及西南地区。喜光，对土壤要求不严；耐干旱、耐瘠薄。

树形挺拔，枝茂浓密，为丘陵山区较好的造林树种。

同属常见种：①槲栎（Q. aliena）：叶较大，倒卵状椭圆形，缘具波状圆齿，叶背灰绿色，有星状毛；叶柄长1~3cm。②槲树（Q. dentata）：叶较大，倒卵状椭圆形，缘具不规则波状裂片，叶背密被褐色星状毛；叶柄短，长2~5mm。

### (27) 西桦（西南桦木）Betula alnoides（桦木科桦木属）

落叶乔木，高达16m。树皮红褐色，枝条暗紫色，具棱，幼枝密被白色长柔毛。单叶互生，厚纸质，披针形，边缘重锯齿刺毛状，上面无毛，下面沿叶脉疏被长柔毛，密生腺点。果序圆柱形，果苞具3枚裂片。坚果倒卵形，膜质翅宽为果的2倍。

产于我国云南和广东。喜光，不耐阴。喜湿润，稍耐旱，可耐一定程度的低温和霜冻。适生土壤以红壤和黄壤为主。

用于丘陵地区造林。

**(28) 红桦 *Betula albosinensis* (桦木科桦木属)**

落叶乔木，高达30m。树皮红褐色或紫红色，纸状多层剥离。小枝紫褐色。单叶互生，叶卵形或椭圆状卵形，近中部最宽，缘具不规则重锯齿。果序直立，圆柱形，果翅较果稍窄。

产于我国华北至西南地区。较耐阴，耐寒，喜湿润。

树冠端丽，干皮光洁而色艳，宜植于庭园观赏（图8-53）。

**(29) 糙皮桦 *Betula utilis* (桦木科桦木属)**

落叶乔木，高达20m。树皮暗红褐色，成层剥落，有多数横向线形皮孔。枝条红褐色，当年生小枝灰褐色，密被树脂腺体和短柔毛。叶厚纸质，卵形，顶端渐尖，边缘具不规则锐尖锯齿，侧脉8~14对。果序常单生，果苞革质，开展，长为中裂片的1/3。小坚果卵形，膜质翅宽达果实的1/2。花期5~6月，果期7~9月。

产于我国西藏、云南、四川、陕西、甘肃、青海、河南、河北、山西，生于海拔1700~3100m的山坡林中。喜光，也耐

图8-53 红 桦

阴，耐贫瘠，喜疏松土壤。

树皮绢质，暗红褐色至灰白色，片状剥落，秋季叶色金黄。因此，既是优良的观干树种，也是美丽的秋色叶树种。

**(30) 桤木 *Alnus cremastogyne* (桦木科桤木属)**

落叶乔木，单叶互生，叶倒卵形、倒披针形或矩圆形，疏生钝齿，下面密生腺点。果序球果状，单生叶腋，果序梗细长下垂，果苞木质，顶端具5枚浅裂片。小坚果卵形，膜质翅宽为果的1/2。

产于我国四川中部及贵州北部。喜光，喜温暖湿润气候，稍耐寒，亦耐水湿。对土壤适应性强，酸性至微碱性土均可，根具根瘤菌，可改良土壤。

树体高大，树枝开展，适宜于河滩或近水边种植，富有野趣。

同属常见种：尼泊尔桤木（西南桤木、旱冬瓜）（*A. nepalensis*）：果序集生成圆锥状。

**(31) 鹅耳枥 *Carpinus turczaninowii* (桦木科鹅耳枥属)**

落叶乔木，高达5~10m。小枝细。叶互生、卵形、卵状椭圆形或卵菱形，缘具重锯齿；叶柄疏被短柔毛。果苞变异较大，半宽卵形至卵形，外缘具不规则缺刻状粗锯齿或2~3个深裂片。小坚果卵形，或疏生树脂腺体。

分布于我国东北、华北、西北、西南等地。稍耐阴，喜肥沃湿润的中性至酸性土，耐干旱瘠薄。

叶形秀丽，幼叶亮红色，果穗奇特，可丛植于公园草坪、水边、石际，也宜制作盆景。

**(32) 华榛 *Corylus chinensis* (桦木科榛属)**

落叶乔木，高达20m。单叶互生，叶卵形至宽卵形，先端渐尖，基部心形，略偏斜，

缘具不规则钝锯齿；叶柄密被淡黄色柔毛和腺体。果苞外具纵肋，疏生长柔毛和刺状腺体，上部深裂。坚果球形，常3枚聚生。花期4~5月，果期9~10月。

产于我国云南、四川、贵州等地。喜光，幼树稍耐阴，喜湿润气候和肥沃深厚、排水良好的中性至酸性土，萌蘖力强。

树干通直，高大雄伟。多片植于池畔、溪边及草坪、坡地，或用于污染严重的工厂矿区绿化。

同属常见种：川榛(*C. heterophylla* var. *sutchuensis*)：落叶小乔木，高达9m。叶卵形，叶端急尖，近平截形，基部心形。坚果较小。

### (33) 辽椴(糠椴、大叶椴) *Tilia mandshurica* (椴树科椴树属)

落叶乔木，高达20m。幼枝密生浅褐色星状毛。单叶互生，卵圆形，先端短尖，基部斜心形，叶缘锯齿三角形，叶背灰白色，密生星状毛。聚伞花序具花7~12朵，有香味。坚果球形，基部具5条不明显的棱。花期7月，果熟9月。

产于我国东北、河北、内蒙古、山东和江苏北部。深根性树种，喜光，稍耐阴，喜凉爽湿润气候，耐寒性强。喜生于肥沃深厚的土壤，不耐干旱瘠薄，不耐盐碱。

枝叶茂密，叶形美丽，是著名的庭荫树和行道树。

同属常见种：①蒙椴(小叶椴)(*T. mongolica*)：落叶乔木，树皮具薄片状脱落。叶阔卵形，先端常3裂，边缘锯齿疏而粗，齿尖突出。果实倒卵形，被毛。花期7月。②紫椴(籽椴)(*T. amurensis*)：落叶乔木，树皮片状脱落。叶阔卵形，边缘锯齿齿尖突出。果实卵圆形。花期7月。③南京椴(*T. miqueliana*)：嫩枝被黄褐色茸毛。叶卵圆形，下被灰色或灰黄色星状茸毛。花序轴、苞片、萼片、果实均被毛；退化雄蕊花瓣状。果实球形，无棱。花期7月。

### (34) 梧桐(青桐) *Firmiana simplex* (梧桐科梧桐属)

落叶乔木，高达20m。树皮青绿色，平滑。叶互生，掌状3~5裂，全缘。花无瓣，萼5深裂几至基部，淡黄绿色，条形，反卷，成顶生圆锥花序。蓇葖果膜质，成熟前开裂成叶状。种子圆球形，表面有褶皱。花期6月，果期9~10月。

我国华北、西南、华南广泛栽培。浅根性树种，喜光，喜温暖湿润气候，耐寒性不强。在中性至酸性土及钙质土中均能生长。萌芽力弱，不宜修剪。

树形挺拔，干绿如翠玉，为优良的观赏树木。梧桐自古深受人们喜爱，因此在皇家园林和百姓庭园广泛种植，也流传下"栽下梧桐树，引来金凤凰"的名句，是优良的行道树和庭荫树。

同属常见种：云南梧桐(*F. major*)：与梧桐的主要区别在于，树皮青带灰黑色，略粗糙。叶掌状3裂，花紫红色。产于云南和四川西南部。枝叶繁茂，宜作庭荫树和行道树。

### (35) 木棉(攀枝花、英雄树) *Bombax malabaricum* (木棉科木棉属)

落叶大乔木，高达25m。树皮灰白色，幼树的树干常具圆锥状皮刺。掌状复叶互生，小叶5~7，长椭圆形，顶端渐尖，全缘。花大，红色，花瓣肉质，两面被星状柔毛，聚生近枝端。蒴果长圆形，木质，内有棉毛。花期3~4月，果期6~7月。

产于我国西南、华南等地亚热带。喜温暖，不耐寒，较耐旱，不耐水湿，在土层深厚的微酸性至中性肥沃土壤中生长良好。

花先叶开放，颜色鲜艳，耀眼醒目，清代诗人屈大均有诗写道："十丈珊瑚是木棉，花开红比朝霞鲜。天南树树皆烽火，不及攀枝花可怜"。可作为景观树孤植，也可作为行道树列植。

### (36) 美丽异木棉(美人树、美丽木棉) *Ceiba speciosa* (木棉科吉贝属)

落叶大乔木，高达10~15 m。树皮绿色，光滑，密生圆锥状皮刺，树干下部膨大呈酒瓶状。掌状复叶互生，小叶5~9，椭圆形。花大，单生，花冠粉红色或红色，中心白色，花瓣5，反卷，花丝合生成雄蕊管。蒴果椭圆形，内有棉毛。花期10~12月，果翌年5月成熟(见彩图16)。

原产于南美洲，现在广植于我国广东、云南、海南、广西、福建等地。喜光，稍耐阴，喜高温多湿气候，忌积水，抗风性强。

树干挺拔，树冠伞形，盛花期在冬季，是优良的观花树种，可作行道树和园景树。

### (37) 木芙蓉(芙蓉花) *Hibiscus mutabilis* (锦葵科木槿属)

落叶小乔木或灌木，高2~5m。枝叶、花梗及花萼均密被茸毛。单叶互生，卵圆形，掌状3~5裂，基部心形，缘具钝圆锯齿。花单生枝端叶腋，初开时白色或淡红色，后变深红色。蒴果扁球形，有黄色刚毛及绵毛。花期9~10月(见彩图17)。

产于我国南部及西南部。喜光，喜温暖，不耐寒，喜排水良好土壤。

是著名的秋季观花植物，宜植于庭园、路边及水畔种植，成都因广植木芙蓉而有"蓉城"之称，为成都市花。

### (38) 山桐子(水冬瓜、水冬桐、椅树) *Idesia polycarpa* (大风子科山桐子属)

落叶乔木。树皮淡灰色，不裂。树冠长圆形。单叶互生，薄革质或厚纸质，卵形或心状卵形，缘具粗齿，叶背发白，脉腋处有簇毛；叶柄上部具2枚大腺体。花单性，雌雄异株或杂性，黄绿色，有芳香，花瓣缺，成顶生下垂的圆锥花序。浆果紫红色，扁圆形。种子红棕色，圆形。花期4~5月，果期10~11月。

产于我国华东、华中、西北及西南各地。喜阳光充足、湿润气候及疏松、肥沃的土壤，耐寒、抗旱，在轻盐碱地上可生长良好。

树形优美，果实长序，结果累累，果色朱红，形似珍珠。宜作庭荫树、行道树。

### (39) 柽柳 *Tamarix chinensis* (柽柳科柽柳属)

落叶乔木或灌木，高3~8m。老枝直立，暗褐红色；幼枝稠密纤细，常开展而下垂，暗紫红色。叶细小，鳞片状，互生，鲜绿色。花大而少，较稀疏而纤弱点垂，花瓣5，粉红色。蒴果圆锥形。花期4~9月(见彩图18)。

产于我国东北、华北、西北等地，华东、华中、西南地区有栽培。喜光、耐旱、耐寒，亦较耐水湿。极耐盐碱、沙漠地。

枝叶纤细悬垂，婀娜可爱，一年开花三次，绿叶粉花相映成趣。在庭园可作绿篱用，适宜于水滨、池畔、桥头、河岸、堤防种植，也是防风固沙的优良树种之一。

### (40) 番木瓜(木瓜、万寿果) *Carica papaya* (番木瓜科番木瓜属)

落叶或半常绿软木质小乔木，高达8m。茎不分枝，有乳汁，有螺旋状排列的粗大叶痕。

叶互生，大型，生茎顶，掌状7~9深裂，裂片又羽状分裂；叶柄长而中空。花单性异株，乳黄色，花瓣5，分离，柱头流苏状，芳香。浆果大，矩圆形，长可达30cm，熟时橙黄色。

原产于美洲热带。喜炎热及光照，不耐寒，遇霜即凋。根系浅，怕大风，忌积水。对土壤的适应性较强，以肥沃、疏松的砂质壤土生长最好。

树姿挺拔秀美，叶、果均具有较高观赏性，充满热带风情，可于庭前、窗际或住宅周围栽植。

### (41) 四数木 *Tetrameles nudiflora* (四数木科四数木属)

落叶大乔木，高达25~45m。树干通直，树皮粗糙，板状根高2~4.5(6)m。分枝少而粗壮，叶痕突起。单叶互生，叶心形、心状卵形或近圆形，边缘具粗齿，幼树叶有2~3角状齿裂。花单性异株，无花瓣，先叶开放。蒴果圆球状坛形。花果期3~5月。

在我国分布于云南南部、西南部和西部等地，为典型的热带东南亚雨林上层落叶树种，在我国为其分布的最北缘。

稀有种，为单种属植物，具有重要的研究价值和学术意义。易形成的大板根景观壮观、独特，也可保留和植于自然公园中作为景观树。

### (42) 滇杨 (云南白杨) *Populus yunnanensis* (杨柳科杨属)

落叶乔木，高达20m。树皮灰色，纵裂。小枝幼时有棱，黄褐色，无毛。叶互生，纸质，长枝叶卵形、椭圆状卵形，叶背灰白色，中脉及叶柄常带红色；短枝叶较小，中脉黄色。花单性异株，蒴果3~4瓣裂。花期4月上旬，果期4月中、下旬。

产于我国西南地区，云南较常见。喜光，喜温凉气候。较喜水湿，在土层较厚、湿润、肥沃的土壤中生长良好。

树干挺直，雄伟壮观。在园林中植于草坪、水边、山坡等地，昆明等地常栽培为行道树和庭荫树。

### (43) 加拿大杨 (加杨) *Populus × canadensis* (杨柳科杨属)

落叶大乔木，高达30m。干直，树皮粗厚、深沟裂，树冠卵形。芽大，先端反曲，富黏质。小枝具棱。叶互生，近正三角形，边缘有圆锯齿；叶柄扁平，具1~2腺体或无。蒴果卵圆形。雄株多，雌株少。花期4月，果期5~6月。

是美洲黑杨 (*P. deltoides*) 与欧洲黑杨 (*P. nigra*) 的杂交种，现广植于欧洲、亚洲及美洲各地。适应性强，喜光，喜温凉气候及湿润土壤，也能适应暖热气候，耐水湿和轻盐碱土，生长迅速。多系雄株，不飞絮。

树体高大，树冠宽阔，叶大而具光泽，夏季绿荫浓密。适合作行道树、庭荫树及防护林用。同时，也是工矿区绿化及"四旁"绿化的好树种。

### (44) 北京杨 *Populus × beijingensis* (杨柳科杨属)

落叶乔木，高达25m。树干通直，树皮灰绿色，渐变绿灰色，光滑；皮孔圆形或长椭圆形，密集，树冠卵形或广卵形。侧枝斜上，嫩枝无棱。芽细圆锥形，先端外曲，具黏质。叶广卵圆形，长7~9cm，边缘具波状皱曲的粗圆锯齿，有半透明边。花果期5~6月。

本种是中国林业科学研究院林业科学研究所1956年人工杂交而育成，在我国华北、西北和东北南部等地均有推广栽培。喜光，喜肥沃，耐贫瘠，生长迅速。

树干通直，秋季叶片金黄色，适用作风景林和防护林。

**(45) 藏川杨(藏青杨) *Populus szechuanica* var. *tibetica* (杨柳科杨属)**

落叶乔木，高达40m。树皮灰白色，上部光滑，下部粗糙、纵裂。幼枝微具棱，粗壮，具短柔毛。芽淡紫色，具柔毛，有黏质。叶卵状长椭圆形，长8~20cm，边缘具圆腺齿。果序长10~20cm，蒴果卵状球形，3~4瓣裂。花果期4~6月。

中国特有种。产于我国四川和西藏。喜光，抗旱、耐寒、耐水湿、耐瘠薄、抗病虫害，喜疏松肥沃、深厚的土壤。

树干挺拔，初春芽淡紫色，既适宜在水边种植，也可用作固沙保土的基础栽植。

**(46) 山杨 *Populus davidiana* (杨柳科杨属)**

落叶乔木，高达25m。树干基部黑色粗糙。幼枝圆筒形，光滑。芽卵形或卵圆形，红色，无毛，微有黏质。叶三角状卵圆形，长3~6cm，边缘有密波状浅齿。果序长达12cm，蒴果卵状圆锥形，2瓣裂。花果期3~5月。

我国西南高山区至东北均有分布。喜光，耐寒冷、耐干旱、耐瘠薄，在排水良好的肥沃土壤上生长更为良好。

幼叶红艳、美观，秋季叶片金黄色，色叶期长，适于作为风景林和防护林树种。

同属常见种：①'中华红叶'杨(*P.* × *euramericana* 'Zhonghuahongye')：叶片大而厚，叶面颜色三季四变，色泽亮丽诱人，为世界所罕见，观赏价值颇高，是彩叶树种红叶类中的珍品。②大叶杨(*P. lasiocarpa*)：叶大，卵形，长15~30cm，先端渐尖，基部深心形，缘具钝齿，叶脉、叶柄常带红色。果序长达24cm，密被灰白色茸毛。适于在云贵高原丘陵地区用作城乡绿化树种。③青杨(*P. cathayana*)：树皮光滑，灰绿色。小枝圆形，枝叶均无毛。叶卵形或卵状椭圆形，长5~10cm，表面亮绿色，背面苍白色；叶柄圆而细长。中国特有种。

**(47) 垂柳 *Salix babylonica* (杨柳科柳属)**

落叶乔木，高达12~18m，树冠开展而疏散。枝细，下垂，淡褐黄色或带紫色。单叶互生，线状披针形，微被毛，缘具细锯齿；叶柄长6~12mm。雌花具1腺体。蒴果带绿黄褐色。种子有毛。花期3~4月，果期4~5月。

常见品种：'金丝'垂柳('金丝'柳)(*S.* × *hrysocoma* 'Tristis')，是'金枝'白柳(*S. alba* 'Vitellina')与垂柳的杂交种。小枝亮黄色，细长下垂。叶狭长披针形。

我国分布甚广，长江流域尤为普遍。喜光，喜温暖湿润气候，喜潮湿深厚的酸性及中性土。较耐寒，特耐水湿，但亦能生于土层深厚之高燥地区。对有毒气体抗性较强，能吸收二氧化硫。

枝条细长，柔软下垂，随风飘舞，姿态优美潇洒。自古即为重要的庭园观赏树，可作行道树、庭荫树、固岸护堤树及平原造林树种，植于河岸及湖池边最为理想，也适用于工厂区绿化。

**(48) 旱柳(立柳、柳树) *Salix matsudana* (杨柳科柳属)**

落叶乔木，高达20m。树皮暗灰黑色，纵裂；树冠广圆形。小枝细长，直立或斜展。单叶互生，披针形，缘有细腺齿，背面苍白色；叶柄短，长2~4mm。雌花具腹背2腺体。花期4月，果期4~5月。

我国分布广泛。喜光，耐寒，耐干旱，耐水湿。喜湿润、排水和通气良好的砂壤土。

稍耐盐碱。

枝条柔软，树冠丰满，早春发叶早，抗性强，宜作庭荫树、行道树。河湖岸边或孤植于草坪，对植于建筑两旁。亦用作公路树、防护林及沙荒造林，农村"四旁"绿化等。

常见变型：①龙爪柳(f. *tortusoa*)：枝卷曲。②馒头柳(f. *umbraculifera*)：分枝密而齐整，树冠半圆形，如馒头状。③绦柳(f. *pendula*)：枝长而下垂，外形似垂柳。但小枝短，黄色。叶无毛，叶下面苍白色或带白色；叶柄长5~8mm。雌花具2腺体。

### (49) 白柳 Salix alba (杨柳科柳属)

落叶乔木，高可达25m。树冠开展，树皮深纵裂，小枝不下垂。叶披针形，长5~12 (15)cm，边缘有细锯齿；叶柄有白色绢毛。花序与叶同放，侧生于上年生小枝上；子房无毛。花果期4~5月。

产于我国新疆、甘肃、青海、西藏等地有栽培。在伊朗、巴基斯坦、印度北部、阿富汗、俄罗斯、欧洲均有分布和引种。喜光，耐贫瘠、不耐水淹。萌枝力强，耐修剪，西藏常修剪为馒头状。

嫩叶可作饲料，为重要的速生用材树之一，也是观赏树种和早春蜜源植物。

### (50) 树头菜(单色鱼木) Crateva unilocularis [白花菜科(山柑科)鱼木属]

落叶乔木，高5~15m。树皮灰褐色，具横皱纹。三出复叶互生，小叶卵形或卵状披针形，侧生小叶基部略偏斜，薄革质。伞房状总状花序顶生，花瓣4，叶状，白色或黄色，具爪。浆果球形，淡黄色，表面具近圆形灰黄色小凸点。花期3~7月，果期7~8月。

产于亚洲热带，我国福建、广东、广西、云南有分布。喜光，较耐阴，喜温暖湿润气候及微酸性土，不耐寒，较耐湿。

株形优雅，花大且花色淡雅，盛开时如满树群蝶飞舞，可作园景树和行道树。嫩叶可盐渍后食用，故名树头菜。

### (51) 柿(柿子树) Diospyros kaki (柿树科柿属)

落叶乔木，高达15m。树皮鳞片状开裂。单叶互生，椭圆状卵形或倒卵形，全缘，革质，叶背、叶柄被茸毛。花萼4深裂，果熟时增大。花单性异株或杂性同株，白色，4裂。浆果扁球形，径3.5~8cm，橙黄色或鲜黄色，花萼宿存。花期5~6月，果期9~10月。

产于我国黄河流域至长江流域。适应性强，耐寒。喜强光树种，不耐阴。喜湿润，也耐干旱，忌积水。深根性，耐瘠薄。抗污染能力强。

树形优美，叶大浓绿有光泽，秋叶霜红，果实累累且经久不落，是观叶观果俱佳的景观树，适宜于庭园、公园中孤植或成片种植，也是村庄绿化的优良树种(图8-54)。

**图8-54 柿**

同属常见种：君迁子(黑枣、软枣)(*D. lotus*)：落叶乔木。叶椭圆形，背面粉绿色。果球形，较小，熟时为蓝黑色。

**(52) 白辛树 *Pterostyrax psilophyllus*[安息香科(野茉莉科) 白辛树属]**

落叶乔木，高达15m。叶互生，长椭圆形或倒卵形，缘具细齿，近顶端有时具粗齿或3深裂，下表面灰绿色，密被灰色星状茸毛。圆锥花序顶生或腋生，花小，白色。核果近纺锤形，先端有喙，具5~10棱，密被黄色长硬毛。花期4~5月，果期8~10月。

产于我国中部至西南部及日本。喜光，喜湿润气候，适生于酸性土中。

树形雄伟挺拔，叶形奇特，花香，可用于庭园绿化。

**(53) 西南花楸 *Sorbus rehderiana*(蔷薇科花楸属)**

落叶小乔木，高3~8m。奇数羽状复叶，具小叶7~10对；小叶边缘自基部1/3以上每侧有10~20个细锐锯齿，齿尖内弯。复伞房花序具密集的花朵，花白色，雄蕊20，稍短于花瓣。果实近卵形，排列紧密，直径6~8mm，粉红色至深红色。花期6~7月，果期8~9月。

产于我国西藏、四川、云南，缅甸北部有分布。喜凉爽湿润，喜肥，畏炎热。

树姿优美，树干光滑，春季花白如雪，秋季更是红叶映山，果实累累，宜群植，也可孤植。

**(54) 李 *Prunus salicina*(蔷薇科李属)**

落叶乔木，高达10m。小枝无毛，红棕色，有光泽。单叶互生，椭圆状披针形，先端急尖，缘具不规则细钝齿。花常2~3朵簇生，白色，具长柄。核果球状卵形，熟时紫色或黄绿色，径5~7cm，无毛，有白粉。4月开花，8月果熟。

我国各地有栽培。喜光，耐寒性较强。不择土壤，在酸性及石灰性土壤中均能生长，在湿润肥沃的黏壤土中生长最佳。

叶前开花，繁花如雪，十分清雅，尤其月夜赏之，与桃之红艳热闹，梅之疏影横斜各异其趣。在园林中应用宜远宜繁，笼以轻烟薄雾，别有幽情逸致(图8-55)。

常见的观叶树种紫叶李(红叶李)(*P. cerasifera* f. *atropurpurea*)，系同属植物樱桃李(*P. cerasifera*)的变型。落叶小乔木，单叶互生，叶椭圆形、卵形或倒卵形，缘有圆钝锯齿，常年紫红色。花白色或浅黄色，先花后叶或与叶同放。核果近球形，红色或黑褐色，微被蜡粉，花期4月，果期8月(图8-55)。可观花、观叶，园林应用孤植、群植皆宜，适合于建筑物前、园路旁或草坪角隅处栽植。

**(55) 布朗李(美国李) *Prunus americana*(蔷薇科李属)**

落叶小乔木，高4.5~7.5m。叶互生，椭圆形，长5~10cm。开花较晚，与叶同出，花簇生，5瓣，白色，直径约1cm。果实近球形，黑红色至紫黑色，平均果径达6cm以上。花期5~6月，果期7~8月(图8-56)。

原产于北美洲，我国大部分地区均有栽培，品种很多。喜光，不耐水湿，以土层深厚、地下水位低、保水保肥力强的土壤为宜。

是我国西南地区习见栽培果树，在我国西藏东南地区也作园林观赏植物应用。

图 8-55 紫叶李

图 8-56 布朗李

**(56) 光核桃 Prunus mira (蔷薇科李属)**

落叶乔木，高3~10m。树干灰白色，小枝绿色。花单生或2朵并生，直径2~2.5cm，花萼无毛，萼筒紫红色，花瓣粉红色至白色，倒卵形，先端圆钝。果近球形，直径3~4cm，密被茸毛；核扁卵圆形，顶端尖，光滑，偶有不明显纵向浅沟纹。花期3~4月，果期7~8月。

中国特有种，产于我国西藏、四川、云南。喜光，耐寒、耐干旱，适应性强，在生境优越的地方生长迅速。

花期芳菲烂漫，是优良的园林树种，宜种植于山坡、河畔、石旁、墙缘，可以在庭园、草坪群植，也是盆栽、制作桩景、切花的好材料。

同属常见种：①甘肃桃(*P. kansuensis*)：花萼外面被短柔毛。核近扁球形，顶端圆钝，表面具纵、横浅沟纹。②山桃(*P. davidiana*)：树皮暗紫色，光滑。花萼无毛。核近球形，两侧不压扁，顶端圆钝，表面具纵、横沟纹和孔穴。

**(57) 梅 Armeniaca mume [蔷薇科杏属(梅属)]**

落叶小乔木，高达10m。小枝绿色，无毛。单叶互生，阔卵形或卵形，先端尾尖，缘具细齿；叶柄常有腺体。花单生或两朵并生，花梗短，白色、粉红色至深紫红色，芳香。果球形，黄绿色，密被细毛，味酸。核上有凹点，果肉黏核。12月~翌年3月开花，6月果熟(见彩图19)。

原产于我国西南，现全国各地有栽培。喜光，喜温暖，对土壤要求不严，在排水良好、肥沃的砂壤土中生长良好。不耐二氧化硫，寿命长。

我国传统名花。在园林中可孤植或与山石、溪水、小桥、明窗、雕栏等搭配。与松、竹配置时称"岁寒三友"。大面积以梅为主栽植时，则成梅园、梅林，也可作树桩盆景。梅开花最早，在山野积雪尚未融化之时，已花香馥郁。诗人有"故遣寒梅第一开"及"遥知不是雪，为有暗香来"之句。

因经长久栽培，类型及特异的优良品种很多。根据陈俊愉教授的分类，梅花分为3系(Branch) 5类(Group) 18型(Form)。3系分别为真梅系、杏梅系和樱李梅系；5类分别为直枝梅类、垂枝梅类、龙游梅类、杏梅类和樱李梅类；18型分别为江梅型、绿萼型、宫粉型、朱砂型、玉蝶型、品字梅型、小细梅型、黄香型、洒金型、粉花垂枝型、残雪垂枝型、白碧垂枝型、骨红垂枝型、五宝垂枝型、玉碟龙游型、单瓣杏梅型、春后型和美人梅型。

①真梅系直枝梅类为梅花的典型变种，枝条直上斜伸；垂枝梅类枝条下垂，开花时花朵向下；龙游梅类枝条自然扭曲，宛若游龙。

②杏梅系仅有杏梅类，系杏与梅的杂交种，枝、叶均似山杏或杏。花呈杏花形，多为复瓣，水红色，瓣爪细长，花托肿大，几乎无香味。有单瓣的'北杏'梅，半重瓣或重瓣的'丰后'、'淡丰后'、'送春'等品种。这些品种应是梅与杏或山杏的天然杂交种，抗寒性均较强。

③樱李梅系仅有樱李梅类，系紫叶李与'宫粉'梅杂交选育而成。代表品种'美人'梅(*A. × blireana* 'Meiren')，枝、叶似紫叶李，叶常年呈紫红色。花有香味，花被丝托略肿大，花重瓣，花色淡紫红色。花叶同放；花梗较长，紫红，呈垂丝状。花期较晚，抗寒性强。

**(58) 杏 *Armeniaca armeniaca*（蔷薇科杏属）**

落叶乔木，高达10m。小枝红褐色。单叶互生，阔卵形或圆卵形，先端具短尾尖，锯齿密而钝，叶柄多带红色，有2腺体。花单生，白色或粉红色，近无梗。核果圆形，黄色，密生细柔毛，核较扁，有厚而宽的边。花期3~4月，果期6月。

我国除华南外均有栽培。喜光，耐寒耐旱，深根性，常生于干燥瘠薄的山地。在深厚肥沃之地作为果树能高产。

杏花形柔媚，色彩淡雅。"杏花春雨江南"被喻为迷人的地点和时节。在园林中或植于墙隅，或栽于水边，亦可林植。诗人有"万树江边杏"等句，至于杏花村和杏花林，更是誉满全国，有口皆碑。

**(59) 桃 *Amygdalus persica*（蔷薇科桃属）**

落叶小乔木，高3~8m。小枝向光面红褐色，无毛。芽并生，主芽为叶芽，副芽为花芽，冬芽有细柔毛。单叶互生，椭圆状披针形，长8~15cm，边缘细锯齿。花粉红色，具短梗，先叶开放。核果近球形，密生短柔毛，果核有凹点及凹沟。花期4月开花，果期7~9月（图8-57）。

原产于我国，我国及世界各地均有栽植。喜光，耐寒性强，适应性强。要求排水良好的砂质壤土。寿命较短。

桃红柳绿可呈现春光明媚的景象。为园林中优美庭园观花树种，可孤植、丛植，更宜片植、群植。

我国栽培历史悠久，水果与观赏品种甚多。常见品种：①'碧桃'（'Duplex'）：花重瓣，淡红色。②'绯桃'（'Magnifica'）：花重瓣，鲜红色。③'红花碧桃'（'Rubro-plena'）：花半重瓣，红色。④'绛桃'（'Camelliaeflora'）：花半重瓣，深红色。⑤'千瓣红'桃（'Dianthiflora'）：花重瓣，花瓣窄长，淡红色。⑥'单瓣白'桃（'Alba'）：花单瓣，白色。⑦'千瓣

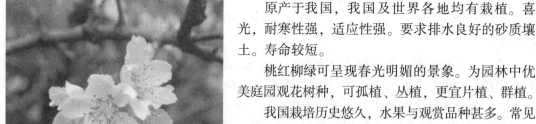

图8-57 桃

白'桃('Albo-plena'):花重瓣,白色。⑧'洒金碧'桃('Versicolor'):花多白色,有时一枝上之花兼有红色和白色,或白花而有红色条纹。⑨'紫叶'桃('Atropurpurea'):新叶紫红色,后渐变为深绿色。花粉红色或大红色,单瓣或重瓣。⑩'垂枝碧'桃('Pendula'):枝下垂。

**(60)山樱花(樱花)Cerasus serrulata(蔷薇科樱属)**

落叶乔木,高3~15m。树皮具明显的横向皮孔。叶互生,卵形至卵状椭圆形,先端成尾尖,缘具芒状锯齿;叶柄有2~4腺体。花白色或淡粉红色,3~5朵形成伞房花序或短总状花序,基部有叶状苞片,边缘有腺齿。核果紫褐色,光滑无毛,径约1cm,酸涩。3~5月叶前开花,6~7月果熟。

产于中国、朝鲜及日本。喜光,耐寒。喜深厚肥沃的微酸性土壤,忌盐碱及积水。

树干挺拔,枝叶潇洒,春季繁花似锦。其重瓣品种则花朵较大,观赏价值更高。在园林中可孤植、丛植或群植。由于树冠较高大,不宜距建筑物太近。如有苍松翠柏为背景,清溪曲流为前景,则相得益彰。

樱属植物可分为观花和食果两大类,樱桃是落叶果树中成熟最早的一种,樱花则通常是樱属几种植物的统称。樱属植物在园林中西南常见的尚有以下种或变种、品种:①高盆樱桃(云南冬樱花)(C. cerasoides):云南园林常见栽培。伞形总状花序2~5朵簇生,花单瓣,粉红色至深红色。花萼钟形,紫红色。核果卵圆形,长12~15mm,果红色,熟时紫黑色。花期12月~翌年1月(图8-58)。常见变种:红花高盆樱桃(云南樱花)(C. cerasoides var. rubea):云南园林中常见栽培。伞形花序,有花1~3朵,花重瓣或半重瓣,深粉红色,花叶同放。花期2~3月(图8-59)。②樱桃(C. pseudocerasus):树姿与樱花相似。叶片卵形或长圆状卵形,边有尖锐重锯齿,花瓣白色;果红而酸甜适口,为著名果树(图8-60)。③东京樱花(C. × yedoensis):伞形总状花序有花3~4朵,总梗极短,先叶开放,花瓣白色或粉红色。核果近球形,黑色,核表面略具棱纹。花期4月。被日本尊为国花,园艺品种多(图8-61,另见彩图20)。④日本晚樱(C. lannesiana):常见于庭园中。叶椭圆形或卵椭圆形,缘有重锯齿,具长芒。伞房总状花序有花2~3朵,花粉色,花梗长约2cm。花期4~5月,较其他樱花晚且长(图8-62)。⑤钟花樱(福建山樱花)(C. campanulata):树皮暗紫色。叶缘有细锐重锯齿。花叶齐放,3~5朵腋生,下垂,花梗长约2cm。核果卵形,红色。花期2~4月(图8-63)。

图8-58 高盆樱桃

图8-59 红花高盆樱桃

图8-60 樱 桃

图8-61　东京樱花　　　　图8-62　日本晚樱　　　　图8-63　钟花樱

**(61) 山楂 *Crataegus pinnatifida*（蔷薇科山楂属）**

落叶小乔木，高达6m。具枝刺，树皮粗糙。单叶互生，叶片卵形，通常两侧各有3~5羽状深裂片，边缘有不规则重锯齿；托叶显著，镰形。伞房花序顶生，花白色，花药粉红色。梨果近球形，红色，皮孔显著。花期5~6月，果期9~10月。

产于我国东北、华北至华南。喜光，耐寒，耐旱，耐瘠，常生于石褐子山坡，但在深厚肥沃的土壤中则花茂果繁，生长更佳。

树势强健，寿命长，可栽培作绿篱和花果树，春季观花，秋季果实累累，经久不凋。其果实有药用价值，是加工蜜饯的原料。

**(62) 山荆子 *Malus baccata*（蔷薇科苹果属）**

落叶乔木，高达10~14m。叶片卵形或椭圆形，顶端急尖，稀尾状渐尖，基部楔形或者圆形，边缘有圆钝锯齿；托叶膜质，披针形，早落。伞形花序无总梗，具花4~6朵，花直径3~3.5cm，花梗无毛，花白色，雄蕊15~20，柱头5或4。果实红色，稀黄色。花期5月。

产于我国西藏及西北、东北各地，蒙古、朝鲜、俄罗斯西伯利亚等地也有分布。喜光，喜肥沃土壤，耐寒力强。

早春开放白色花朵，秋季结成小球形红黄色果实，经久不落，非常美丽，可作庭园观赏树种，也可作苹果砧木。

**(63) 垂丝海棠 *Malus halliana*（蔷薇科苹果属）**

落叶小乔木，高达5m，树冠开展。单叶互生，卵形至长椭卵形，缘具细钝齿，叶柄、中脉常带红色。伞房花序具花4~6朵，花梗细长下垂，长2~4cm；花瓣倒卵形，基部有短爪，粉红色，萼片深紫色。果卵形，略带紫色，直径6~8mm。花期3~4月，果期9~10月（图8-64）。

产于我国西南部。喜光，不耐阴，不甚耐寒，喜温暖湿润环境，适生于阳光充足、背风之处，不耐水涝，土壤要求不严，对二氧化硫有较强的抗性。

叶茂花繁，花姿优美，花色艳丽，果实可观。是传统园林常见的庭园花木，其中，西府海棠、垂丝海棠、木瓜海棠和贴梗海棠在明代《群芳谱》中被称为"海棠四品"。适用于城市街道绿地和厂矿区绿化。

同属常见种：①海棠花（海棠）（*M. spectabilis*）：落叶乔木，高达6m。花蕾深粉红色，开放后淡粉红至白色(图 8-65)。梨果球形，黄色，径约 2cm。是久经栽培的观赏树种，园艺品种较多，华北及华东更为常见。②西府海棠(小果海棠)(*M.* × *micromalus*)：与海棠花近似，区别在其叶片形状较狭长，基部楔形，叶边锯齿稍锐，叶柄细长，果实基部下陷(图 8-66)。有研究推断它是由山荆子(*M. baccata*)和海棠花杂交而成。③苹果(*M. pumila*)：世界著名果树，果实直径大，小枝、冬芽及叶片上毛茸较多，栽培品种千种以上。园林中可见的同属种还有花红(*M. asiatica*)、湖北海棠(*M. hupehensis*)等，均为庭园观花观果树木。

**(64)沙梨(梨) *Pyrus pyrifolia*(蔷薇科梨属)**

落叶乔木，高达 7~15m。小枝紫褐色或暗褐色。单叶互生，矩圆状卵形，先端长渐尖，基部圆形，无毛，具不带芒刺的尖锐锯齿。伞房花序含 6~9 花，花白色，花药紫红色，花柱 4，稀 5。梨果褐色而具灰色点。4 月开花，9 月果熟(图 8-67)。

图 8-64 垂丝海棠

图 8-65 海棠花

图 8-66 西府海棠

图 8-67 沙梨

主产于我国长江流域以南地区。喜光,喜温暖湿润气候及深厚肥沃的砂质壤土。

该种有很多果树品种,如'雪梨'、'砀山'梨等都属于沙梨系统。野生者小树常有棘刺,果实小味酸涩而多石细胞,不适宜食用,早春白花满树,是很好的观花树和绿荫树。

同属常见种:西洋梨(*P. communis*)、秋子梨(*P. ussuriensis*)、白梨(*P. bretschneideri*)等,用途与沙梨相同。

**(65)合欢 *Albizia julibrissin*(含羞草科合欢属)**

落叶乔木,高达16m。树冠开展呈伞状。二回偶数羽状复叶互生,小叶镰刀形,先端尖,中脉偏斜,夜合昼展。萼片、花瓣小,不显著,雄蕊多数,花丝细长,粉红色,头状花序排成伞房状。荚果条形扁平。花期6~7月,果期8~10月(图8-68)。

产于亚洲及非洲,我国东北至华南及西南各地均有分布。喜光,树皮薄不耐暴晒。耐干旱瘠薄,不耐水涝,生长迅速。

树形优美,羽叶优雅,花开如绒缨,十分可爱,宜作庭荫树、行道树,能形成轻柔舒畅的氛围。

同属常见种:山合欢(山槐)(*A. kalkora*):小叶较大,矩圆形,先端有细尖头。花丝白色,后变黄色(图8-69)。

**(66)皂荚 *Gleditsia sinensis*(云实科皂荚属)**

落叶乔木,高达30m。芽叠生,干及枝具圆且分歧的枝刺。一回偶数羽状复叶,小叶6~14对,下端小叶渐小,卵状长椭圆形,叶端钝而具短尖头,疏生细钝锯齿。荚果较肥厚,直而不扭转,被白粉。花期5~6月,果10月成熟(图8-70)。

我国除东北地区外均有分布。喜光,稍耐阴,对土壤要求不严,在石灰质及盐碱土中均能生长。深根性,寿命长。

树冠广阔,叶密荫浓,宜作庭荫树或独赏树。

图8-68 合欢

图8-69 山合欢

皂荚分枝刺

皂荚荚果

图 8-70 皂 荚

同属常见种及品种：①'金叶'皂荚（*G. triacaanthos* 'Sunburst'）：彩叶树种。无枝刺，幼叶金黄色，成熟叶浅黄绿色，不结实。②滇皂荚（*G. japonica* var. *delavayi*）：枝刺略扁。荚果扁平，不规则扭转或弯曲呈镰刀状。

**（67）凤凰木 *Delonix regia*（云实科凤凰木属）**

落叶乔木，高达 20m。树冠开展呈伞状。二回偶数羽状复叶，长 20~60cm。小叶形小，多数。花冠鲜红色，上部花瓣有黄色条纹，组成伞房总状花序，花瓣 5，圆形，具长爪。荚果大，木质。花期 5~8 月（见彩图 21）。

原产于非洲，我国华南、西南等地有栽培。喜光，不耐寒。生长迅速，根系发达。耐烟尘性差。

树冠宽广，叶形如鸟羽，花大色艳，满树如火，宜作行道树和庭荫树。

**（68）翅荚木（任豆）*Zenia insignis*［云实科翅荚木属（任豆属）］**

落叶乔木，高达 20m。羽状复叶互生，小叶 9~11 对，长圆状披针形，先端尖。花瓣 5，红色，复聚伞花序顶生。荚果扁平，长椭圆形，腹缝具宽翅，红棕色。花期 5 月，果期 7~9 月。

分布于越南与我国广东、广西、云南等地。喜光，稍耐干旱，萌芽性强，生长快，病虫害少。

冠大荫浓，花色艳红，宜作庭荫树和行道树。

**（69）腊肠树 *Cassia fistula*（云实科决明属）**

落叶乔木，高达 15m。枝细长。羽状复叶长 30~40cm，小叶 3~4 对，对生，薄革质，阔卵形、卵形或长圆形，全缘；叶脉纤细且两面均明显，叶轴与叶柄无翅。总状花序下垂，花黄色。荚果圆柱形，长 30~60cm，黑褐色，不开裂，有槽纹。花期 6~8 月，果期 10 月。

原产于印度、缅甸和斯里兰卡，我国南部和西南部各地均有栽培。喜光，喜温暖，能耐干旱、耐水湿，有霜冻害地区不能生长，对土壤的适应性颇强。

图 8-71 腊肠树

初夏开花，满树金黄，秋日果荚长垂如腊肠，为珍奇观赏树，广泛应用于园林绿化中。适宜作行道树或于公园、水滨、庭园等处与红色花木配置种植(图 8-71)。

**(70) 粉花山扁豆(节荚决明) *Cassia nodosa*(云实科决明属)**

半落叶乔木，高达 15m。小枝纤细，下垂，被灰白色丝状绵毛。羽状复叶具小叶 6~13 对，小叶长圆状椭圆形，顶端圆钝，微凹。伞房状总状花序腋生，花粉红色，芳香。荚果圆筒形，长 30~45cm。花期 5~6 月。

广泛分布于热带及亚热带地区，在我国云南西双版纳、广东南部、广西南部、海南岛等地均有栽培。喜阳光充足，土层深厚肥沃、排水良好的酸性土。

树冠如伞，枝叶茂盛，冬春挂果，犹如腊肠，具有极高的观赏价值。既可孤植于庭园、公园、水滨等处，也可丛植、片植、群植，还可作行道树。

**(71) 海红豆 *Adenanthera microsperma*(云实科海红豆属)**

落叶乔木，高 5~10m。嫩枝微被柔毛。二回羽状复叶，小叶 4~7 对，互生，长圆形或卵形。总状花序腋生或顶生，花小，白色或黄色，具香味。荚果狭长圆形，盘旋。种子近圆形至椭圆形，长 5~8mm，鲜红色，有光泽。花期 4~7 月，果期 7~10 月。

产于我国云南、贵州、广西、广东、福建和台湾。喜温暖湿润气候，喜光，稍耐阴，对土壤条件要求较严格，喜土层深厚、肥沃、排水良好的砂壤土。

种子鲜红色而光亮，甚为美丽，可作装饰品，也可用作观果的园景树。

**(72) 盾柱木 *Peltophorum pterocarpum*(云实科盾柱木属)**

落叶乔木，高 4~15m。叶柄、花序被锈色毛。二回羽状复叶，小叶(7)10~21 对，排列紧密，革质，长圆状倒卵形，基部不对称，全缘。圆锥花序顶生或腋生，花蕾圆形，花黄色。荚果具翅，扁平，纺锤形，两端尖，中央具条纹。

我国云南西双版纳、广州有栽培。喜高温气候，能耐风、耐旱，但不耐阴，栽种于深层砂质壤土为佳。

树形如伞很优美，可孤植、片植和林植作景观树。

**(73) 槐(国槐) *Styphnolobium japonicum*(蝶形花科槐属)**

落叶乔木，高达 25m。小枝绿色。奇数羽状复叶互生，小叶卵形，叶端尖，叶背被白粉色。花蝶形，浅黄绿色，组成圆锥花序。荚果串珠状，不开裂。花期 7~8 月，果 10 月成熟。

原产于我国，现南北各地广泛栽培。喜光，略耐阴，喜干冷，也耐高温多湿气候。耐盐碱土，耐污染，深根性，寿命极长。

树冠宽广，枝繁叶茂，宜作行道树、庭荫树、工厂绿化树。

常见变种、变型、品种：①'龙爪'槐('Pendula')：小枝弯曲下垂，树冠呈伞形。

②五叶槐(蝴蝶槐、畸叶槐)(f. *oligophyllum*)：小叶 5~7 常簇生，大小及形状均不整齐，有时 3 裂。③'金叶'槐('Chrysophylla')：嫩叶金黄色，后渐变为黄绿色。④'金枝'槐('Chrysoclada')：秋季小枝变为金黄色，由韩国引入。

### (74) 刺槐 Robinia pseudoacacia (蝶形花科刺槐属)

落叶乔木，高 10~25m，树皮深纵裂。枝具托叶刺。羽状复叶互生，小叶 7~19，椭圆形，先端微凹并有小刺尖。花白色，芳香，成总状花序下垂。荚果扁平，条状，开裂。花期 4~5 月，果期 8~9 月。

原产于美国，现我国各地广泛栽植。喜光，耐干旱瘠薄，对土壤适应性强。浅根性，不耐水湿。萌芽性强，生长快，有根瘤菌。

树冠开展，抗性强，宜作庭荫树、行道树、防护林及城乡绿化先锋树种。

常见品种：①'金叶'刺槐('Frisia')：嫩叶金黄色，夏叶绿黄色，秋叶橙黄色。②'红花'刺槐('Decaisneana')：花亮玫瑰红色。③'香花'槐('Idaho')：刺少，花紫红色至深粉红色，芳香，不结实。

### (75) 刺桐 Erythrina variegata (蝶形花科刺桐属)

落叶乔木，高达 20m。枝有皮刺。三出复叶大，全缘，顶生小叶卵状三角形，侧生小叶较狭。花鲜红色，旗瓣卵状椭圆形，成密集顶生总状花序。荚果肿胀。花期 2~3 月，叶前开放，果期 9 月(见彩图 22)。

原产于亚洲热带。喜光，耐干旱瘠薄，不耐寒，抗风，生长快，耐修剪。

宜作行道树、庭园观赏树。

### (76) 龙牙花(象牙红) Erythrina corallodendron (蝶形花科刺桐属)

落叶小乔木，高达 3~5m。三出复叶，顶生小叶菱形；叶柄及叶轴有皮刺。总状花序腋生，花冠深红色，旗瓣狭，各花瓣近平行成直筒形。荚果圆柱形。花期 6~7 月。

原产于热带美洲，我国西南、华南广泛栽培。喜暖热气候。

花绯红艳丽，宜作行道树、庭园观赏树或"四旁"绿化树(图 8-72)。

同属常见种：①鸡冠刺桐(*E. crista-galli*)：旗瓣大，倒卵形，盛开时开展如佛焰苞状。②鹦哥花(*E. arborescens*)：顶生小叶肾状扁圆形。

### (77) 八角枫 Alangium chinense (八角枫科八角枫属)

落叶乔木，高达 3~5m，常成灌木状。单叶互生，卵圆形，基部歪斜，全缘或有浅裂；叶柄红色。花瓣 6~8，狭带形，黄白色，显著反卷，聚伞花序。核果卵球形。花期 6~8 月(图 8-73)。

产于亚洲和非洲，我国西南、西北、华中、华南、华东等地有分

图 8-72 龙牙花

图8-73 八角枫

布。稍耐阴，耐寒性不强。

宜作庭荫树。

**(78) 珙桐(鸽子树) *Davidia involucrata*（珙桐科珙桐属）**

落叶乔木，高达15~20m。单叶互生，广卵形，先端突尖，基部心形，缘具芒状齿，叶背密被丝状茸毛。头状花序，具2枚白色叶状大苞片，椭圆状卵形。核果卵球形。花期4~5月，果期10月（见彩图23）。

中国特产孑遗植物，主产西南地区。喜半阴，喜温凉湿润气候及肥沃土壤，不耐寒，不耐热。

苞片奇特，似白鸽栖息树端，蔚为奇观，是世界著名观赏树种。宜植于较高海拔地区的庭园中作庭荫树。

常见变种：光叶珙桐（var. *vilmoriniana*）：叶背光滑，仅脉上及脉腋处有毛。

**(79) 喜树 *Camptotheca acuminata*（珙桐科喜树属）**

落叶大乔木，高达20m。单叶互生，全缘，卵状椭圆形，羽状脉弧形下凹，叶柄及背脉常带红晕，叶面不平展，常有反折趋势。头状花序球形，具长总梗。坚果香蕉形，聚生成球形果序。花期7月，果期10~11月。

中国特有种，分布于长江流域以南地区。喜光，稍耐阴，喜温暖湿润气候，不耐寒，喜肥沃土壤，较耐水湿，不耐干旱瘠薄，浅根性，生长快。

主干通直，树冠宽展，叶荫浓郁，宜作庭荫树、行道树。

**(80) 蓝果树 *Nyssa sinensis*（珙桐科蓝果树属）**

落叶大乔木，高达20m。树干分枝处具眼状纹。单叶互生，卵状椭圆形，全缘，先端渐尖，基部楔形。花小，单性异株，雄花序伞形，雌花序头状。核果椭球形，熟时深蓝色，后变紫褐色。

产于我国长江流域以南地区。喜光，喜温暖湿润气候，喜酸性土，耐干旱瘠薄，生长快。

秋叶红而艳丽，宜作庭荫树、行道树。

**(81) 灯台树 *Cornus controversa*（山茱萸科梾木属）**

落叶乔木，高达6~15m。枝轮状着生，层次明显。单叶互生，卵状椭圆形，常集生枝顶。花白色，伞房状聚伞花序顶生。核果由紫红变蓝黑色。花期4~5月，果期9~10月。

产于我国东北、华北、西北、西南至华南地区。喜光，喜湿润，生长快。

树形美观，大枝呈层状宛如灯台，白花美丽，宜作庭荫树、行道树。宜孤植或对植。

**(82) 梾木 *Cornus macrophylla*（山茱萸科梾木属）**

落叶乔木，高3~9m。小枝具棱。单叶对生，卵状椭圆形，叶背灰白色。花小，黄白色，聚伞花序圆锥状。核果球形，黑色。

产于我国华东、华中及西南地区。喜光，对土壤要求不严，生长快，寿命长。

宜作园林绿化树种。

同属常见种：①光皮梾木（光皮树）（*C. wilsoniana*）：树皮薄片状脱落，光滑，留下灰绿相间之大斑痕。叶卵形，被灰白色短毛。树干极具有观赏价值。②小梾木（*C. paucinervis*）：落叶灌木。小枝四棱，红褐色。叶倒卵状长椭圆形，侧脉通常 3 对。

**(83) 四照花 Cornus kousa ssp. chinensis**（山茱萸科四照花属）

落叶小乔木，高达 5~9m。树冠开展。单叶对生，厚纸质，卵状椭圆形，弧形脉，全缘，叶背粉绿色，有白色柔毛；叶柄短。花小，成密集球形头状花序，具花瓣状白色大苞片 4 枚。聚花果球形，肉质，熟时粉红色。花期 5~6 月（图 8-74）。

产于我国华北、西北及长江流域等地。较耐阴，喜温暖湿润气候及肥沃湿润而排水良好的土壤。

初夏白色苞片醒目，秋叶变红或红褐色，宜作庭荫树或行道树。

**(84) 西南卫矛 Euonymus hamiltonianus**（卫矛科卫矛属）

落叶小乔木，高达 6m。小枝绿色。单叶对生，叶较大，椭圆状披针形，纸质。二歧聚伞花序，花瓣 4，白色。蒴果较大，深裂，假种皮橙红色。花期 5~6 月，果期 9~10 月。

产于我国西南、西北、华中、华东、华南等地。中性树种，喜温暖湿润气候，较耐寒，对土壤适应性强。

叶大浓绿，夏秋粉红色蒴果挂满枝头，可爱美丽，宜植于庭园观赏。

**(85) 丝绵木（白杜）Euonymus maackii**（卫矛科卫矛属）

落叶小乔木，高达 6m。小枝细长，绿色光滑。叶菱状椭圆形至披针形长椭圆形，先端长锐尖，缘具细齿。花部 4 数，花药紫色，聚伞花序腋生。蒴果 4 深裂，假种皮橘红色。花期 5~6 月，果期 9 月（图 8-75）。

我国南北分布广泛。稍耐阴，适应性强，耐寒，耐干旱，耐水湿，深根性。

宜植于水边或庭园观赏。

**(86) 石枣子 Euonymus sanguineus**（卫矛科卫矛属）

落叶小乔木或灌木，高 3~6m。幼枝紫褐色或灰褐色。叶纸质，椭圆形，长 4~8cm，先端渐尖，边缘具尖细锯齿或重锯齿。聚伞花序腋生，花白色或白绿色，花部 4 数，花盘方形，雄蕊无花丝。蒴果扁球形，粉红色，直径约 1cm，具 4 翅，翅三角形。果期 9~10 月。

图 8-74　四照花

图 8-75　丝绵木

中国特有种。产于云南、四川、甘肃、陕西、河南、湖北。喜光，耐半阴，耐寒，喜疏松肥沃的湿润环境。

秋色叶血红色，果实开裂时如串串鲜艳的风铃悬挂林间，甚是美丽。

### (87) 乌桕 *Triadica sebifera*（大戟科乌桕属）

落叶乔木，高达5~10m。小枝细。单叶互生，菱状广卵形，先端尾尖，全缘，纸质；叶柄端具2腺体。花单性，无花瓣，顶生穗状花序，基部为雌花，上部为雄花。蒴果3瓣裂。种子被蜡层，白色。花期5~7月，果期10~11月。

产于我国秦岭、淮河流域及以南地区。喜光，喜温暖，较耐寒，较耐干旱和水湿，抗风力强。对土壤适应性较强，生长较快，寿命较长。对有毒气体抗性强。

叶形秀丽，秋叶红艳，入冬的乌桕子挂满枝头，经久不凋，也很美观，古人有"偶看柏树梢头白，疑是江梅小着花"的诗句。在园林中可作为风景林、庭荫树和行道树。

### (88) 油桐 *Vernicia fordii*（大戟科油桐属）

落叶乔木，高达10m。单叶互生，广卵形，全缘，稀3~5裂；叶柄顶端具2红色扁平腺体。花瓣5，白色，基部具橙色斑。核果近球形，先端尖，果皮平滑。花期3~4月，果期10月（图8-76）。

中国特有种，分布于我国长江流域及以南地区。喜光，喜温暖湿润气候，不耐寒，不耐水湿，对土壤要求不严。生长快，寿命短。

叶大荫浓，花大美丽，宜作庭荫树、行道树。

同属常见种：木油桐（千年桐）（*V. montana*）：叶3~5裂，稀全缘，裂缺处和常有腺体；叶柄端具2有柄腺体。核果具三条明显纵棱及网纹。

### (89) 重阳木 *Bischofia polycarpa*（大戟科重阳木属）

落叶乔木，高达15m。树皮纵裂。三出复叶互生，小叶卵形，缘具细锯齿。总状花序，花小，无花瓣。果浆果状较小，球形，熟时红褐色。花期4~5月，果期9~11月。

产于我国秦岭、淮河流域以南地区。喜光，稍耐阴，耐寒力弱，对土壤要求不严，耐水湿，生长快，抗风力强。

树叶茂密，树姿优美。宜作庭荫树、行道树及堤岸树。

同属常见种：秋枫（*B. javanica*）：常绿乔木，树皮光滑，叶缘具粗钝齿。圆锥花序下垂。果较大，熟时蓝黑色。耐寒力不如重阳木。

**图8-76 油桐**

### (90) 枣 *Zizyphus jujuba*（鼠李科枣属）

落叶乔木，高达10m。枝常具托叶刺，一枚长而直，一枚短而成钩状。单叶互生，叶卵形至卵状披针形，三出脉，缘具细钝齿。花小，黄绿色。核果椭圆形，熟时暗红色，核两端尖。花期5~6月，果期8~9月。

我国南北广泛分布。喜强光树种，对气候、土壤适应性强，深根性，萌蘖力强，抗风沙。寿命长。

我国栽培历史悠久，有"铁杆庄稼"之称，是园林结合生产的优良树种。

常见变种及品种：①'龙枣'('Tortuosa')：枝、叶柄卷曲如蛇游状，果小质差。②酸枣(var. spinosa)：灌木，托叶刺明显。叶较小。果小近球形，味酸，核两端钝。

**(91) 枳椇(拐枣) Hovenia acerba (鼠李科枳椇属)**

落叶乔木，高达25m。单叶互生，宽卵形，基部截形，缘具细齿，三出脉，叶脉及主脉常带红晕。花小，淡黄绿色。核果球形，果梗肥大肉质，扭曲，黄褐色。花期5~7月，果期8~10月(图8-77)。

产自我国西南东部、华东、华中、华南及陕甘以南各地，南亚北部及缅甸北部也有分布。喜光，喜肥沃湿润土壤。

宜作庭荫树、行道树。肥厚肉质果柄含丰富葡萄糖，味甜可生食和酿酒。

**(92) 银鹊树 Tapiscia sinensis (省沽油科银鹊树属)**

落叶乔木，高达8~15m。树皮具清香。羽状复叶互生，小叶5~9，卵状椭圆形，缘具粗齿，叶背被白粉；嫩叶柄紫红色。花小，黄色，杂性异株。核果近球形。花期7月，果期9月。

中国特有种，分布于我国长江以南地区。中性树种，较耐阴，不耐高温和干旱，生长快。

树姿优美，秋叶黄色，花芳香，宜植于庭园观赏。

**(93) 复羽叶栾树(西南栾树) Koelreuteria bipinnata (无患子科栾树属)**

落叶乔木，高达20m。二回羽状复叶互生，小叶卵状椭圆形，缘具粗齿，基部稍偏斜。花黄色，顶生圆锥花絮。蒴果三角状长卵形，顶端尖，中空，果皮膜质，形似灯笼，秋日变红。花期7~9月，果期9~10月。

产于我国东部、中南及西南地区。喜光，适生于石灰岩山地，生长快。

树大荫浓，夏日花黄，秋日果红，是优良的庭荫树、行道树及园景树。

常见变种：全缘叶栾树(var. integrifolia)：小叶全缘，仅萌蘖枝上叶具疏锯齿。

**(94) 无患子 Sapindus saponaria (无患子科无患子属)**

落叶乔木，高达20m。树皮灰色不裂，小枝无毛。偶数羽状复叶，小叶5~8对，纸质，椭圆状披针形，全缘，近对生，网脉明显。花小，黄白色，顶生圆锥花序，花瓣5，具长爪，内侧基部具2耳状小鳞片。核果球形，肉质。花期5~6月，果期9~10月。

分布于我国东部、南部至西南部。喜光，稍耐阴，喜温暖湿润气候，不耐寒，对土壤要求不严，深根性，不耐修剪，生长较快，寿命长，对二氧化硫抗性强。

树形高大，树冠广阔，秋叶金黄，宜作庭荫树、行道树。

同属常见种：川滇无患子(S. delavayi)：枝具短柔毛。花瓣常4，无爪，内侧基部具一大鳞片。

图8-77 枳 椇

### (95)天师栗 Aesculus chinensis var. wilsonii(七叶树科七叶树属)

落叶大乔木,高达15~20m。掌状复叶对生,小叶5~7(9),长倒卵形至倒披针形,缘具小齿。花白色,芳香,顶生圆锥花序密被毛。蒴果卵球形,顶端具小尖头。

主产于我国华中、西南地区。喜光,耐半阴,喜温暖湿润气候。

叶大荫浓,白花灿烂,宜作庭荫树、行道树、园景树。

### (96)元宝枫 Acer truncatum(槭树科槭树属)

落叶小乔木,高达10m。单叶对生,掌状5裂,裂片全缘,中裂片常又3裂,叶基常截形,最下部2裂片有时向下开展。花小,黄绿色,顶生聚伞花序。双翅果,两翅张开约呈直角,翅略长于果核。4月花叶同放,果期8~9月。

产于我国华北、东北、内蒙古及江苏、甘肃等地。喜侧方庇荫,喜温凉气候。深根性,抗风力强。

秋叶变红色或橙黄色,宜作庭荫树、行道树、园景树及风景林树种。

同属常见种:五角枫(A. mono):叶掌状5裂,裂片较宽,裂片不再分为3裂,叶基常心形,最下部2裂片不向下开展。果翅较长,约为果核的1.5~2倍。

### (97)三角槭(三角枫)Acer buergerianum(槭树科槭树属)

落叶小乔木,高达10m。单叶对生,叶常3裂,裂片向前伸,全缘或具不规则锯齿。果翅张开呈锐角。花期4月,果期8~9月(图8-78)。

产于我国长江中下游地区,日本也有分布。喜温暖湿润气候,稍耐阴,较耐水湿。耐修剪。

秋叶暗红色或橙色,宜作庭荫树、行道树及护岸树种。

### (98)鸡爪槭 Acer palmatum(槭树科槭树属)

落叶小乔木或灌木,高达5~8m。单叶对生,叶掌状5~9深裂,先端尾尖,缘具重锯齿。花紫红色。果翅张开成钝角。花期4~5月,果期9~10月(见彩图24)。

产于我国华东、华中至西南等地。喜光,喜温暖湿润气候,耐寒性不强。

秋叶红色或古铜色,为优良观赏树种。

常见品种:①'红枫'('Atropurpureum'):叶5~9深裂,常年红色。②'羽毛'枫(细裂鸡爪槭)('Dissectum'):叶掌状深裂达基部,裂片又羽状细裂。秋叶深黄至橙红色(见彩图24)。③'红羽毛'枫('Dissectum Ornatum'):叶形同羽毛枫,叶色常年古铜色。

图8-78 三角槭

### (99)太白深灰槭 Acer caesium ssp. giraldii(槭树科槭树属)

落叶高大乔木,高15~20m。树皮纵裂,灰色,具黄色疣点。当年生枝嫩绿色,密被白粉色。叶宽11~

12cm，常5深裂，稀3裂，先端锐尖，边缘有齿，下面有白粉。伞房花序顶生，紫红色。翅果大，长4~5cm，开展角度45°~90°。花期5~6月，果期7~9月。

中国特有种。产于我国西藏、陕西、甘肃、湖北、四川、云南。喜光，耐半阴，耐寒，喜疏松肥沃的湿润环境。

春季新叶嫩黄色，夏季灰绿色，秋季金黄色，且生长迅速，叶大，叶片形态美观，为优秀的庭荫观叶树种。

**（100）长尾槭 Acer caudatum（槭树科槭树属）**

落叶乔木，高达20m。老枝灰白色，当年生小枝红色。叶长宽均12cm左右，薄纸质，常5深裂，稀7裂，先端尾尖，边缘有锐尖的重锯齿。总状圆锥花序长达15cm，直立，花梗红色，直立。翅果小，2.5~2.8cm，红色，开展角度15°~45°。花期6月，果期8月。

喜马拉雅特有植物。我国仅产于西藏，锡金、不丹和印度北部有分布。喜光、耐半阴，耐寒，喜疏松肥沃的土壤。

优秀庭荫树，其株形、叶形均较雅致。

同属常见种：①梓叶槭（A. catalpifolium）：落叶乔木。叶卵形或卵状椭圆形，全缘，偶有3浅裂，叶背无白粉，脉腋处具黄色簇毛。②红花槭（美国红枫）（A. rubrum）：落叶大乔木，树冠卵圆形。春季叶前开花，红色，稠密簇生。叶大，3~5掌裂，嫩叶微红，秋叶红艳。原产于美国，宜作行道树和风景林。③五小叶槭（A. pentaphyllum）：落叶乔木。掌状复叶，具小叶4~7，常5，披针形。果翅张开近于锐角或钝角。花期4月，果期9月。产于四川西部，极危物种，对槭树科植物的起源和演替具有重要科研价值。

**（101）黄连木 Pistacia chinensis（漆树科黄连木属）**

落叶乔木，高达25m。树皮小方块状开裂。偶数羽状复叶对生，小叶5~7对，卵状披针形，全缘；基歪斜；揉碎后有香味。花小，单性异株，雌花序紫红色。核果扁球形。花期3~4月，先叶开放，果期9~11月。

产于我国长江以南各地及华北、西北。喜光，耐干旱瘠薄，适应性强，对土壤要求不严。深根系，生长较慢，对有毒气体抗性较强。

树冠浑圆，枝叶秀丽，早春雌花序、嫩叶红色，入秋叶为深红或橙黄色。宜作庭荫树、行道树及山林风景树。

**（102）黄栌 Cotinus coggygria var. cinerea（漆树科黄栌属）**

落叶小乔木或灌木，高达3~5m。单叶互生，叶近圆形，全缘，顶端钝圆或微凹；具细长柄。顶生圆锥花序，花小，杂性，黄色。果序上有许多伸长成紫色羽毛状的不孕花梗。核果小，肾形。

产于我国华北及西南。秋叶深红色，鲜艳可爱，为著名秋色叶树种。

正种欧洲黄栌（C. coggygria）产于南欧，其栽培品种有：①'美国红'栌（'Royal Purple'）：叶紫红色，秋叶鲜黄色。②'紫叶'黄栌（'Purpureus'）：叶深紫色，具金属光泽。

**（103）盐肤木 Rhus chinensis（漆树科盐肤木属）**

落叶乔木，高达2~10m。小枝、叶柄、叶背及花序密生黄色柔毛。奇数羽状复叶，叶柄、叶轴具翅；小叶卵状椭圆形，缘具粗齿。顶生圆锥花序，花小，杂性。核果扁球形，红色,有毛。花期7~8月,果期10~11月。

我国除东北、内蒙古和新疆外,其余各地均有分布。喜光,对气候、土壤适应性很强。秋叶鲜红色,果实熟时橘红色,颇美观。宜植于庭园观赏或点缀山林风景。

### (104) 漆树 *Toxicodnedron vernicifluum* (漆树科漆树属)

落叶乔木,高达20m。体内具白乳汁,幼枝被毛。奇数羽状复叶,小叶纸质,卵状椭圆形,叶背沿中脉密生淡黄毛。圆锥花序腋生,被毛。核果棕黄色。花期5~6月,果期7~10月。

产于我国华北南部至长江流域。喜光,在酸性、中性和石灰质土中均能生长,不耐干风和严寒,不耐水湿。

秋叶变为黄色或红色,宜作山林风景树。

同属常见种:野漆树(*T. succedaneum*):全株无毛,小叶椭圆状披针形,薄革质,全缘,背面常为紫红色,秋季全叶紫红。

### (105) 南酸枣 *Choerospondias axillaris* (漆树科南酸枣属)

落叶乔木,高达8~20m。羽状复叶互生,小叶椭圆状披针形,全缘或有粗齿,基歪斜,叶背脉腋处有簇毛。花杂性异株。核果圆柱形,酸甜可食,果核顶端有5大小相等的小孔。花期4月,果期8~9月。

产于我国西南地区以及华中、华南、华东等地。喜光,稍耐阴,喜温暖湿润气候,萌芽力强。浅根性,生长快,对有毒气体抗性强。

宜作庭荫树、行道树。

### (106) 臭椿 *Ailanthus altissima* (苦木科臭椿属)

落叶乔木,高达20m。树皮不裂。奇数羽状复叶互生,小叶13~25,卵状披针形,全缘,在近基部有1~2对粗齿,齿端具臭腺点。顶生圆锥花序,花小,杂性。翅果长椭圆形,种子位于中部。花期6~7月,果期9~10月(图8-79)。

图8-79 臭椿

图8-80 楝树

产于我国东北南部、华北、西北至长江流域。喜光，适应性强，耐干旱瘠薄及盐碱地，不耐水湿，抗污染能力强，少病虫害。

树干通直，叶大荫浓，春季嫩叶紫红色，宜作行道树、庭荫树及工矿绿化树。

### (107) 楝树（苦楝）*Melia azedarach*（楝科楝属）

落叶乔木，高达10m。树皮光滑，老时浅纵裂。二至三回奇数羽状复叶互生，小叶椭圆形，缘具粗齿，稀全缘。圆锥花序腋生，花萼紫色，花丝合生成筒状。核果较小，近球形，熟时淡黄色，经冬不落。花期5月（图8-80）。

产于我国黄河以南各地。喜光，对土壤要求不严，稍耐干旱瘠薄，耐水湿。抗烟尘，抗二氧化硫。

树形优美，叶形秀丽，春夏之交开蓝紫色花朵，宜作庭荫树、行道树。

同属常见种：川楝（*M. toosendan*）：小叶多全缘，稀有疏齿。核果较大，椭圆形。

### (108) 香椿 *Toona sinensis*（楝科香椿属）

落叶乔木，高达25m。枝叶有香味。偶数羽状复叶互生，小叶椭圆状披针形，全缘或具不显钝齿。顶生圆锥花序，花小，两性，子房、花盘无毛。蒴果5瓣裂，种子一端有膜质翅。花期5~6月，果期10~11月。

产于我国华北、华东、中部、南部和西南部各地。喜光，喜肥沃土壤，较耐水湿，深根性，萌蘖力强。

树干耸直，嫩叶红艳，宜作庭荫树、行道树。

同属常见种：红椿（*T. ciliata*）：幼枝、幼叶被柔毛，无香气；小叶椭圆形，全缘。子房、花盘有毛，种子两端有膜翅。

### (109) 麻楝 *Chukrasia tabularis*（楝科麻楝属）

落叶大乔木，高达25m。偶数羽状复叶互生，小叶10~16，小叶互生，卵状椭圆形，全缘，叶背脉腋处有簇毛。顶生圆锥花序，花黄绿色，花丝合生成筒状。蒴果近球形，3~5瓣裂。花期5~6月，果期10~11月。

产于我国广东、广西、云南、西藏。喜光，喜温暖湿润气候。对二氧化硫抗性强。生长快。

树干通直，幼叶带紫红色。宜作城乡绿化树种及造林用材树种。

### (110) 花椒 *Zanthoxylum bungeanum*（芸香科花椒属）

落叶小乔木或灌木状，高达3~7m。枝具粗大皮刺。奇数羽状复叶互生，叶轴边缘有狭翅，小叶卵状椭圆形，具透明油点，缘具细钝齿。花小，单性。蓇葖果红色，表面具瘤状突起。花期3~5月，果期7~10月。

我国辽宁、华北、西北至长江流域及西南均有分布。喜光，喜肥沃湿润的钙质土。耐修剪。

宜作刺篱。

### (111) 刺楸 *Kalopanax septemlobus*（五加科刺楸属）

落叶大乔木，高达30m。小枝粗壮，具宽大皮刺。单叶互生，掌状5~7裂，缘具细齿；叶柄细长。伞形花序聚生成顶生圆锥状复花序。果小，球形。花期5月，果期10月。

图8-81 '鸡蛋花'

我国东北至华南、西南均有分布。喜光，适应性强，深根性，生长快，少病虫害。

宜作庭荫树及造林用材树种。

**(112) '鸡蛋花' Plumeria rubra 'Acutifolia' (夹竹桃科鸡蛋花属)**

落叶小乔木，高达5~8m。枝条粗壮，带肉质，具丰富乳汁，绿色，无毛。叶厚纸质，长圆状倒披针形或长椭圆形，长20~40cm，顶端短渐尖，基部狭楔形，两面无毛。聚伞花序顶生，花冠外面白色，内面黄色，花冠裂片向左覆盖。花期为4~12月（图8-81）。

原产于墨西哥。现已广植于亚洲热带及亚热带地区。我国广东、广西、云南、福建等地有栽培。喜高温高湿、阳光充足的环境。耐干旱，忌涝。喜酸性土壤，也耐微碱。

花白色具黄心，故名"鸡蛋花"。开花时满树繁花，花叶相衬，香气清香淡雅，花落后数天也能保持香味。可孤植、丛植、临水点缀等，亦可盆栽观赏。在我国西双版纳以及东南亚一些国家，鸡蛋花被佛教寺院定为"五树六花"之一而被广泛栽植。

**(113) 厚壳树 Ehretia acuminata (紫草科厚壳树属)**

落叶乔木，高达15m。小枝光滑，具显著皮孔。单叶互生，椭圆形，缘具齿，仅叶背脉腋处有簇毛。花小，花冠白色，裂片5，芳香，成圆锥花序。核果球形，橘红色，花期4~5月，7月果熟。

产于我国华东、中南及西南地区，日本、越南等亦有分布。宜作庭荫树。

同属常见种：①粗糠树（*E. dicksoni*）：叶表粗糙，叶背密生粗毛。②西南粗糠树（*E. corylifolia*）：似粗糠树，唯叶基部心形，核果小。

**(114) 白蜡树（梣）Fraxinus chinensis (木犀科白蜡树属)**

落叶乔木，高达10~12m。树冠卵圆形，树皮黄褐色。奇数羽状复叶，小叶5~9，硬纸质，卵形或卵状椭圆形，缘具齿。圆锥花序侧生或顶生于当年生枝上，雌雄异株，花萼钟状，无花瓣。翅果倒披针形。花期3~5月，果期10月。

产于我国南北各地。喜光，稍耐阴，耐寒性强，喜湿耐涝，也耐干旱。

形体端正，树干通直，枝叶繁茂而鲜绿，秋叶橙黄。是优良的行道树和庭荫树，可用于湖岸绿化和工矿区绿化。

**(115) 毛泡桐（紫花泡桐）Paulownia tomentosa (玄参科泡桐属)**

落叶乔木。单叶对生，阔卵形或卵形，表面被毛，背面密被白柔毛。花萼裂至中部或过中部，花冠漏斗状钟形，鲜紫色或蓝紫色，圆锥花序宽大。先叶开花，花期4~5月。

分布于我国华北、华东、华中和西南等地。喜光，不耐庇荫，怕积水而较耐干旱。

树干端直，冠大荫浓，花大而美。宜作行道树、庭荫树等。

同属常见种：泡桐（白花泡桐）(*P. fortunei*)：叶卵形，表面无毛，背面疏被白柔毛。花冠乳白色至微带紫色，内具紫色斑点及黄色条纹，花萼浅裂，为萼的 1/4～1/3（图 8-82）。

### (116) 梓树 *Catalpa ovata*（紫葳科梓属）

落叶乔木，树冠宽阔开展。叶对生或轮生，全缘或 3～5 浅裂，广卵形或近圆形。圆锥花序顶生，花萼绿色或紫色，花冠淡黄色内面有黄色条纹及紫色斑纹。蒴果细长，长 20～30cm。花期 5 月（图 8-83）。

产于我国长江流域及其以北地区。喜光，稍耐阴，耐寒，喜深厚、肥沃、湿润土壤。

树姿优美，叶片浓密，花朵繁茂。古人常在房前屋后种植桑树和梓树，因此常以"桑梓"指故乡。适宜作行道树、庭荫树及村旁、宅旁绿化材料。

同属常见种：灰楸（滇楸）(*C. fargesii*)：幼枝、花序、叶柄均被分枝毛。叶厚纸质，卵形或三角状心形。顶生伞房状总状花序，有 7～15 花，花冠淡红或淡紫色，内面具紫色斑点，钟状。蒴果细圆柱形，下垂，长 55～80cm。花期 3～5 月，果期 6～11 月。

### (117) 蓝花楹 *Jacaranda mimosifolia*（紫葳科蓝花楹属）

半落叶乔木，高达 15m。二回羽状复叶对生，小叶狭长圆形或长圆状菱形。圆锥花序顶生，花冠二唇形，蓝色。蒴果木质，卵球形。花期春末至初秋（见彩图 25）。

原产于热带美洲。喜光，喜暖热多湿气候，不耐寒。

绿荫如伞，叶纤细似羽，蓝色花朵异常繁茂，秀丽清雅，世界著名大型观花树种。可作为行道树、庭荫树等，草坪上丛植数株，格外适宜。

### (118) 黄花风铃木 *Handroanthus chrysanthus*（紫葳科风铃木属）

落叶乔木，高达 5m。掌状复叶对生，小叶 5，卵状椭圆形，全叶被褐色细茸毛，先端尖，叶面粗糙。圆锥花序顶生，花冠金黄色，漏斗形，花缘皱曲。蓇葖果长条形。花期 3～4 月，先花后叶（图 8-84）。

原产于中南美洲。喜高温，不耐寒。喜肥沃土壤。生长快，适应性强。

图 8-82 泡桐

图 8-83 梓树

春花夏实，秋绿冬枯，四季变化明显。花色艳丽、树形优美，宜作行道树、庭荫树、园景树。

同属常见种：紫花风铃木（*H. impetiginosus*）：落叶乔木，花冠漏斗状，浅紫色到深紫色或紫红色。原产于中南美洲，我国华南、云南南部有栽培。可用作庭荫树、园景树及行道树。

**(119) 火焰树 *Spathodea campanulata*（紫葳科火焰树属）**

落叶乔木，高达10m。树皮平滑，灰褐色。一至二回奇数羽状复叶，小叶椭圆形至倒卵形，全缘。伞房状总状花序顶生，密集；花冠一侧膨大，橘红色，具紫红色斑点，内面有突起条纹。蒴果。花期4~5月（见彩图26）。

原产于非洲。我国广东、福建、台湾、云南西双版纳均有栽培。生性强健，性喜高温，生长适温23~30℃，10℃以上才能正常生长发育。

树冠广阔，树姿优雅，花色如火焰且花期长，常作庭荫树或行道树，是珍贵的热带木本花卉和优良的园林观赏树种。

图8-84 黄花风铃木

# 9 园林树木——灌木类

## 9.1 针叶类灌木

(1) 鳞粃泽米铁(阔叶美洲苏铁) *Zamia furfuracea* (泽米铁科泽米铁属)

常绿木本，高10~30cm。茎单生，常呈丛生状。羽状复叶集生茎端，叶柄具刺，小叶7~12对，近对生，长椭圆形，全缘或中部以上具细齿，无中脉，硬革质，幼时被黄褐色毛。雌雄异株，球果深褐色，直立，圆柱形，具长柄(图9-1)。

原产于墨西哥、哥伦比亚等国。喜光，喜温暖湿润气候，耐干旱，忌积水，稍耐寒。大型观叶植物，株形奇特，除暖地外常盆栽，叶可作插叶材料。

(2) '千头'柏 *Platycladus orientalis* 'Sieboidii' (柏科侧柏属)

侧柏品种。常绿丛生灌木，无主干，自基部多分枝，树冠圆头形，叶色鲜绿。常见于庭园中观赏。

(3) '金黄球'柏 *Platycladus orientalis* 'Semperaurescens' (柏科侧柏属)

侧柏品种。矮型紧密灌木，树冠近球形，叶终年金黄色。常见于庭园中观赏。

(4) '孔雀'柏 *Chamaecyparis obtuse* 'Tetragona' (柏科扁柏属)

日本扁柏品种。灌木或小乔木。生鳞叶小枝辐射排列或近于一平面，末端小枝四棱形。多作庭园栽植观赏，也可盆栽。

(5) '绒柏' *Chamaecyparis pisifera* 'Squarrosa' (柏科扁柏属)

日本花柏品种。灌木或小乔木。叶3~5轮生，条状刺形，柔软而无刺手尖头，背面有显著白色气孔带。供观赏。

(6) '线柏' *Chamaecyparis pisifera* 'Filifera' (柏科扁柏属)

日本花柏品种。灌木或小乔木，树冠

**图9-1　鳞粃泽米铁**

近球形。小枝细长下垂，线形，鳞叶先端长锐尖。作庭园观赏树种。

**(7)'羽叶'花柏('凤尾'柏)** *Chamaecyparis pisifera* 'Plumosa'（柏科扁柏属）

日本花柏品种。灌木或小乔木，树冠圆锥形。鳞叶钻形，柔软，开展呈羽毛状。供观赏。

**(8)'铺地龙'柏** *Juniperus chinensis* 'Kaizuca Procumbens'（柏科刺柏属）

圆柏品种。枝端扭转上升，似'龙柏'，但匍匐生长，故低矮呈灌木状，以鳞叶为主。可作园林木本地被栽植观赏。

**(9)铺地柏** *Juniperus procumbens*（柏科刺柏属）

匍匐灌木，小枝端上升。叶全为刺叶，3枚轮生，深绿色，基部不下延。

原产于日本。适应性强，喜阳光充足环境及排水良好的土壤。

是覆盖地面和斜坡的好材料，也可制作盆景。

**(10)粗榧** *Cephalotaxus sinensis*（三尖杉科三尖杉属）

灌木或小乔木，高达10m。叶条形，长2~5cm，宽约3mm，背面气孔带白色，较绿色边带宽2~4倍，雄球花6~7聚生成头状。花期3~4月（图9-2）。

产于我国长江流域及以南地区。喜温凉湿润气候，耐阴性强。

图9-2 粗 榧

可用于园林观赏。

**(11)篦子三尖杉** *Cephalotaxus oliveri*（三尖杉科三尖杉属）

灌木或小乔木，高达4m。叶条形，排列紧密，长1.6~2.5cm，宽2.3~3.2mm，基部截形或微心形，背面气孔带白色，与绿色边带近等宽，雄球花6~7聚生成头状。花期3~4月。

产于我国中南至西南地区。用作庭园绿化树种。

## 9.2 阔叶类灌木

### 9.2.1 常绿阔叶类灌木

**(1)夜香木兰(夜合花)** *Magnolia coco*（木兰科木兰属）

常绿灌木或小乔木，高2~4m，全体无毛。叶倒卵状椭圆形，先端长渐尖，基部楔形，网状脉明显下陷，革质；托叶痕达叶柄顶端。花梗粗，长而下弯。花圆球形，花被片9，肉质，外轮3枚带绿色，内轮6枚白色，夜晚极香。花期5~8月。

产于我国西南及华南地区。喜温暖湿润气候，不耐寒，较耐阴。

枝叶深绿婆娑，花朵纯白，入夜香气更浓郁，为著名庭园香花树种。

## (2) 含笑 *Michelia figo*（木兰科含笑属）

常绿灌木，高 2~3m。分枝繁密，芽、小枝、叶柄、花梗均密被黄褐色绒毛。单叶互生，革质，倒卵状椭圆形，叶柄极短。花单生叶腋，淡黄色而瓣缘带紫晕，具甜浓的香蕉香气，花被片 6，肉质，肥厚。花期 3~5 月，果期 7~8 月（图 9-3）。

原产于我国华南南部各地。较耐阴，不耐寒，不耐暴晒和干燥，怕积水，喜暖热多湿气候及酸性土。

为著名芳香花木，适于在小游园、花园、公园、街道成丛种植，可配置于草坪边缘或稀疏林丛之下。

同属常见种：云南含笑（*M. yunnanensis*）：常绿灌木，幼枝密生锈色绒毛。叶倒卵状椭圆形，背面幼时被棕色绒毛。花白色，芳香，与含笑的主要区别在于，雌蕊群有毛，高出雄蕊群。

图 9-3 含 笑

## (3) 香叶树 *Lindera communis*（樟科山胡椒属）

常绿灌木或小乔木，高达 4m。小枝纤细，平滑，绿色。叶互生，披针形、卵形或椭圆形，革质，表面绿色，无毛，背面灰绿或浅黄色，被黄褐色柔毛，羽状脉。伞形花序具 5~8 花，黄白色。果卵形，熟时红色。花期 3~4 月，果期 9~10 月。

产于我国长江流域及以南地区。耐阴，喜温暖气候，耐干旱瘠薄，在湿润、肥沃的酸性土壤上生长旺盛。萌芽力强，耐修剪。生长较快。

树干通直，绿叶红果，是良好的园林绿化及水土保持树种。

## (4) 月桂 *Laurus nobilis*（樟科月桂属）

常绿灌木或小乔木，高达 12m。小枝绿色。叶互生，长圆形或长圆状披针形，先端锐尖，边缘细波状，革质，无毛，羽状脉；叶柄带紫红色。花单性异株，伞形花序腋生，花小，黄绿色。果卵形，熟时暗紫色。花期 3~5 月，果期 6~9 月。

原产于地中海一带。喜光，稍耐阴，喜温暖湿润气候，不耐盐碱，怕涝。喜深厚、肥沃、排水良好的砂质壤土。

四季常青，树姿优美，具浓郁香气，宜作庭园绿化及盆栽观赏。

## (5) 红茴香 *Illicium henryi*（五味子科八角属）

常绿灌木或乔木，高达 3~8m。叶互生或 2~5 片簇生，倒披针形或倒卵状椭圆形，革质，有光泽，全缘，侧脉不明显。花红色，1~3 朵簇生叶腋，花梗细长。蓇葖果聚生成轮辐状，先端细尖。花期 4~6 月，果期 8~10 月。

产于我国长江流域。阴性树种，不耐旱，耐寒性强，喜排水良好、肥沃疏松的砂质壤土。

图9-4 南天竹

树态优美，枝叶浓密，花色美丽，可在水边与湖石配置。

**（6）豪猪刺 Berberis julianae（小檗科小檗属）**

常绿灌木，高1~2m。小枝发黄，具棱角。刺三分叉，长达3.5cm。单叶互生或簇生，狭卵形至倒披针形，缘具刺齿5~10对。花黄色，具长柄。浆果卵形，蓝黑色，被白粉，顶端具明显宿存花柱。花期3月，果期5~11月。

产于我国中部地区，较耐寒。

黄花蓝果，可作刺篱或植于庭园观赏。

同属常见种：粉叶小檗（三棵针）（B. pruinosa）：常绿灌木。茎刺粗壮，三分叉。叶硬革质，长椭圆形，缘具刺齿，背面被白粉。浆果蓝紫色，有白粉。产于我国西南地区。

**（7）十大功劳 Mahonia fortunei（小檗科十大功劳属）**

常绿灌木，高达2m。奇数羽状复叶互生，小叶5~9，无柄，狭披针形，缘具刺齿6~13对，硬革质。总状花序，亮黄色。浆果球形，紫黑色，被白粉。花期7~9月，果期9~11月（见彩图27）。

产于我国四川、贵州、湖北、浙江等地。耐阴，喜温暖湿润气候，忌烈日暴晒，不耐寒及暑热，较耐干旱，喜排水良好的酸性土，极不耐碱，怕水涝。

西南地区常见植物，可赏花、赏果，作刺篱或基础栽植。

同属常见种：阔叶十大功劳（M. bealei）：与十大功劳主要区别在于，叶宽大，小叶7~15，卵形至长圆形，每边有大刺齿2~5对，边缘反卷，表面暗灰绿色，背面苍白色，硬革质。产于我国长江流域及以南地区。叶形奇特秀丽，早春黄花吐艳，宜与山石、墙面配置，丛植或群植。

**（8）南天竹 Nandina domestica（小檗科南天竹属）**

常绿丛生灌木，高达1~3m。二至三回羽状复叶互生，集生于茎端，小叶薄革质，椭圆形或椭圆状披针形，全缘，无毛，冬季叶色变红。顶生圆锥花序，直立，花小，白色，具芳香。浆果球形，鲜红色。花期3~6月，果期5~11月（图9-4）。

产于我国长江流域及以南地区。半喜阴，在强光下也能生长，叶色常发红。喜温暖湿润气候，耐寒性不强，对水分要求不严，是石灰岩钙质土指示植物。

茎干丛生，枝叶扶疏且常年色彩丰富，红果经久不落，是赏叶观果的佳品。宜丛植于庭园房前、草地，或作绿篱栽植。枝叶可作切花材料。

常见品种：①'火焰'南天竹（'Firepower'）：株形矮小，枝叶小而紧密。幼叶暗红色，后变绿色或带红晕，入冬呈红色，且经冬不凋，是一种优良的彩叶植物。②'玉果'南天竹（'Leucocarpa'）：果黄白色，叶冬季不变红。③'细叶'南天竹（'琴丝'南天竹)('Capillaris'):植株矮小,叶形狭窄如丝。

**(9)蚊母树 *Distylium racemosum*(金缕梅科蚊母树属)**

常绿乔木,栽培时常呈灌木状。树冠球形,裸芽及嫩枝被鳞垢。单叶互生,椭圆形,全缘,厚革质,光滑无毛,侧脉不明显。总状花序,花小,无瓣,花药红色。蒴果卵圆形,密生星状毛,顶端具2宿存花柱。花期4~5月,果期9月。

产于我国东南沿海各地。喜光,稍耐阴,喜温暖湿润气候,耐寒性不强,对土壤要求不严。耐修剪,对烟尘和有毒气体抗性强。

树形整齐,枝叶繁密,春日红色小花美丽,是城市和工矿区绿化的优良树种,常修剪成球形,宜于门旁对植或作绿篱等。

**(10)檵木 *Loropetalum chinense*(金缕梅科檵木属)**

常绿灌木或小乔木,高达10m。小枝、嫩叶及花萼均被锈色星状毛。单叶互生,椭圆形,基部歪斜,全缘。花3~8朵簇生,浅黄白色,花瓣4,带状线形。蒴果卵圆形。花期3~4月,果期8月。

产于我国长江中下游各地。耐半阴,喜温暖气候及酸性土,不耐寒,适应性强。

花繁密而显著,初夏开花如覆雪,宜作下木或与山石、草地搭配丛植。

常见变种:红花檵木(红檵木)(var. *rubrum*):叶暗紫色,花紫红色(见彩图28)。常栽作彩叶篱或制作盆景,南方地区广泛应用。

**(11)交让木 *Daphniphyllum macropodum*[交让木科(虎皮楠科)虎皮楠属]**

常绿乔木,高达20m,栽培常呈灌木状。小枝粗壮,枝叶无毛。单叶互生,长椭圆形至倒披针形,长10~20cm,全缘,厚革质。嫩枝、叶柄及中肋均带紫红色。花小,雌雄异株,无花萼和花瓣,柱头2裂,宿存,成短总状花序。核果红黑色。花期3~5月,果期8~10月。

产于我国长江流域以南地区。喜光,较耐阴,喜温暖湿润气候。新叶集生枝端,老叶在新叶长出后齐落,故名"交让木"。

树冠齐整,绿叶光润,红色叶柄醒目,宜孤植或丛植于庭园观赏。

**(12)蓝花丹(蓝雪花) *Plumbago auriculata*[白花丹科(蓝雪科)白花丹属]**

常绿柔弱蔓性亚灌木,高约1m,多分枝。叶薄,单叶互生,长椭圆形,全缘,先端钝而具小凸尖。花萼筒状,中上部着生具柄腺体。花冠高脚碟形,端5裂,裂片开展,淡蓝色,穗状花序顶生,花序轴密被短茸毛。蒴果。花期6~9月,12月~翌年4月(图9-5)。

**图9-5 蓝花丹**

原产于南非南部。喜光,稍耐阴,性喜温暖,不耐寒冷,不耐高温干燥。

花美丽而花期长,暖地可全年开花。蓝色小花在夏季给人清凉之感,可露地栽培或盆栽观赏。

常见变型:雪花丹(f. *alba*):花冠白色。

同属常见种:①紫花丹(紫雪花)(*P. indica*):花冠紫红或深红色。②白花丹(白雪花)(*P. zeylanica*):花白色或带淡蓝色,花序轴被头状腺体。

**(13)山茶(茶花)*Camellia japonica*(山茶科山茶属)**

常绿乔木或灌木状,高达13m,全株无毛。单叶互生,革质,椭圆形或倒卵形,表面暗绿有光泽,网脉不明显,缘具钝齿。花大,单生,无梗。原种为单瓣红花,现有花色从红到白,单瓣到重瓣各种品种。萼片脱落,子房无毛,蒴果球形,3片裂,果片木质。花期12月~翌年3月(图9-6)。

原产于中国、日本和朝鲜。喜半阴、温暖湿润气候及排水良好的微酸性土,不耐碱性土。

四季常青,花大色艳,花期长久。我国有上千年栽培历史,品种逾3000种。用于庭园点缀、室内装饰,以及专类园。

同属常见种:①茶梅(*C. sasanqua*):嫩枝有毛,芽鳞有倒生毛。叶较小而厚,叶脉具毛。花白色或红色,子房密被白毛(图9-7)。花期较早,品种多达百余种,从9月~翌年3月不等。原产于日本,观花植物,多用作花灌木片植。②云南山茶(南山茶、滇山茶)(*C. reticulata*):似山茶,但叶网脉至少在正面清晰可见,子房具毛(见彩图29)。产于我国云南,栽培品种繁多,都为重瓣花。

**(14)油茶 *Camellia oleifera*(山茶科山茶属)**

常绿小乔木,常呈灌木状。嫩枝、叶柄、主脉及子房均被粗毛。单叶互生,革质,椭圆形或倒卵形,叶网脉不明显,具整齐细齿。花顶生,近无梗。花瓣白色,果期花萼脱落。蒴果球形,果皮厚,木质。花期10月~翌年2月,果期翌年9~10月(图9-8)。

产于中国、印度及越南,我国从长江流域到华南各地广泛栽培。喜温暖湿润气候,喜光,幼树较耐阴。喜酸性土,较耐瘠薄土壤,但以土层深厚、排水良好的砂质土为宜。

图9-6 山 茶

图9-7 茶 梅

种子榨油，供食用和工业用，是南方重要的木本油料植物，宜于群落造景的林下种植。

同属常见种：茶（*C. sinensis*）：叶薄，叶脉明显下凹。花具梗，下垂，果期花萼宿存。蒴果扁球形，果皮薄。为世界性饮料，叶含咖啡碱、多种维生素及微量元素，都是极有效的抗氧化成分。原产中国，主产于热带和亚热带地区，长江流域及以南各地盛栽。

图 9-8 油 茶

### （15）尖连蕊茶（尖叶山茶）*Camellia cuspidata*（山茶科山茶属）

常绿灌木，高达3m。嫩枝无毛。单叶互生，革质，卵状披针形或椭圆形，先端渐尖或尾尖，基部楔形稍圆，具细密齿。花白色，单生枝顶，萼片5，宽卵形，基部连合，雄蕊较花瓣短，无毛，离生。蒴果球形。花期4~7月。

产于我国四川、贵州、云南、广东等地。喜温暖湿润气候及排水良好的酸性土，稍耐阴。

作庭园观赏、基础栽植和林下种植。

### （16）西南红山茶（西南山茶）*Camellia pitardii*（山茶科山茶属）

常绿乔木，常呈灌木状，高达7m。单叶互生，革质，披针形至长圆形，具尖锐锯齿。花顶生，红色，花无梗；苞片及萼片10，组成长2.5~3cm苞被，内层近圆形；花瓣基部与雄蕊连合，雄蕊外轮花丝连合。蒴果扁球形。花期2~5月。

产于我国四川、湖南、贵州、云南及广西。稍喜湿，较耐阴，不耐碱性土。

花红色，在群落造景用作亚乔木层，作观花植物用。另有变种西南白山茶（var. *alba*）：与原种区别在于花白色。

### （17）金花茶 *Camellia petelotii*（山茶科山茶属）

常绿灌木，高达3m。单叶互生，革质，长圆形、披针形或倒披针形，先端尾尖，基部楔形，被黑腺点，叶侧脉凹下，缘具细齿。花黄色，腋生。萼片5，卵圆或圆形，花瓣8~12，近圆形，基部稍连合，具睫毛。蒴果扁三角状球形，具宿存萼。花期11~12月。

国家Ⅰ级保护植物。产于我国广西南部及越南北部。喜温暖湿润气候，稍耐阴，喜排水良好的酸性土。

花艳丽，金黄色，作庭园观赏。

### （18）杜鹃叶山茶（杜鹃红山茶）*Camellia azalea*（山茶科山茶属）

常绿灌木或小乔木，高1~2.5m。嫩枝红色，无毛。单叶互生，革质，长圆形至倒卵状长圆形，叶面深绿色。花深红色，单生于枝顶叶腋。蒴果短纺锤形。四季开花不断，盛花期为7~9月（图9-9）。

图9-9 杜鹃叶山茶

中国特有种，原产于我国广东，野生种属极危植物。喜温暖湿润气候，喜半阴，耐阴力强，稍耐寒，喜深厚肥沃、富含腐殖质的酸性土。

植株整齐，花大色艳，花期为夏季，而该属植物花期多为冬季。一般盆栽置于室内观赏，亦可植于草坪、林缘等处。

**（19）厚皮香 *Ternstroemia gymnanthera*（山茶科厚皮香属）**

常绿灌木或小乔木，高达10m，近轮状分枝。单叶互生，薄革质，有光泽，常簇生枝顶，长圆状倒卵形，全缘，稀上部疏生浅齿。下面干后淡红褐色，叶柄短而红色。花瓣5，淡黄白色，浓香。果肉质，球形。种子具红色肉质假种皮。花期5～7月，果期8～10月。

产于我国西南部及南部地区。喜温暖湿润气候，稍耐寒，有一定耐旱性。

可孤植、片植，作庭园观赏（图9-10）。

**（20）金丝桃 *Hypericum monogynum*（藤黄科金丝桃属）**

半常绿丛状灌木。茎红色，幼时有棱且两侧压扁，后为圆柱形。叶厚纸质，对生，长椭圆形，先端常具细小尖突，基部楔形至圆形，全缘；无叶柄。花瓣5，黄色；雄蕊5束，每束25～35枚，金黄色，花丝多而细长，与花瓣近等长；花柱合生，仅端5裂，花柱长为子房的3.5～5倍；顶生聚伞花序。蒴果宽卵形。花期5～8月，果期8～9月。

广布于我国长江流域及以南地区。喜光，稍耐阴，喜生于湿润的河谷或半阴坡。耐寒性不强，忌积水。萌芽力强，耐修剪。

植株自然成球形，花色金黄，观赏性强，是优美的园景树。可群植、丛植、列植于庭园、公园、高速公路两旁，亦可作花篱（图9-11）。

同属常见种：①美丽金丝桃（*H. bellum*）：花柱长为子房的1/2或以上，雄蕊每束25～65枚。中国特有种，产于我国西藏、云南、四川。②多蕊金丝桃（*H. choisianum*）：花柱长

图9-10 厚皮香

图9-11 金丝桃

为子房的1/5~1/2，雄蕊每束60~80枚。

**(21) 金丝梅 *Hypericum patulum*（藤黄科金丝桃属）**

半常绿丛状灌木。茎淡红至橙色，幼时四棱。叶对生，卵状长椭圆形，先端钝形至圆形，常具小尖，具短柄。花常单生或成伞房状，花瓣5，雄蕊5束，金黄色，花丝多数，较花瓣短，花柱5，离生。蒴果宽卵形。花期6~7月，果期8~10月。

主产于我国长江流域地区。喜光，耐热，喜潮湿，忌积水。萌芽力强。

花黄色美丽，花形如梅，宜丛植、群植于庭园、公园，亦可盆栽观赏。

同属常见种：尖萼金丝桃（黄花香）（*H. acmosepalum*）：灌木。茎橙色。叶有宽柄，叶长圆形至狭椭圆形。花序1~6花。萼片离生，先端锐尖。蒴果熟时鲜红色，种子有龙骨状凸起和附属物，有浅蜂窝纹。花期5~7月，果期8~9月。

图9-12 扶 桑

**(22) 扶桑（朱槿）*Hibiscus rosa-sinensis*（锦葵科木槿属）**

常绿灌木，高1~3m。单叶互生，阔卵形或狭卵形，缘具粗齿或缺刻，基部全缘，叶表具光泽。花单生叶腋，常下垂，花冠漏斗形，花瓣5，直径6~10cm，玫瑰红色或淡红色、淡黄等色，雄蕊柱超出花冠外。蒴果卵形，有喙。花期全年，以夏秋为盛（图9-12）。

产于我国南部及中南半岛。喜强光植物，喜温暖气候及湿润土壤，不耐寒霜。不耐阴，不耐寒，不耐旱。

花大色艳，四季常开，品种繁多。主供园林观赏用。

**(23) 小木槿（迷你木槿）*Anisodontea capensis*（锦葵科南非葵属）**

半常绿亚灌木，株高0.5~1.5m。茎分枝密集，单叶互生，叶小，三角状卵形，端三裂。花小，单生叶腋，径约3cm，瓣5枚，圆整，粉色或粉红色。蒴果。花期5~8月。

原产于非洲。喜全日照环境，较喜湿润，耐修剪。

枝叶繁茂，花朵小巧，花瓣轻盈，宜作花篱，常见盆栽观赏。

**(24) 垂花悬铃花（悬铃花、南美朱槿）*Malvaviscus penduliflorus*（锦葵科悬铃花属）**

常绿灌木，高1~2m，小枝被长柔毛。单叶互生，叶卵状披针形，缘具钝齿，有时有裂，叶基三出脉。花单生叶腋，花梗被长柔毛。花红色，下垂，筒状，仅于上部略开展，雄蕊柱突出花冠外。花期全年（图9-13）。

原产于墨西哥至哥伦比亚。喜高温多湿和阳光充足环境，稍耐阴，耐热、耐瘠，不耐寒，忌涝，生长快速。

花姿奇特，在热带地区全年开花不断，鲜红的花瓣螺旋卷，雌雄蕊细长、突出花瓣外，形似风铃，花朵向下悬垂是其最大特色。宜于庭园、绿地栽植，也可列植作花篱、花境或自然式种植。

图9-13 垂花悬铃花

同属常见种：小悬铃花（*M. arboreus*）：小灌木。叶圆心形，常3裂，叶基5出脉。花较小，近直立，花冠红色。原产于古巴至墨西哥。

（25）金铃花（灯笼花）*Abutilon pictum*（锦葵科苘麻属）

常绿灌木，高达4m。叶互生，掌状3~5深裂，裂片卵状，先端长渐尖，缘具粗齿。花单生叶腋，钟形，下垂，橘黄色，具紫色条纹，花瓣5，倒卵形，外面疏被柔毛。花期5~10月。

原产于南美洲。喜半阴，喜温暖湿润气候，不耐寒，忌高温高湿。

花期长，花形、花色均有较高的观赏价值。在园林绿地中可丛植或植为绿篱，亦可盆栽观赏。

（26）柞木 *Xylosma racemosum*（大风子科柞木属）

常绿大灌木或小乔木，高达15m。具枝刺。单叶互生，薄革质，卵形或卵状椭圆形，具钝锯齿。花小，单性异株，花萼卵形，花瓣缺，总状花序腋生。浆果黑色，球形。花期5~7月，果期9~10月。

产于我国长江流域以南地区。喜光，耐寒，喜凉爽气候，耐干旱、瘠薄，不耐盐碱，抗火性好。喜中性至酸性土。

是营造防风林、防火林的优良树种，园林中亦可作刺篱。

（27）杜鹃花（映山红、山踯躅）*Rhododendron simsii*（杜鹃花科杜鹃花属）

半常绿或落叶灌木，分枝多而纤细，全株密被亮棕褐色扁平糙伏毛。单叶互生，革质，长椭圆形，全缘，常集生枝端。花2~6簇生枝顶，花冠阔漏斗形，玫瑰红色、鲜红色或暗红色，合瓣花，裂片5，具深红色斑点。花期4~5月，果期6~8月（见彩图30）。

产于我国长江流域及以南各地。喜半阴，喜温暖湿润气候和酸性土壤，不耐寒。

先花后叶或花叶同放，远远望去如同一片红霞，可种植于水际、登山道、各种假山、小品旁边，较大植株能在小空间内形成主景。亦可盆栽观赏。

（28）锦绣杜鹃（鲜艳杜鹃）*Rhododendron pulchrum*（杜鹃花科杜鹃花属）

半常绿灌木。枝开展，被淡棕色扁平糙伏毛。单叶互生，薄革质，椭圆形或椭圆状披针形，全缘，正面毛较少，背面被微柔毛和糙伏毛。伞形花序顶生，花冠玫瑰紫色，阔漏斗形，具深红色斑点。蒴果长圆状卵球形，被刚毛状糙伏毛。花期4~5月，果期9~10月（见彩图31）。

原产于日本。喜半阴，喜温暖湿润气候和酸性土，不耐寒。

花大色艳，仲春时节花团锦簇，犹如朵朵绣球，烘托春季繁花似锦、热烈奔放的气氛。常盆栽观赏，或作花篱。

### (29) 马缨杜鹃(马缨花) *Rhododendron delavayi*(杜鹃花科杜鹃花属)

常绿灌木或小乔木。树皮淡灰褐色，薄片状剥落，幼枝粗壮。叶互生，革质，簇生枝端，长圆状披针形，背面有海绵状薄毡毛，叶脉明显下凹。伞形花序顶生，花冠钟形，肉质，深红色，花柄、子房密被棕色毛。蒴果长圆柱形。花期5月，果期12月(见彩图32)。

产于我国云南、贵州。喜凉爽、湿润气候，忌酷热干燥，不耐寒。最适于富含腐殖质、排水良好的酸性土。

花团紧凑，犹如古时红缨枪上的红缨挂于枝头，花色红艳夺目。云南"八大名花"之一。宜配置于花坛、假山中，形成视觉中心，或种植于花境后部作为背景。

### (30) 光柱杜鹃 *Rhododendron tanastylum*(杜鹃花科杜鹃花属)

常绿灌木或小乔木，高2~6m。叶常4~6片密生于枝顶，革质，卵状披针形，长6~11cm，边缘微向下反卷，正面亮绿色，背面淡黄绿色。总状伞形花序，有花4~7朵，粉红色至深红色，有深紫红色的斑点，微肉质。花期3~5月，果期9~11月(图9-14)。

产于我国西藏、云南。喜冷凉，耐贫瘠，抗性强，忌干热风。

花量大，花期长，适于在路边、林缘或花池中成片种植。

### (31) 比利时杜鹃(西洋杜鹃) *Rhododendron hybrida*(杜鹃花科杜鹃花属)

常绿灌木，株形矮小，枝、叶均细小且表面疏生柔毛。叶互生，革质，卵圆形，全缘，两面被淡黄色伏贴毛。顶生总状花序，花冠阔漏斗状，品种繁多，花玫瑰红色、水红色、粉红色或间色等。花期主要在冬、春季，气候适宜可全年开花。

为杂交种，由比利时引入。喜温润凉爽、通风和半阴的环境，不耐暑亦不耐寒。

花色丰富，植株矮小可爱。非常适合与二年生草花搭配作花境前景材料，在昆明、贵阳等冷凉地区作花坛用花，草坪边缘镶边，庭园盆栽观赏等。

### (32) 马醉木 *Pieris japonica*(杜鹃花科马醉木属)

常绿灌木或小乔木，高达3m。小枝开展多沟棱。单叶互生，集生枝端，倒披针形，基部全缘，中上部有细齿，硬革质，有光泽。花下垂，花冠卵状坛形，细小繁多，白色，总状花序直立，多条簇生枝顶。蒴果近球形，室背5瓣裂。花期4~5月，果期7~9月。

产于我国安徽、浙江、福建、台湾等地。喜温暖湿润、半阴环境。耐寒，秦岭淮河以南均可露地越冬。

花美丽，原种花白色似流云飞瀑，清新幽雅，幼叶红褐色，远处观赏犹如簇簇鲜花开于枝顶(图9-15)。可布置于登山小道两侧，也可种植于建筑中庭、天井与

**图9-14 光柱杜鹃**

假山置石组合等。值得注意是该种有剧毒,枝叶煎汁可作农药。

同属常见种:①杂交马醉木(*P. hybirda*):常绿灌木,国外杂交种,大体上可分为观叶和观花两大系列。观叶系按叶色可分为红叶、花叶及绿叶三大系列。观花系可分为红花、白花两大系列。②美丽马醉木(*P. formosa*):常绿灌木至小乔木。叶长椭圆形至披针形,硬革质,叶缘全具细尖齿,叶背网脉明显,幼叶鲜红色。花冠坛状,白色或粉红色,总状花序簇生于枝顶叶腋,或有时为顶生圆锥花序。花期较晚5~6月,果期7~9月。

图9-15 马醉木

图9-16 乌柿

(33)南烛(染菽、乌饭树)*Vaccinium bracteatum*(杜鹃花科越橘属)

常绿灌木或小乔木。叶互生,薄革质,椭圆形至披针形,全缘。总状花序顶生和腋生,花序基部有数枚叶状苞片。萼筒密被短柔毛或茸毛,花冠白色,筒状,有时略呈坛状,稍下垂。浆果熟时紫黑色,外面通常被短柔毛。花期6~7月,果期8~10月。

产于我国南部、西南部及台湾。喜温暖气候及酸性土,耐旱、耐瘠薄,要求光照充足。

春季小白花如朵朵灯笼悬挂枝头,十分秀美可爱。可作为瘠薄地、荒山造园的先锋树种,大片群植于缓坡远远望去犹如层层白雪积于枝头。同时可作为果园、游步道两侧景观树。

同属常见种:乌鸦果(*V. fragile*):常绿矮小灌木。总状花序,花冠白色至淡红色。浆果绿色变红色熟时紫黑色。花期春夏至秋季,果期7~10月。

(34)乌柿(金弹子、瓶兰)*Diospyros cathayensis*(柿树科柿属)

半常绿灌木或小乔木,高2~4m,常有枝刺。单叶互生,长椭圆状披针形,薄革质,叶面光亮。花冠壶状,端4裂。果卵球形,黄色或红色,下垂,果柄细长。花期4~5月,果期8~10月(图9-16)。

产于我国四川、云南、贵州、湖北、湖南等地。喜光,耐寒性不强,对土壤要求不严。

花果均美，常植于庭园观赏。成都一带常用其制作盆景，果实经久不落。

**(35) 朱砂根 *Ardisia crenata*（紫金牛科紫金牛属）**

常绿灌木，高1~2m。茎无毛，不分枝，有匍匐根状茎。叶互生，革质或坚纸质，椭圆形至倒披针形，边缘皱波状或具波状齿，叶面具腺点，有光泽。伞形或聚伞花序顶生，花白色或淡红色，芳香。核果球形，直径6~8mm，鲜红色，具腺点，果穗下垂。花期5~6月，果期10~12月（见彩图33）。

产于我国长江以南地区。喜温暖湿润及散射光充足的环境，喜排水良好的酸性土，夏季不耐高温和强光，冬季畏寒怕冷，忌燥热干旱。

植株亭亭玉立，串串红果经久不落，观赏性极强，是一种不可多得的耐阴观果花卉。适合盆栽摆设于室内，也可成片栽植于城市立交桥下、公园、庭园或景观林下，绿叶红果交相辉映，秀色迷人。

同属常见种：紫金牛（*A. japonica*）：常绿小灌木，高约30cm，近蔓生，具地下匍匐茎。单叶对生或近轮生，常集生茎端。核果鲜红色转黑色，经久不落。

**(36) 海桐 *Pittosporum tobira*（海桐科海桐属）**

常绿灌木，高达6m，树冠球形。单叶互生，倒长圆状卵形，先端圆，簇生于枝顶呈假轮生状，全缘，革质有光泽。伞房花序顶生，花5数，白色转淡黄，芳香。蒴果卵球形，3瓣裂，种子藏于红色黏质瓤内。花期5月，果10月成熟。

分布于我国长江以南滨海各地。喜光，能耐阴。喜温暖湿润气候，耐修剪。对有毒气体和烟尘有较强抗性。

树形紧凑丰满，叶色深绿光亮，入秋果熟开裂露出红色种子，也颇美观。常修剪成圆球形配置于庭园、花坛或用作绿篱，亦可自然式成片、成丛作中下层常绿树种配置。

**(37) 小叶栒子 *Cotoneaster microphyllus*（蔷薇科栒子属）**

常绿矮生灌木，高达1m，枝条开展。单叶互生，倒卵形至长圆倒卵形，长4~10cm，全缘，革质，端常钝。花多单生，径约1cm，花瓣平展近圆形，花梗甚短。果实球形，红色。花期5~6月，果期8~9月。

产于我国西南地区。喜光，稍耐阴。对土壤要求不严，耐干旱瘠薄，较耐寒，不耐涝，耐修剪。

树姿低矮，枝叶横展，叶小而密，初夏花繁于枝头，晚秋叶色红亮，红果累累。宜作基础种植材料，岩石园、水池边、山石旁、墙沿角隅配置，斜坡丛植，草坪散植，也是制作树桩、山石盆景的好材料。

同属常见种：①平枝栒子（*C. horizontalis*）：半常绿匍匐灌木，枝水平展开成二列状。叶近圆形，革质，花粉红色，果鲜红色。②西南栒子（*C. franchetii*）：半常绿灌木，枝呈弓形弯曲。叶片厚，椭圆形至卵形，长2~3cm，全缘。花5~11朵成聚伞花序，粉红色。果实卵球形，橘红色。

**(38) 火棘（火把果、救军粮）*Pyracantha fortuneana*（蔷薇科火棘属）**

常绿灌木，高达1~3m，小枝常成刺状。单叶互生，倒卵形或倒卵状长圆形，先端圆或微凹，边缘细钝锯齿。花白色，直径约1cm，复伞房花序。梨果近球形，红色。花期

图 9-17 火　棘

3~5月，果期9~10月（图9-17）。

产于我国华东、华中及西南地区。喜光，稍耐阴、耐旱、耐寒性较差。对土壤要求不严。萌芽力强，耐修剪。

枝叶茂盛，初夏白花繁密，秋后红果娇艳经久不落，是理想观果树种。可作绿篱或丛植，孤植于草坪边缘，园路转角、岩坡、庭园一角，也是配置岩石园、制作盆景及果枝插瓶的好材料。

同属常见种：窄叶火棘（*P. angustifolia*）：与火棘区别为叶背、花梗和萼筒等部均密被灰白色茸毛，枝刺多而长，叶片多为窄长圆形，全缘。果橘红色或橘黄色。

**（39）石楠 *Photinia serrulata*（蔷薇科石楠属）**

常绿灌木或小乔木，高 4~6m。单叶互生，革质，长椭圆形或倒卵状椭圆形，边缘细锯齿，表面深绿有光泽。复伞房花序顶生，花密生，白色，雌蕊 2 心皮。梨果球形，红色。5~7月开花，10月果熟。

产于我国华东、中南及西南地区。喜光，稍耐阴，喜温，稍耐霜冻，耐瘠薄，最适于肥沃湿润的砂质土，萌芽力强，耐修剪，对烟尘和有毒气体有一定的抗性。

枝繁叶茂，树冠圆整，早春嫩叶鲜红，夏季绿叶光润，秋冬红果累累，是优良园林观赏树种，作庭荫树、孤植或基础栽植均可。

同属常见种：①红叶石楠（*P.* × *fraseri*）：是石楠与光叶石楠（*P. glabra*）杂交种，常绿大灌木，因新梢和嫩叶鲜红而得名，多地已广泛栽培，常见品种'红罗宾'（'Red Robin'），叶色鲜艳夺目，观赏性更佳，常群植用作绿篱，或培植为球形灌木、柱形小乔木。②椤木石楠（*P. davidsoniae*）：形似石楠，树干、枝条常具刺。③贵州石楠（*P. bodinieri*）：与石楠相比花朵较大，花柱合生。④球花石楠（*P. glomerata*）：叶形变化较大，幼枝、花梗、萼筒外面皆密生黄色绒毛，花近无梗。⑤绵毛石楠（*P. lanuginosa*）：与球花石楠相比，叶缘锯齿较浅，幼枝、叶柄、总花梗、花梗、萼筒及萼片均密生黄色茸毛。

**（40）石斑木 *Rhaphiolepis indica*（蔷薇科石斑木属）**

常绿灌木或小乔木，高 1~4m，幼枝被褐色茸毛。单叶互生，常集生枝顶，卵形至矩圆形，边缘细钝锯齿，背面网脉极显。圆锥或头状花序顶生，花瓣白色而染粉红，花心橙红。梨果核果状，球形，紫黑色，顶端具 1 环。花期4月，7~8月果熟。

产于我国南部地区。喜温暖湿润，宜生于微酸性砂壤土中，在土层肥厚、略有庇荫处生长最佳，也耐干旱瘠薄。

枝叶密生，枝直少曲，能形成紧密球形树冠，花繁而美，宜用于庭园之中。可植于园路转角石级两旁或配置于草坪之中。

同属常见种：全缘石斑木（*R. integerrima*）和厚叶石斑木（*R. umbellata*），叶均全缘或疏生钝齿，前者枝直立而上升，叶长圆形或长圆状倒卵形，叶柄短；后者枝极叉开，叶长椭圆形或倒卵形，叶柄长 5~10mm。

### (41) 银叶金合欢(珍珠金合欢) *Acacia podalyriifolia*(含羞草科金合欢属)

常绿灌木或小乔木，高达 6m。幼年叶为羽状复叶，成年后退化，叶状柄宽卵形或椭圆形，被白粉，呈灰绿至银白色，基部圆形。花金黄色，总状花序。荚果扁平。花期 1~3 月(见彩图 34)。

原产于澳大利亚。喜光，喜温暖，耐修剪，生长快。

枝条密集，整树银白，金黄色花似绒球，宜植于草坪、庭园观赏或修剪作绿篱。

### (42) 粉扑花(苏里南朱缨花) *Calliandra surinamensis*(含羞草科朱缨花属)

半常绿灌木，高约 2m。二回羽状复叶，羽片仅 1 对，小叶 7~12 对，长刀形。花丝多而长，上半端红色，基部白色，形似合欢，组成球形头状花序。荚果扁平。花期几乎全年。

原产于南美洲，喜高温和强光照。我国引种后主要栽培于华南及西南地区。

枝条开展似伞，美丽的热带观花灌木。

同属常见种：红粉扑花(*C. emarginata*)：半落叶灌木。二回羽状复叶，羽片仅 1 对，小叶亦仅 1 对，肾形。花丝鲜红色。原产于墨西哥至危地马拉。

### (43) 洋金凤(金凤花) *Caesalpinia pulcherrima*(云实科云实属)

常绿大灌木或小乔木。枝光滑，绿色或粉绿色，散生疏刺。二回羽状复叶，小叶 7~11 对，长圆形或倒卵形，顶端凹缺，有时具短尖头，基部偏斜。总状花序近伞房状，顶生或腋生，疏松，花瓣橙红色或黄色，圆形，边缘皱波状，花丝红色，远伸出于花瓣外，花柱长，橙黄色。荚果狭而薄，倒披针状长圆形。花果期几乎全年(图 9-18)。

原产地可能是西印度群岛，我国云南、广西、广东和台湾均有栽培。喜高温高湿气候，耐寒力较低，忌霜冻。对土壤要求不严，喜酸性土，较耐干旱，亦稍耐水湿。

花冠橙红色，边缘金黄色，宛如飞凤，为热带地区很美丽的观赏树木。

### (44) 尼泊尔黄花木 *Piptanthus nepalensis*(蝶形花科黄花木属)

半常绿灌木，高 1.5~2m。当年生小枝密被白色短柔毛，枝条绿色。小叶 3 枚，椭圆形至近披针形，长 4~15cm，背面密被柔毛。花序顶生，先花后叶，花 2~4 轮，每轮 2~4 朵，花冠黄色，翼瓣稍短于旗瓣，龙骨瓣长于旗瓣。花期 3~5 月，果期 7 月(图 9-19)。

图 9-18 洋金凤

图 9-19 尼泊尔黄花木

产于我国西藏，印度、尼泊尔、缅甸有分布记录。喜光、喜冷凉，耐贫瘠，不耐旱，喜疏松的砂质壤土。

早春满枝黄花，适宜成片种植观赏。

### (45) 胡颓子 *Elaeagnus pungens*（胡颓子科胡颓子属）

常绿灌木，高达3~4m，具棘刺。小枝被锈色鳞片。单叶互生，全缘常波状，椭圆形，革质有光泽，叶背被银白色鳞片。花银白色，芳香。果椭球形，红色。花期9~11月，果翌年5月成熟。

产于我国长江中下游及以南地区。喜光，耐半阴，对土壤适应性强，对有毒气体抗性强，耐修剪。

叶背银白而闪亮，可于庭园中作基础栽植或绿篱，也可盆栽观赏。

常见'金边'胡颓子（'Aureo-marginata'）、'银边'胡颓子（'Albo-marginata'）、'金心'胡颓子（'Fredricii'）、'金斑'胡颓子（'Maculata'）等品种。

### (46) 细叶萼距花 *Cuphea hyssopifolia*（千屈菜科萼距花属）

常绿低矮灌木，高20~50cm，多分枝。叶近对生，线状披针形。花瓣6，淡紫、粉红至白色。蒴果绿色，形似雪茄。花期自春至秋。

原产于墨西哥。稍耐阴，不耐寒，耐瘠薄土壤。

花色艳丽，花期长，宜作花坛、花境、花篱，亦可盆栽（图9-20）。

图9-20 细叶萼距花

图9-21 '金边'瑞香

### (47) 瑞香 *Daphne odora*（瑞香科瑞香属）

常绿灌木，高达1~2m。叶互生，长椭圆形，全缘，质较厚，叶表深绿有光泽。无花瓣；花萼筒状，端4裂，花瓣状，白色或淡红紫色，芳香；顶生头状花序。花期3~4月。

产于我国长江流域。喜阴，不耐寒，喜酸性土，不耐移植。

我国传统著名花木，宜植于庭园观赏。

常见品种：①'金边'（'Aureo-marginata'）：叶缘淡黄色，花白色（图9-21）。②'白花'（'Alba'）：花纯白色。③'粉花'（'Rosea'）：花外侧淡红色。④'红花'（'Rubra'）：花酒红色。

### (48) 千层金（黄金香柳）*Melaleuca bracteata*（桃金娘科白千层属）

常绿灌木或小乔木，高6~8m。枝条细密柔软，嫩枝红色。单叶互生，金黄色，窄卵形；无叶柄，具芳香。穗状花序，花冠绿白色。蒴果近球形(见彩图35)。

原产于新西兰、荷兰等。喜光，喜温暖湿润气候，抗旱抗涝，耐瘠薄，抗有毒气体。

为优良的彩叶树种。宜作庭园、湿地、造林树种，亦可作盆栽、切叶植物。

**(49) 红千层 *Callistemon rigidus*(桃金娘科红千层属)**

常绿灌木，高1～3m。单叶互生，线形，中脉和边脉明显，全缘，两面有小突点，质硬。穗状花序生于枝近端处；雄蕊多数，细长，鲜红色，整个花序似试管刷。花期夏季。

原产于大洋洲。性喜温暖湿润气候，较耐寒。喜肥沃的酸性土，也耐瘠薄。

宜植于庭园观赏。

同属常见种：①垂枝红千层(*C. viminalis*)：小乔木，枝细长下垂。②橙花红千层(橘香红千层)(*C. citrinus*)：叶揉碎后有柠檬香气，幼叶铜红色。花丝红色，顶端橙色。

**(50) 赤楠 *Syzygium buxifolium*(桃金娘科蒲桃属)**

常绿灌木或小乔木，高达5m。单叶对生，革质，倒卵状椭圆形，全缘，羽状侧脉连合成边脉。花白色，聚伞花序顶生。浆果球形，熟时黑色。

产于我国长江以南各地，越南、日本等亦有分布。不耐寒，生长慢，较耐阴。

宜植于庭园观赏或作绿篱。

同属常见种：轮叶蒲桃(三叶赤楠)(*S. grijsii*)：常绿灌木，高1～1.5m。叶革质，细小，常3叶轮生，狭长椭圆形，被腺点。聚伞花序顶生，少花，花白色。果实球形，熟时红色。花期5～6月。

**(51) 松红梅 *Leptospermum scoparium*[桃金娘科松红梅属(薄子木属)]**

常绿灌木，高约2m。枝纤细，单叶互生，线形至披针形，全缘，质硬。花单生叶腋，花瓣5，白色或粉红色，雄蕊多数。蒴果木质，5瓣。

原产于新西兰、澳大利亚等地区。喜温暖，较耐旱，忌高温多湿。

叶似松，花似梅。宜植于庭园观赏，亦可作切枝材料。

**(52) 倒挂金钟 *Fuchsia hybrida*(柳叶菜科倒挂金钟属)**

常绿丛生亚灌木，高0.5～2m。单叶对生、互生或轮生，卵状披针形。花单生叶腋或成丛生状，或成顶生总状或圆锥花序；萼筒钟状，常倒垂，萼4裂开展，有白、紫、红等色，花瓣4，也具各种颜色，雌雄蕊常伸出花外。花期4～10月(图9-22)。

原产于美洲热带。喜凉爽湿润气候，不耐炎热高温，稍耐寒。

花形奇特，花色艳丽，花期长，多盆栽或瓶插观赏，亦可在夏季凉爽地露地栽植。

**(53) 巴西野牡丹(蒂杜花) *Tibouchina semidecandra*(野牡丹科蒂杜花属)**

常绿灌木，高0.5～1.5m。茎四棱，叶对生，卵状长椭圆形，三出脉。花鲜蓝紫色，花瓣5，雄蕊5长5短，短聚伞花序。花期夏秋(图9-23)。

原产于巴西。喜光，喜排水良好的酸性土壤，不耐寒。

花大美丽，花期长，宜植于庭园观赏。

图9-22 倒挂金钟

图9-23 巴西野牡丹

(54) 粉苞酸脚杆(宝莲灯) *Medinilla magnifica* (野牡丹科酸脚杆属)

常绿灌木，高1.0~2.5m。茎具四棱或4翅。单叶对生，卵形至椭圆形，全缘，具光泽，常生于枝条上半部，无叶柄，叶脉明显而下陷。穗状花序下垂，花外有粉红或粉白色总苞片，花冠钟形。果实圆球形，顶部具宿存萼片。花期4~6月，条件适宜可全年开花(见彩图36)。

原产于非洲、东南亚的热带雨林。喜温暖湿润的半阴环境，不耐寒冷和干旱，喜富含腐殖质、疏松肥沃、排水良好的微酸性土。

株形优美，叶片宽大粗犷，花序大而下垂，花、叶、果观赏效果俱佳，宜作大中型盆栽。

(55) 东瀛珊瑚(青木) *Aucuba japonica* (山茱萸科桃叶珊瑚属)

常绿灌木，高达3m。小枝绿色。叶对生，长椭圆形，缘疏生粗齿，革质有光泽。花紫色，圆锥花序密生刚毛。核果浆果状，球形，鲜红色。

产于我国浙江南部及台湾，日本、朝鲜也有分布。耐阴，耐寒性不强。病虫害极少，抗污染。

优良的耐阴观叶、观果及城市绿化树种，宜植于林下及阴处。也可盆栽供室内观赏。

常见品种：'洒金'东瀛珊瑚(花叶青木)('Variegata')：叶面有黄色斑点。

同属常见种：峨眉桃叶珊瑚(*A. chinensis* ssp. *omeiensis*)：常绿小乔木或灌木，高达3~6m。小枝、叶柄粗壮。叶革质，椭圆形，长10~20cm，2/3以上具粗锯齿。圆锥花序顶生，黄绿色。核果熟时红色。花期1~2月。产于四川。

(56) 冬青卫矛(大叶黄杨) *Euonymus japonicus* (卫矛科卫矛属)

常绿灌木或小乔木，高达3m。单叶对生，倒卵状椭圆形，缘有钝齿，革质光亮。腋生聚伞花序，花绿白色，4基数。蒴果扁球形，粉红色，熟后4瓣裂，假种皮橘红色。花期5~6月，果期9~10月。

原产于日本，我国南北各地均有栽培。喜光，亦耐阴。喜温暖湿润气候，耐寒性不强。

枝叶茂密，四季长青，宜作绿篱或背景材料，可修剪雕塑成各种形状或盆栽用于室内绿化或会场装饰。

常见品种：①'金边'('Aureo-marginatus')：叶缘金黄色。②'金心'('Aureo-pictus')：叶中脉附近金黄色，有时叶柄及枝端也成黄色。③'银边'('Albo-marginatus')：叶具狭白边。④'银斑'('Argenteo-variegatus')：叶具白斑及白边。⑤'金斑'('Aureo-varietatus')：叶较大，卵形，具奶油黄色边及斑。

### (57) 枸骨（猫儿刺、鸟不宿）*Ilex cornuta*（冬青科冬青属）

常绿灌木或小乔木，高0.6~3m。单叶互生，硬革质，深绿有光泽，具尖硬刺齿5枚，叶端向后反曲。花小，黄绿色。核果球形，鲜红色。花期4~5月，果期9~10月（图9-24）。

产于我国长江中下游各地及朝鲜。喜光，稍耐阴，不耐寒，生长慢，耐修剪。

叶形奇特，红果亮丽，是优良的观叶赏果树种，宜作刺篱、基础栽植及盆景。果枝可瓶插，经久不凋。

常见品种：'无刺'枸骨（'National'）：叶缘无刺齿（图9-25）。

同属常见种：龟甲冬青（*I. crenata* var. *convexa*）：常绿矮灌木，叶小密生，椭圆形，缘有浅钝齿，革质，叶面凸起。是良好的盆景材料，亦可作基础栽植。

### (58) 黄杨 *Buxus sinica*（黄杨科黄杨属）

常绿灌木或小乔木，高1~6m。单叶对生，全缘，倒卵形，先端圆钝或微凹，叶背叶脉不明显。花小，无花瓣，簇生叶腋。蒴果顶端具3宿存花柱，熟时3瓣裂。花期3~4月，果期5~6月。

产于我国西部、中部及东部地区。喜光，较耐阴，喜温暖湿润气候，较耐寒，抗烟尘，浅根性，生长极慢，耐修剪。

优良矮绿篱及绿雕塑材料，最适宜布置模纹图案及花坛边缘。亦是盆栽、盆景的好材料。

同属常见种：雀舌黄杨（*B. bodinieri*）：叶狭长，倒披针形，两面中脉明显凸起。

### (59) 野扇花 *Sarcococca ruscifolia*（黄杨科野扇花属）

常绿灌木，高1~4m。小枝绿色。单叶互生，卵状披针形，全缘，离基3出脉，侧脉不显，革质，叶表深绿色有光泽，叶背绿白色。花小，白色。核果球形，熟时暗红色。花果期10~12月。

产于我国中西部及西南部地区。耐阴，喜温暖湿润，生长慢。

图9-24 枸 骨

图9-25 '无刺'枸骨

花芳香，果红艳，宜作绿篱或基础栽植。

### (60) 变叶木 Codiaeum variegatum（大戟科变叶木属）

常绿灌木或小乔木，高达 2m。枝上具大而明显的圆叶痕。叶形变化大，不分裂或中部中断，叶色变化大。花小，单性同株（见彩图 37）。

产于马来半岛及大洋洲。喜光，耐半阴，喜暖热气候，不耐寒。

品种很多。西南地区常见盆栽观赏。

### (61) 红背桂 Excoecaria cochinchinensis（大戟科海漆属）

常绿灌木，高约 1m。具乳汁。单叶对生，光滑，狭椭圆形，缘具细锯齿，叶表深绿色，叶背紫红色。花单性异株。蒴果由 3 枚小干果组成，红色。

产于亚洲东南部，我国广西南部有分布。耐阴，很不耐寒。

双色叶树种。有毒，宜植于人不可触及的庭园中观赏。

### (62) 石海椒 Reinwardtia indica（亚麻科石海椒属）

常绿小灌木，高约 1m。单叶互生，倒卵状椭圆形，先端稍圆具小尖头，全缘或具细钝齿。花瓣 5，黄色，雄蕊 10，有 5 枚退化。蒴果球形，6 裂。几乎全年开花，夏季为盛。

产于我国西南、华南地区。不耐寒。

花黄色美丽，宜植于庭园观赏（图 9-26）。

### (63) 米仔兰（米兰）Aglaia odorata（楝科米仔兰属）

常绿灌木或小乔木，高达 4~7m。奇数羽状复叶互生，小叶 3~5，倒卵状椭圆形，具叶轴翅。圆锥花序腋生，花小而密集，黄色，极香。浆果近球形。花期夏秋。

产于我国广东、广西。耐阴，不耐寒。

重要香花树种，作林下或盆栽观赏。

### (64) 胡椒木 Zanthoxylum piperitum（芸香科花椒属）

常绿灌木，高达 1m。枝具刺，全株具浓烈的胡椒气味。奇数羽状复叶互生，小叶小，倒卵形，全缘，绿色有光泽，有细密油点，叶轴具狭翅。花单性异株。果椭圆形，红褐色。花期春季。

图 9-26 石海椒

原产于日本、韩国。喜光，喜暖热气候，喜肥沃和排水良好的土壤。

枝叶细密，具浓烈香味。宜作绿篱或盆栽观赏。

### (65) 九里香 Murraya exotica（芸香科九里香属）

常绿灌木或小乔木，高达 8m。无皮刺，奇数羽状复叶互生，小叶互生，倒卵状椭圆形，全缘，质厚。伞形花序，花瓣 5，白色，极芳香。浆果近球形，朱红色。花期 4~8 月，果期 9~12 月（图 9-27）。

图 9-27　九里香

图 9-28　金　柑

产于我国台湾、福建、广东、海南、广西南部。喜光，不耐寒。

白花红果，宜作绿篱。

**(66) 金柑 ( 金橘 ) *Fortunella margarita* ( 芸香科金柑属 )**

常绿灌木，高达 2~5m。无刺，单叶互生，长椭圆状披针形，全缘，或具不显浅齿，叶柄有狭翅。花白色，芳香。果长圆形，橙黄色，果皮厚，肉质可食。花期 5~8 月，果期 11~12 月 ( 图 9-28 )。

原产于我国东南部地区。较强健，抗旱，抗病，耐瘠薄。

多作盆栽观果。

**(67) 八角金盘 *Fatisia japonica* ( 五加科八角金盘属 )**

常绿灌木，高达 5m，常数干丛生。单叶互生，近圆形，掌状 7~11 深裂，缘具齿，革质，深绿色有光泽。花小，伞形花序组成大型顶生圆锥花序。夏秋开花。

原产于日本。较耐阴，不耐寒，抗有害气体。

宜作地被或室内观叶植物。

**(68) 鹅掌柴 ( 鸭脚木 ) *Schefflera heptaphylla* ( 五加科鹅掌柴属 )**

常绿灌木或小乔，高达 7m。小枝绿色。掌状复叶互生，小叶全缘，长椭圆形；总叶柄长且基部膨大包茎。花小，白色，伞形花序集成大圆锥花序。浆果球形。

产于我国西南至东南部。喜光，耐阴，喜深厚肥厚的酸性土。生长快。

常作绿丛或室内观叶植物。

同属常见种：①鹅掌藤 ( *S. arboricola* )：藤木或蔓性灌木，能爬树和墙。②穗序鹅掌柴 ( *S. delavayi* )：小乔木，干常不分枝，大型掌状复叶集生顶部，小叶全缘或有粗齿裂，幼树小叶常羽状裂，背面密被灰白星状毛。伞形花序组成穗状顶生。③澳洲鹅掌柴

图 9-29　夹竹桃　　　　　　　　　图 9-30　黄　蝉

(*S. actinophylla*)：乔木，体型大。小叶大，全缘，小叶柄两端膨大，小叶在总叶柄端呈辐状伸展，是优良的室内盆栽观叶植物。

**(69) 夹竹桃 *Nerium oleander*（夹竹桃科夹竹桃属）**

常绿大灌木，高达 6m。含水液，无毛。叶 3~4 枚轮生，狭披针形，全缘，侧脉扁平，密生而平行，硬革质。顶生聚伞花序，花冠粉红色，漏斗状，芳香，裂片 5，向右扭旋；副花冠鳞片状，顶端流苏状。蓇葖果细长。花期 6~10 月（图 9-29）。

原产于地中海，我国南方地区均有栽培。喜光，喜温暖湿润气候，不耐寒，性强健，抗烟尘和有毒气体。

四季常青，花色艳丽，花期长，但茎叶有毒，宜植于人不易触及的公园、高速路旁等地。

常见品种：'白花'夹竹桃（'Album'）、'粉花'夹竹桃（'Roseum'）、'紫花'夹竹桃（'Atropurpureum'）、'白花重瓣'夹竹桃（'Madonna Grandiflorum'）、'粉花重瓣'夹竹桃（'Plenum'）等。

**(70) 黄蝉 *Allemanda neriifolia*（夹竹桃科黄蝉属）**

常绿直立灌木，高达 2m，具乳汁。叶 3~5 枚轮生，椭圆形或倒披针状矩圆形，叶脉在下面隆起。聚伞花序顶生，花冠黄色，漏斗状，花冠筒基部膨大，花冠裂片 5 枚，向左覆盖，圆形或卵圆形（图 9-30）。

原产于巴西，现广植于热带地区。喜光，喜温暖湿润气候，不耐寒，喜土层深厚、肥沃、疏松的酸性土。自夏至秋，陆续开花不绝，萌芽力强，耐修剪。

碧叶黄花，为名贵花卉，丛植于公园、庭园、道路两旁的花坛、花带或草地，亦常盆栽观赏。

**(71) 萝芙木 *Rauvolfia verticillata*（夹竹桃科萝芙木属）**

常绿灌木，高达 3m。3~4 叶轮生，长椭圆形，全缘。花具花盘，花冠高脚碟形，白色，筒长，端 5 裂，成下垂的二歧聚伞花序，顶生。核果椭球形，红色。花期 2~10 月，果期 4~12 月。

分布于我国西南、华南及台湾等地。药用植物。白花红果，宜植于庭园观赏。

**(72) 鸳鸯茉莉（双色茉莉）*Brunfelsia brasiliensis*（茄科鸳鸯茉莉属）**

常绿灌木，高达 0.5~1m。单叶互生，披针形，黄绿色，先端尖，全缘。花冠漏斗形，筒细长，管5裂，初开蓝紫色，后渐变淡蓝色，最后为白色。春至秋季开花（见彩图38）。

原产于美洲热带。喜温暖，耐半阴。

花期时同一植株上呈现蓝、白双色花，宜植于庭园或盆栽观赏。

### (73) 木本曼陀罗（木曼陀罗）*Brugmansia arborea*（茄科木曼陀罗属）

常绿灌木或小乔木，高达2~3m。单叶互生，叶大，卵状披针形至卵形，基部偏斜，全缘或具不规则缺刻状齿，叶背具茸毛。花单生叶腋，俯垂，花冠长漏斗状，5裂，白色，具绿色脉纹。蒴果浆果状，卵圆形。花期7~9月，果期10~12月（见彩图39）。

原产于南美洲。喜光，不耐寒，对土壤要求不严。

花朵硕大下垂，宜植于庭园观赏。

同属常见种与品种：①大花曼陀罗木（*B. suaveolens*）：花更大，花冠白色，钟状喇叭形，有浅绿色纹理，有'粉花'（'Rosa Traun'）、'重瓣'（'Plena'）等品种。②黄花曼陀罗木（*B. aurea*）：花冠浅黄到深黄色，檐部5浅裂。

### (74) 夜香树（木本夜来香）*Cestrum nocturnum*（茄科夜香树属）

直立或近攀缘状常绿灌木，高达3m。枝条细长下垂。单叶互生，卵状披针形，全缘，纸质。花冠筒细长，端5齿裂，白色，夜间极香，伞房状聚伞花序。浆果白色。花期夏秋。

原产于南美洲，优良的香花树种，现广泛栽培于世界亚热带和热带地区（图9-31）。

### (75) 珊瑚樱（冬珊瑚）*Solanum pseudocapsicum*（茄科茄属）

常绿小灌木，高达2m。全株光滑无毛。单叶互生，狭长圆形至披针形，基部狭楔形下延成叶柄，缘波状。花小，多单生，白色。浆果球形，橙红色，萼宿存。花期初夏，果期秋末。

原产于南美洲。喜温暖，耐高温，不耐寒。对土壤要求不严。

果期长，传统冬季观果植物。宜盆栽或露地栽植（图9-32）。

### (76) 马缨丹（五色梅）*Lantana camara*（马鞭草科马缨丹属）

常绿半藤状灌木，高1~2m。茎枝均呈四方形，有短柔毛，通常有短而倒钩状刺。叶对生，卵形至卵状长圆形，两面有糙毛，揉烂后有强烈的气味。花小无梗，密集成腋生头状花序，花冠刚开时黄色或粉红色、渐变成橙黄色或橘红色，最后变为深红色。西南除高海拔区域之外全年开花（图9-33）。

图9-31 夜香树　　　　图9-32 珊瑚樱　　　　图9-33 马缨丹

原产于美洲。性喜温暖湿润气候，喜光，耐旱，不耐寒，对土质要求不严，性强健。花色奇特，适合庭园栽培观赏，也可用作观花地被和绿篱等。

**（77）假连翘 *Duranta erecta*（马鞭草科假连翘属）**

常绿灌木，高1.5～3m。枝常拱形下垂，具皮刺。叶对生，卵状椭圆形或卵状披针形。总状花序顶生或腋生，花冠蓝色或淡蓝紫色。核果球形，有光泽，熟时橘红色。花果期5～10月（见彩图40）。

原产于美洲。喜光，耐半阴，不耐寒，生长快，耐修剪。

树姿优美，生长旺盛，花美丽，花期长，橘红色总状果序经久不落，多用作花篱、边坡绿化等，尤其适合栽植于宅旁、亭阶、墙隅、路旁、溪边和池畔等处，亦可作盆景栽植。

常见品种：①'花叶'假连翘（'Variegata'）：叶缘不规则绿白色色斑。②'金叶'假连翘（'Golden Leaves'）：叶缘具不规则金黄色色斑（见彩图40）。

**（78）迷迭香 *Rosmarinus officinalis*（唇形科迷迭香属）**

常绿灌木，幼枝密被白色星状微茸毛。叶簇生，线形，上面近无毛，下面密被白色星状茸毛，具有浓郁的芳香气味。花冠蓝紫色，疏被短柔毛，冠筒稍伸出。花期11月。

图9-34 迷迭香

原产于欧洲及北非地中海沿岸。喜温暖气候，较耐寒，耐干旱瘠薄，忌涝。

为著名芳香植物，可作绿篱、花境和地被植物等（图9-34）。

**（79）小叶女贞 *Ligustrum quihoui*（木犀科女贞属）**

半常绿灌木，高1～3m。小枝幼时有毛。单叶对生，薄革质，倒卵状椭圆形，先端钝，无毛。圆锥花序顶生，花白色，无梗。果椭圆形或近球形。花期7～8月，果期8～11月。

产于我国中部至西南部。喜光，较耐寒，萌芽力强，耐修剪。

宜作绿篱栽植。

同属常见种与品种：①金叶女贞（*L.* × *vicaryi*）：半常绿灌木，是金边卵叶女贞与金叶欧洲女贞的杂交种。叶卵状椭圆形，嫩叶黄色，后渐变为黄绿色（见彩图41）。②'金森'女贞（*L. japonicum* 'Howardii'）：属日本女贞系列彩叶品种，为常绿灌木或小乔木。叶革质，厚实，有肉感；春季新叶鲜黄色，色彩明快悦目。③小蜡（*L. sinense*）：半常绿灌木或小乔木，小枝密生短柔毛。叶背中脉有毛。花具花梗，花期5～6月。常见品种：'金姬'小蜡（'Golden Leaves'）、'银姬'小蜡（'Variegatum'），前者叶边缘鲜黄色；后者叶边缘乳白色。是优良的彩叶植物，可修剪成几何形状与其他色块植物相配置，也适合盆栽造型。

**（80）尖叶木犀榄（锈鳞木犀榄）*Olea europaea* ssp. *cuspidata*（木犀科木犀榄属）**

常绿灌木或小乔木，高3～10m。小枝近四棱形，密被细小鳞片。单叶对生，革质，狭披针形至长圆状椭圆形，先端尖，全缘，缘稍反卷，叶背密被锈色鳞片。圆锥花序腋生，花白色。核果小，近球形。花期4~8月，果期8~11月。

产于我国云南。喜光，不耐寒，喜排水良好、疏松的砂质壤土。适应性强，耐修剪，萌芽力强。

枝叶细密，嫩叶淡黄色，宜作绿篱或造型成球形、伞形、塔形等，可作盆景材料。

### (81) 茉莉花 *Jasminum sambac*（木犀科茉莉属）

常绿灌木，高达3m，呈蔓生状。单叶对生，薄纸质，椭圆形或宽卵形，表面叶脉明显下陷。聚伞花序常3花，花冠白色，浓香。花后常不结实。花期5~11月，以7~8月开花最盛。

原产于印度、伊朗等。喜光，稍耐阴，不耐寒，不耐干旱，怕渍涝。

株形玲珑，枝叶繁茂，叶色如翡翠，花朵似玉铃，且花多期长，香气清雅而持久。是重要的盆栽芳香植物，也可用于花篱和地被栽植等。

### (82) 野迎春（云南黄馨、南迎春）*Jasminum mesnyi*（木犀科茉莉属）

常绿半攀缘性灌木，高0.5~5m。枝细长拱形，绿色，四棱，光滑无毛。3出复叶对生，近革质。花单生于具总苞状单叶之小枝端，花冠黄色，6裂，栽培时常重瓣。花期11月~翌年8月（图9-35）。

产于我国四川、贵州、云南。喜光，喜温暖湿润气候，稍耐阴，不耐寒，适应性强。

枝条悬垂，明黄色花醒目，花期持久，管理粗放。常植于坡地、岸边、路缘等地，颇为美观。

### (83) 红花玉芙蓉 *Leucophyllum frutescens*（玄参科玉芙蓉属）

常绿灌木，高0.3~1.5m。枝条开展或拱垂，全株密生白色茸毛及星状毛。叶互生，倒卵形，几无柄。花单生叶腋，花冠紫红色，钟形。花期夏秋（图9-36）。

原产于美国得州及墨西哥。喜光，可生于瘠薄砂壤土中。

枝叶银白色，花朵紫红色，可丛植或散植于庭园观赏，也可修剪为绿篱使用。

### (84) 金苞花 *Aphelandra lutea*（爵床科单药花属）

常绿灌木，高约1m，多分枝。叶对生，狭卵形。穗状花序顶生，长达10~15cm，直立，

图9-35 野迎春

图9-36 红花玉芙蓉

金黄色苞片可保持2~3个月，花白色，唇形，伸出苞片外。

原产于美洲热带地区的墨西哥和秘鲁。喜高温湿润及阳光充足的环境，不耐寒，喜排水良好、肥沃的腐殖质土或砂质壤土。

叶色亮绿，花序苞片排列紧密、黄色，花白色素雅，花形别致，花期长。可用于花坛和花境，也可盆栽观赏（图9-37）。

**(85) 虾蟆花 *Acanthus mollis*（爵床科老鼠簕属）**

常绿亚灌木，丛生，高50~90cm。叶对生，羽状分裂或浅裂。花序穗状顶生，苞片大，小花多数，白色至褐红色，形似鸭嘴，花冠二唇形。花期春夏。

原产于欧洲南部、非洲北部和亚洲西南部亚热带地区。喜温暖湿润环境，喜肥沃、疏松排水良好土壤。

茎叶繁茂，叶形美丽，花形独特，花期长，是良好的基础种植材料，可用于庭园、林下栽培或盆栽观赏。

**(86) 栀子花 *Gardenia jasminoides*（茜草科栀子属）**

常绿灌木，高达3m。小枝绿色，单叶对生或3叶轮生，长椭圆形，全缘，革质而有光泽。花冠高脚碟状，白色，浓香。浆果卵形。花期6~8月，果期9~12月。

产于我国长江流域及以南地区。喜光也耐阴，喜温暖湿润气候，耐热也稍耐寒。耐修剪。

叶色亮绿，四季常青，花大洁白，芳香馥郁。可成片丛植或配置于林缘、庭前、院隅、路旁，植作花篱也极适宜。

常见变种、变型及品种：①大花栀子（f. *grandiflora*）：叶较大，花大单瓣，径7~10cm。②水栀子（雀舌栀子）（var. *radicana*）：植株矮小，枝平展匍地，叶小而狭长，花小。③'玉荷花'（'Fortuneana'）：又名'白蟾'，花较大而重瓣，径7~8cm。

**(87) 龙船花 *Ixora chinensis*（茜草科龙船花属）**

常绿灌木，高0.8~2m。单叶对生，椭圆状披针形至倒卵状长椭圆形，全缘。顶生伞房状聚伞花序，多花，花冠红色或红黄色，高脚碟状。几乎全年开花，以5~8月为最盛（图9-38）。

产于我国福建、广东、香港、广西。喜光，也耐半阴，喜温暖湿润气候，耐旱。

花色美丽，花期极长，花枝密集，适合庭园以及公园绿地片植、丛植，也可用作绿篱。

图9-37 金苞花

图9-38 龙船花

### (88) 六月雪 *Serissa japonica*（茜草科六月雪属）

常绿小灌木，高达 90cm，丛生，分枝多。单叶对生或簇生状，革质，卵形或倒披针形，全缘。花小，花冠白色或淡红色，端5裂。花期5~7月。

产于我国华东、华南和西南等地。喜温暖湿润气候，不耐寒，对土壤要求不严，耐修剪。

枝叶繁茂，夏天白花开满枝头如同六月飞雪，适宜作绿篱、地被、花坛等，也可用作基础种植、点缀假山等。是制作盆景的好材料。

常见品种：①'金边'六月雪（'Aureo-marginata'）：叶缘金黄色。②'重瓣'六月雪（'Pleniflora'）：花重瓣，白色。

### (89) 滇丁香 *Luculia pinceana*（茜草科滇丁香属）

常绿灌木或小乔木，高2~10m，多分枝。叶对生，纸质，长圆形、长圆状披针形或广椭圆形。伞房状的聚伞花序顶生，花芳香，花冠红色，少为白色，高脚碟状。花期夏秋。

产于我国广西、贵州、云南、西藏。性喜光，喜温暖湿润气候，不耐寒，对土壤要求不严。

枝繁叶茂，夏秋开花，花形美丽。可孤植、丛植、林植等。

### (90) 五星花（繁星花）*Pentas lanceolata*（茜草科五星花属）

常绿亚灌木，高达70cm。叶对生，卵形、椭圆形或披针状长圆形。聚伞花序密集，顶生，花冠淡紫色，喉部被密毛，筒部细长，冠檐开展5裂呈五角星状。花期夏秋（图9-39）。

原产于非洲热带和阿拉伯地区。性喜光，耐半阴，喜温暖湿润。

花色丰富，花期持久，适用于片植观赏，亦可盆栽及布置花台、花坛等。

### (91) 珊瑚树（法国冬青）*Viburnum odoratissimum* var. *awabuki*（忍冬科荚蒾属）

常绿灌木或小乔木，高达10m。全体无毛，枝有小瘤状凸起的皮孔。叶对生，倒卵状长椭圆形，革质，表面深绿有光泽，叶脉处有泡状隆起。圆锥状聚伞花序顶生，白色，芳香。核果先红后黑。花期5~6月（图9-40）。

原产于我国浙江和台湾。喜光，稍耐阴，喜温暖，不耐寒，喜湿润肥沃土壤，对烟尘及有毒气体抗性强，抗火力强，耐修剪。

枝茂叶繁，终年碧绿光亮，春季开白花，深秋果实鲜红，状如珊瑚，很美观。用作绿篱或绿墙、基础栽植或丛植装饰墙角等，亦是厂区绿化及防火隔离的优良树种。

图 9-39　五星花

图 9-40　珊瑚树

### (92) 露兜树 Pandanus tectorius (露兜树科露兜树属)

常绿分枝灌木或小乔木，常左右扭曲，具气生根。叶簇生于枝顶，条形，先端渐狭成一长尾尖，叶缘和背面中脉均有粗壮的锐刺。雄花序由若干穗状花序组成，佛焰苞长披针形，近白色，芳香；雌花序头状，单生于枝顶，圆球形。幼果绿色，成熟时橘红色。花期1~5月（图9-41）。

我国福建、台湾、广东、海南、广西、贵州和云南等地有分布。生长在海边沙地，喜高温、湿润和阳光充足环境，不耐寒，较耐阴。

多用作防风林及绿篱。幼树可盆栽，成株则为庭园树。

### (93) 龟背竹 Monstera deliciosa (天南星科龟背竹属)

常绿灌木，略攀缘状，具气生根。叶片心状卵形，厚革质，边缘羽状分裂，侧脉间有1~2孔洞如龟背图案；叶柄绿色粗壮。佛焰苞厚革质，舟状，肉穗花序近圆柱形，淡黄色。浆果淡黄色（见彩图42）。

原产于墨西哥。喜温暖湿润，耐阴性强，忌强光直射，不耐寒。可孤植于池畔、溪旁及石缝中，颇具野趣，或作室内大型盆栽，亦是独特的切叶材料。

叶形奇特，常年碧绿，极耐阴，热带地区孤植于池畔、溪旁林荫处，亚热带和温带地区可作室内大型盆栽观叶植物。

### (94) 凤尾兰（凤尾丝兰）Yucca gloriosa (百合科丝兰属)

常绿灌木，茎短，高达5m。叶线状披针形，先端长渐尖，坚硬刺状，全缘。大型圆锥花序从花丛中抽出，花下垂，白色，花冠顶端带紫红色。蒴果干质，下垂，椭圆状卵形。花期6~10月（图9-42）。

原产于北美。喜温暖湿润和阳光充足环境，性强健，耐瘠薄，耐寒，较耐阴，耐旱也较耐湿。

叶形如剑，姿态优美，花期长久，可在庭园和公共绿地中孤植或丛植。

图9-41 露兜树

图9-42 凤尾兰

同属常见种：①丝兰（*Y. smalliana*）：无明显茎干，叶质较软，叶端常反垂。②象脚丝兰（荷兰铁）（*Y. elephantipes*）：盆栽株高多为1~2m。茎干粗壮，有明显的叶痕，茎基部可膨大为近球状。叶窄披针形，着生于茎顶，末端急尖，革质，坚韧，全缘，绿色，无柄。原产于北美温暖地区，叶片坚挺翠绿，株形优美规整，西南地区广泛盆栽。

**(95) 朱蕉 *Cordyline fruticosa*（百合科朱蕉属）**

常绿灌木，高1~3m，茎常不分枝。叶聚生茎顶，长圆形或长圆状披针形，绿色或紫红色，中脉明显，侧脉羽状平行，具基部抱茎的叶柄。圆锥花序生于叶腋，小花淡红、青紫或黄色。花期11月~翌年3月。

喜高温湿润环境，喜散射光，忌阳光直射，耐半阴，不耐寒。

叶色丰富，温带和亚热带作室内观叶植物。

常见品种：①'三色'朱蕉（'Tricolor'）：叶中间绿色，两侧黄色，边缘红色。②'亮红'朱蕉（'Aichiaka'）：叶红色亮丽，后渐变绿色或紫褐色，边缘艳红色。③'彩叶'朱蕉（'Amabilis'）：叶绿色，部分叶呈黄白色有红色条纹。④'暗红'朱蕉（'Cooperi'）：叶暗紫红色。

同属常见种：澳洲朱蕉（*C. australis*）：灌木或小乔木。茎直立，不分枝。叶剑形，绿色或棕红色，革质而坚硬，密生于枝端。

## 9.2.2 落叶阔叶类灌木

**(1) 紫玉兰（木兰、辛夷）*Magnolia liliflora*（木兰科木兰属）**

落叶大灌木，高达3m，常丛生。单叶互生，倒卵形或椭圆状倒卵形，先端急尖或渐尖，基部渐狭沿叶柄下延至托叶痕，全缘。花大，与叶同放，有香气，花瓣6枚，肉质，外面紫色，内面带白色；萼片小，3枚，披针形，绿色，常早落。花期3~4月，果期8~9月。

原产于我国中部和南部。喜光，喜温暖湿润气候，较耐寒，不耐干旱和盐碱，怕水淹，要求肥沃、排水良好的砂质壤土。

花朵艳丽怡人，芳香淡雅，可孤植或丛植，是优良的庭园绿化植物（图9-43）。

**(2) 二乔玉兰 *Magnolia × soulangeana*（木兰科木兰属）**

落叶灌木或小乔木，高6~10m。单叶互生，纸质，倒卵形，先端短急尖，2/3以下渐狭成楔形，背面多少被柔毛，全缘。花瓣6，外面浅红色至深红色，里面白色；萼片3，花瓣状，长度约为花瓣长的2/3。花期2~3月，先叶开放，果期9~10月。

是玉兰与紫玉兰的杂交种，比父母本更耐寒、耐旱。

早春观花树种，广泛用于公园、绿地和庭园等孤植、群植观赏。

同属常见种：星花玉兰（*M. stellata*）：落叶大灌木，株形开展。叶片倒披针形或倒卵形（见彩图43）。花初开时淡

**图9-43 紫玉兰**

图 9-44 蜡梅

红色，渐变为近白色，花被片 12~18 枚，狭窄，开展，芳香。2~4 月叶前开花。原产于日本。

**（3）蜡梅 Chimonanthus praecox（蜡梅科蜡梅属）**

落叶或半常绿灌木，高达 4m。幼枝四方形。单叶对生，卵状椭圆形至长圆状披针形，全缘，纸质至薄革质，表面粗糙。花单生叶腋，花被片蜡质，黄色，内有紫色条纹，浓香。果托坛状，小瘦果种子状。花期 11 月~翌年 3 月，先花后叶，果期 4~11 月。

产于我国长江流域。喜光，略耐阴，耐寒，耐干旱，忌水湿，喜深厚肥沃、排水良好的微酸性砂质壤土，在盐碱地生长不良。耐修剪。

花黄如蜡，清香四溢，冬季优良的香花树种。配置于公园、房前、墙隅均极适宜。我国传统上喜用南天竹与蜡梅相搭配。也是瓶插佳品（图 9-44）。

常见变种与品种：①'素心'蜡梅（'Concolor'）：花被片纯黄色，无紫色条纹。香气浓。②狗牙蜡梅（var. intermedius）：叶狭长而尖。花小，花瓣长尖似狗牙，红心，香气淡。③'磬口'蜡梅（'Grandiflorus'）：叶大，花大，花被片近圆形，黄色，红心。

**（4）夏蜡梅 Sinocalycanthus chinensis（蜡梅科夏蜡梅属）**

落叶灌木，高 1~3m。小枝对生，芽藏于叶柄基部之内。单叶对生，宽卵状椭圆形至倒卵形，基部两侧略不对称，叶缘全缘或有不规则的细齿。花单生枝顶，无香，白色，边缘淡紫红色，有脉纹。瘦果长圆形。花期 5 月，果期 10 月。

中国特有种，产于浙江。喜阴，喜温暖湿润环境，在疏松肥沃、排水良好的土壤中生长良好。

花大而美丽，可于背阴处或疏林下孤植、丛植。

**（5）小檗（日本小檗）Berberis thunbergii（小檗科小檗属）**

落叶灌木，高约 1m，多分枝。枝条开展，红褐色。茎刺不分叉。叶常簇生，薄纸质，倒卵形或匙形，全缘，背面灰绿色，两面网脉不显。花呈簇生状，黄色。浆果椭圆形，亮鲜红色。花期 4~6 月，果期 7~10 月。

原产中国及日本。喜光，稍耐阴，耐寒性强，耐干旱瘠薄，忌积水，萌芽力强，耐修剪。

春季小黄花美丽，秋叶变红，果红艳可爱，是良好的观果、观叶、刺篱材料，也可盆栽观赏。

常见品种：①'紫叶'小檗（'Atropurpurea'）：阳光充足的环境下，叶常年呈紫红色。②'金叶'小檗（'Aurea'）：阳光充足的环境下，叶常年呈黄色。

**（6）细花泡花树 Meliosma parviflora（清风藤科泡花树属）**

落叶灌木或小乔木，高达 10m。树皮灰色，平滑，呈鳞片状或条状脱落。单叶互生，纸质，倒卵形，先端近平截，具短急尖，基部下延，上部边缘具浅波状小齿，叶背脉腋处具髯毛。圆锥花序顶生，花白色。核果球形。花期夏季，果期9~10月。

产于我国四川、湖北、江苏和浙江。喜光，稍耐阴，喜温暖湿润气候，不耐寒。

树皮斑驳美观，夏季白花满树，适宜作庭荫树及观赏树。

**(7) 蜡瓣花 Corylopsis sinensis (金缕梅科蜡瓣花属)**

落叶灌木或小乔木，高达5m。芽及小枝密被短柔毛。单叶互生，倒卵形，羽状脉，基部不等侧心形，缘具齿，齿尖刺毛状，背面具星状毛。花两性，花瓣5，黄色，芳香，成下垂总状花序。蒴果卵球形，被柔毛。花期3月，叶前开放；果期9~10月（图9-45）。

产于我国长江流域及以南地区。喜光，耐半阴，喜温暖湿润气候及肥沃之酸性土壤。性强健，不耐干燥。

早春黄花如涂蜡，成串下垂，芳香美丽，可植于庭园观赏。

**(8) 柘树 Cudrania tricuspidata (桑科柘属)**

落叶小乔木，高达10m，常呈灌木状。树皮薄片状剥落，小枝常具枝刺。单叶互生，卵形至倒卵形，全缘或3浅裂。花雌雄异株，雌雄花均为球形头状花序。聚花果球形，熟时橘红色或橙黄色，肉质。花期5月，果9~10月成熟。

主产于我国华东、中南及西南地区。喜光，适应性强，耐干旱瘠薄，为喜钙树种。生长慢。

可作庭荫树、刺篱、荒山绿化及水土保持树种。

**(9) 无花果 Ficus carica (桑科榕属)**

落叶灌木或小乔木，高达10m。多分枝，小枝粗壮。单叶互生，广卵圆形，厚纸质，3~5掌状裂，边缘波状或具粗齿，表面粗糙，背面有柔毛。花雌雄异株，隐头花序，隐花果大，梨形，肉质，熟时紫红色或黄色。花果期5~7月（图9-46）。

原产于地中海沿岸，我国唐代从波斯传入，果食用，常作果树栽培。喜光，喜温暖湿润气候，耐寒性不强，耐旱，对土壤要求不严。生长快。

可栽于庭园及绿地，或盆栽观赏。

图9-45 蜡瓣花

图9-46 无花果

**(10) 水麻 Debregeasia orientalis**（荨麻科水麻属）

落叶灌木，高达 4m。小枝纤细，被贴生白色柔毛。单叶互生，纸质，长圆状披针形至线状披针形，具不等细齿，叶背被白色毡毛。花雌雄异株，瘦果小浆果状，鲜时橙黄色。花期 3～4 月，果期 5～7 月。

产于我国西南、华中等地。性强健，喜湿，耐阴。

多野生于山坡溪边，可水边栽植。

**(11) 牡丹 Paeonia suffruticosa**（芍药科芍药属）

图 9-47 木 槿

落叶灌木。2 回 3 出复叶，互生，小叶卵形，3～5 裂，叶背被白粉。花单生枝顶，花瓣 5，或为重瓣，顶端具不规则的波状；苞片 5，长椭圆形；萼片 5，绿色。蓇葖果密生黄褐色硬毛。花期 4～5 月，果期 6～9 月（见彩图 44）。

原产于我国西部及北部，目前全国栽培甚广。喜光，忌暴晒，耐半阴，较耐寒，耐干旱。适宜在深厚肥沃及排水良好的中性砂壤土中生长。

我国传统名花，被誉为"国色天香"和"花王"。栽培历史悠久，品种众多。花大而色彩丰富，群体观赏效果好，成片栽植或建立牡丹专类园。

同属常见种：①紫斑牡丹（*P. rockii*）：二至三回羽状复叶，小叶卵形至卵状披针形，不裂或 2～4 浅裂。花大，单生，白色或粉红色，内侧基部有深紫色斑块。产于我国云南中西部、四川北部等地（见彩图 45）。②滇牡丹（*P. delavayi*）：叶二回羽状深裂，裂片披针形。花 2～3(5) 朵聚生，黄、橙、红或紫色，花下具显著的叶状苞片。产于我国云南西北部、四川西南部和西藏东南部。③大花黄牡丹（*P. ludlowii*）：植株高大，二回三出复叶，小叶常 3 裂，裂片全缘或具尖齿。花大，深黄色（见彩图 46）。产于我国西藏东南部。④芍药（*P. lactiflora*）：多年生宿根草本。外形与牡丹相似，被称为"花相"。花期春季，常与牡丹共同组成牡丹芍药专类园，亦可作切花。

**(12) 木槿 Hibiscus syriacus**（锦葵科木槿属）

落叶灌木或小乔木，小枝密被黄色星状茸毛。单叶互生，菱形至三角状卵形，具深浅不同的 3 裂或粗齿裂。花单生叶腋，钟形，淡紫色，花瓣倒卵形。蒴果卵圆形，密生星状毛。花期 7～10 月，果期 10～11 月（图 9-47）。

原产于我国中部各地，云南、贵州、四川等地均有栽培。喜光，喜温暖、湿润、阳光充足的气候条件，也耐半阴，耐干旱，耐寒，但不耐水湿。耐修剪。

盛夏季节开花，开花时满树花朵。可作花篱、绿篱。宜庭园墙边、水滨种植。

**(13) 小花水柏枝 Myricaria wardii**（柽柳科水柏枝属）

落叶灌木，高达 2.5m。叶小型，狭长圆形，长 1.5～3mm。总状花序顶生或侧生，萼片披针形，花瓣浓艳，蒴果长约 1cm。花果期 5～8 月。

喜马拉雅特有种。国内仅产于西藏，尼泊尔也有分布。喜光，喜水湿，耐寒，对土壤要求不严，在石砾地、砂质地中生长良好。

耐水湿，是西藏高海拔区域水域边缘优良的美化植物，可植于水池、水畔边，也可与假山、岩石配置造景。

**(14) 银芽柳(棉花柳)** *Salix × leucopithecia* (杨柳科柳属)

落叶灌木，高2~3m。小枝绿褐色，带红晕，幼时具绢毛。冬芽红紫色，有光泽。单叶互生，长椭圆形，有细浅齿，表面微皱，背面密被白毛。雄花序粗大，盛开前密被银白色绢毛。

原产于日本，杂种起源。喜光，也耐阴、耐湿、耐寒、好肥，适应性强，在土层深厚、湿润、肥沃的环境中生长良好。

银色花序十分美观，系观芽植物，多于春节前后可供插瓶观赏。亦可在园林中配置于池畔、河岸、湖滨、堤旁。

**(15) '花叶'杞柳** *Salix integra* 'Hakuro Nishiki' (杨柳科柳属)

落叶灌木，高1~3m。叶近对生或对生，新叶绿粉色底带有粉白色斑纹，老叶变为黄绿色。花期5月。

喜光，耐寒性强，喜水湿，对土壤要求不严，但以肥沃、疏松、潮湿土壤最为适宜。

树形优美，春季观新叶，夏、秋季节叶色亦迷人。在园林绿化中可成片种植，亦是绿篱和灌木球的良好材料。

**(16) 乌柳** *Salix cheilophila* (杨柳科柳属)

落叶灌木，有时小乔木状。幼枝被柔毛；老枝无毛，紫红色。叶线形至倒披针形，长1.5~3.5(6)cm，边缘外卷；叶片上部有具腺锯齿，下部全缘，背面灰白色。花序与叶同放，侧生于去年生小枝上，基部具2~3小叶；雌花仅有1腹腺，子房密被短毛。花果期4~5月。

中国特有种。产于我国西藏、云南、四川、甘肃、青海、山西、陕西、河南、河北、内蒙古等地。喜水湿，喜光，耐半阴，喜肥沃土壤条件。

树姿婆娑，老枝紫红色，冬芽银白色，果期柳絮挂满枝头，如积雪覆盖。

**(17) 羊踯躅(闹羊花、黄杜鹃)** *Rhododendron molle* (杜鹃花科杜鹃花属)

落叶灌木。分枝稀疏，枝条直立。叶互生，较大，纸质，椭圆状倒披针形；叶面皱，缘具睫毛。伞形总状花序顶生，花多达13朵，花冠阔漏斗形，黄色或金黄色，内有深黄色斑点。蒴果圆锥状长圆形，被微柔毛和疏刚毛。花期3~5月，果期7~8月(见彩图47)。

产于我国四川、贵州和云南等地。喜强光和干燥、通风良好的环境，能耐-20℃的低温。

**图9-48　野茉莉**

喜排水良好的土壤，耐贫瘠和干旱，忌积水。

花色明艳特别，为杜鹃花种类中少有的黄色，对于丰富园林色彩有重要作用。由于该种有毒，切勿植于儿童易接触之处，并标注告知游人。

**(18) 野茉莉 *Styrax japonicus* (安息香科安息香属)**

落叶灌木或小乔木。单叶互生，椭圆形至长圆状椭圆形，缘有浅疏齿。总状花序顶生，花下垂，白色，5深裂；花萼钟状，无毛。核果卵圆形，径约1cm，顶端具短尖头；种子卵圆形，表面有皱纹和纵棱。花期4~7月，果期9~11月（图9-48）。

主产于我国长江流域。喜光，稍耐阴，喜湿润、肥沃、深厚而疏松富腐殖质土壤，耐旱，忌涝。

树形优美，开花期间朵朵白花悬垂于枝条，繁花似雪。适合配置于水滨湖畔或阴坡谷地、溪流两旁，或在常绿树丛边缘群植，白花映于绿叶中，饶有风趣。

同属常见种：大花野茉莉（*S. grandiflorus*）：与野茉莉的主要区别在于，花萼和花梗密被星状茸毛。

**(19) 白檀（碎米子树、乌子树）*Symplocos paniculata* (山矾科山矾属)**

落叶灌木或小乔木。嫩枝、叶两面、叶柄和花序均被柔毛。单叶互生，纸质，椭圆形或倒卵形，缘有内曲细尖齿，中脉在上面凹下。圆锥花序生于新枝顶端，花白色，芳香，5深裂；雄蕊多数，花丝基部合生成5体雄蕊。核果卵形，蓝色，7月果熟，宿存至冬季。

我国分布广泛。喜光也稍耐阴，喜温暖湿润气候和深厚肥沃的砂质壤土。深根性树种，适应性强，耐寒，抗干旱，耐瘠薄，以河溪两岸、村边地头生长最为良好。

树形优美，枝叶秀丽，春日白花，秋结蓝果，是良好的园林绿化树种（图9-49）。

**(20) 绣球花（大八仙花）*Hydrangea macrophylla*[绣球花科（八仙花科）绣球花属（八仙花属）]**

落叶灌木，高达1~4m。小枝粗壮，皮孔明显。叶对生，宽卵至倒卵形，边缘粗锯齿，叶脉两面明显。顶生伞房花序近球形，径可达20cm，几乎全为不孕花。花具花瓣状萼片4，粉红色、蓝色或白色。花期6~7月（图9-50）。

原产于我国四川一带及日本。喜温暖湿润荫蔽环境，不甚耐寒。萌发力强，少病虫害。能抗二氧化硫等有毒气体。喜腐殖质丰富、排水良好土壤，花色会随土壤pH的变化

图9-49 白　檀

图9-50 绣球花

而改变。

花序状如绣球，为优良观赏花木。可配置于庭园阴地、疏林下、建筑山石北面等较荫蔽处或用于花坛、花境配置。盆栽是厅堂装饰的名贵花木之一，园艺品种较多。

**(21) 山梅花 *Philadelphus incanus*（绣球花科山梅花属）**

落叶灌木，高达1.5~3.5m。小枝浅褐或紫红色。叶对生，卵形或阔卵形，边缘疏锯齿，具3或5基出脉，叶表被刚毛，叶背密被白色长粗毛。花4数，总状花序有花5~7朵，花白色，有香气，萼外密被灰白色茸毛。蒴果倒卵形，种子具短尾。花期5~6月，果期7~8月（图9-51）。

产于我国华北、华中、西南等地。适应性强，喜光，喜温暖也耐寒耐热，怕水湿。对土壤要求不严，生长速度较快，萌蘖力强，耐修剪。

白花美丽，花期长。可作为庭园及风景区绿化观赏材料，宜丛植、片植于草坪、山坡、林缘地带，与建筑、山石等配置也合适。

**(22) 白鹃梅 *Exochorda racemosa*（蔷薇科白鹃梅属）**

落叶灌木，高达3~5m。枝细瘦开张。单叶互生，近椭圆形，全缘或中部以上具浅锯齿；无托叶。花白色，径约3cm，花瓣宽，基部收缩成爪，6~10朵成总状花序；雄蕊多数，3~4成束。蒴果具5棱，倒圆锥形；种子有翅。花期4月，与叶同放。

喜光，耐半阴。耐旱，较耐寒。喜深厚肥沃土壤。萌芽力强。

产于我国河南、江西、江苏、浙江。姿态秀美，花开满树如雪，清丽动人。宜丛植草坪、林缘、路边及假山岩石间，或散植林间，配置于庭园、建筑物附近。老树桩是盆景优良素材。

**(23) 麻叶绣线菊（麻叶绣球）*Spiraea cantoniensis*（蔷薇科绣线菊属）**

落叶丛生灌木，高达1.5m。枝细长拱曲，单叶互生，菱状披针形至长圆形，近中部以上有缺刻状锯齿；无托叶。花小，白色，集成半球状伞形花序，生于当年生枝端，花瓣5，心皮离生。蓇葖果。花期4~5月（图9-52）。

原产于我国东部及南部地区。喜光，稍耐阴。喜温暖湿润气候，较耐瘠、稍耐寒、较耐旱，忌湿涝。分蘖力强。

图9-51 山梅花

图9-52 麻叶绣线菊

图 9-53 现代月季

枝繁叶茂,春季繁花满树,宛若片片白雪,秋叶橙黄。可单株、成片、成丛植于草坪、路边、斜坡、池畔、庭园一隅、台阶两旁、山石悬崖附近、建筑物周围或植为花篱,也可用于花坛点缀。

同属园林栽培有多种,变种、品种也较多,花多白色,少粉红,花期多在4~7月。常见的有:①粉花绣线菊(日本绣线菊)(*S. japonica*):直立灌木,高达1.5m。叶片卵状椭圆形。复伞房花序,花朵密集,粉红色。②'金山'绣线菊(*S. × bumalda* 'Gold Mound'):原产于北美洲,粉花绣线菊与白花绣线菊(*S. albiflora*)杂交育成。矮生灌木,株高25~40cm,春季新叶金黄,株形丰满。③珍珠绣线菊(喷雪花)(*S. thunbergii*)灌木,高达1.5m;枝条开张呈弧形弯曲,老枝红褐色。伞形花序,白色,花朵密集如积雪,叶色秋季转红。

**(24) 现代月季(月季) *Rosa hybrida* (蔷薇科蔷薇属)**

目前园林应用最广泛的月季品种群,通常指经反复杂交于1867年以后育成的品种的总称。落叶或常绿,直立或蔓生,通常有皮刺。奇数羽状复叶互生,托叶常与叶柄连合。花单生或成花序。聚合瘦果包在坛形花托内。在全世界品种已达2万种以上,依生长习性、花朵多少、颜色及大小等主要分成以下7个系统:①杂种长春月季(Hybrid Perpetual Roses):由中国的月季(*R. chinensis*)与欧洲的几种蔷薇杂交而成的早期品种群。植株高大,叶大而厚,花大型,花蕾肥圆,目前栽培不多。②杂种香水月季(Hybrid Tea Roses):由香水月季(*R. × odorata*)与杂种长春月季杂交而成,是目前栽培最广,品种最多的一个类群。多灌木,稀藤本,落叶或半常绿,花蕾长而尖,具香气,花大且色、形丰富。③丰花月季(Floribunda Roses):由杂种香水月季与小姊妹月季(Polyantha Roses)杂交而成的一个近代品种群。花中型,花色丰富,花期长,性强健,管理粗放。④壮花月季(Grandiflora Roses):由杂种香水月季与丰花月季杂交而成的近代改良品种群。植株强健,生长较高,花大而成群,适应性强。⑤微型月季(Miniature Roses):植株矮小,一般不高于30cm,枝叶细小,花小,适宜盆栽观赏。⑥地被月季(Ground Cover Roses):枝条匍匐,花小,色彩丰富,适宜作地被栽植。⑦藤本月季(Climbing Roses):蔓性或攀缘,枝条长,适宜作花廊花架垂直绿化。

喜光,耐半阴。适生于背风向阳、通风良好处。喜肥,土壤要求疏松、深厚、排水良好,忌水湿。生长势强,耐寒、较耐旱。

世界著名观花灌木或藤木,应用广泛,如庭园用作丛植、花篱、地被、花墙、花柱、花架、花门等,均具有很好的观赏性(图9-53)。

同属作园林栽培的尚有数十种,常见的还有:①玫瑰(*R. rugosa*):落叶直立丛生灌木,枝密生皮刺和刺毛。奇数羽状复叶,小叶5~9,叶面有皱纹,表面叶脉凹下。花紫红,小而极香,多以花提取香精或食用。②月季(*R. chinensis*):常绿或半常绿直立丛生灌木,枝仅具钩状皮刺。奇数羽状复叶,小叶3~5,托叶边缘有腺状睫毛。花期长。原产于我国,为现代月季主要亲本之一。习见品种有'月月红'('Semperflorens'):茎、叶均带紫晕,花常单生,紫色至深粉红色,花梗长而下垂,花期长;'绿'月季('Viridiflora'):花绿色,偶见栽培;'变色'月季('Mutabilis'):幼叶古铜色,花单瓣,初开硫黄色,继变橙红色,最后成暗红色。③缫丝花(*R. roxburghii*):落叶灌木,小枝基部稍扁,具皮刺,叶轴、花托、花柄、果实密被针刺,花淡紫红色,重瓣,有香气。花美丽,可作绿篱。果实富含维生素C,可食用和药用,是园林结合生产的好树种。

### (25)棣棠 *Kerria japonica*(蔷薇科棣棠属)

落叶丛生灌木,高达2m。枝绿色、光滑、弯拱。单叶互生,卵形至卵状披针形,先端长尾尖,边缘重锯齿。花金黄色,单生侧枝端,花瓣5。瘦果黑色,扁球形。花期4~5月(图9-54)。

产于中国和日本,我国华北、西南至华南均有分布。喜温暖湿润,耐半阴,较耐湿,较耐寒,对土壤要求不严,萌蘖力强。

树姿轻盈,枝叶青翠,花开金黄,是枝、叶、花俱美的春花灌木。宜孤植、列植、群植为花篱、花境、花丛或配置于建筑物周围、树丛边缘、草地、山坡疏林下、水畔、古木之旁、山石缝隙之中。花枝可插瓶。

常见品种:①'金边'棣棠('Aureo-marginata'):叶缘黄色。②'重瓣'棣棠('Pleniflora'):花重瓣。③'菊花'棣棠('Stellata'):花瓣细长,似菊花。

### (26)贴梗海棠(皱皮木瓜) *Chaenomeles speciosa*(蔷薇科木瓜属)

落叶灌木,高达2m,有枝刺。单叶互生,卵形至椭圆形,托叶肾形,叶与托叶均有锐锯齿。花红色,3~5簇生,梗极短,朱红色、玫瑰红色、白色等。梨果卵形至球形,黄绿色,芳香。花期3~5月,果熟10月(9-55)。

产于我国东部、中部及西南部。喜光,稍耐阴。较耐寒,耐旱,耐瘠薄而不耐水涝。喜温暖湿润环境,深厚、肥沃、排水良好土壤。耐修剪,根部萌生力强。对臭氧敏感。

图9-54 棣 棠

图9-55 贴梗海棠

早春叶前开花，枝态、花姿、花色优美，秋有黄色芳香硕果，在我国栽培历史悠久，是我国传统园林中重要观形、观花、观果灌木。宜点缀于亭台之侧、庭园墙隅、草坪一角、树丛边缘，与梅、苍松、山石、翠竹配景，倍添诗情画意。因其多刺，还可植篱。盆栽普遍，老桩是树桩盆景优良材料。花枝可作切花。

同属常见种：①日本木瓜（日本贴梗海棠）（*C. japonica*）：原产于日本，与贴梗海棠相比为矮灌木，干多丛生，高约1m，叶、花较小，花通常红色，有花粉红、白色、玫瑰红色以及花斑叶或茎平卧生长的变种与品种。②木瓜（*C. sinensis*）：落叶小乔木或大型灌木，高达5m，树皮斑驳状薄片剥落，枝常无刺，托叶较小，花粉红色。树形好，病虫害少，是庭园绿化的良好树种。

### (27) 尖叶栒子 *Cotoneaster acuminatus*（蔷薇科栒子属）

落叶直立灌木，高2~3m。枝条开张，小枝幼时密被带黄色糙伏毛，老时无毛。叶草质，椭圆卵形至卵状披针形，长3~6.5cm，全缘，先端渐尖，两面被柔毛。聚伞花序有花1~5朵，花粉红色，雄蕊20。果实椭圆形，长8~10mm，红色，2小核。花期5~6月，果期9~10月。

产于我国西藏、四川、云南，尼泊尔、不丹、印度北部均有分布。耐阴，较耐寒，喜温暖、湿润的环境。

小枝开展，果实红色，秋季叶变红色甚美丽，是西藏园林适用的绿篱植物。

同属常见种：灰栒子（*C. acutifolius*）：果实为黑色，叶片多急尖而少渐尖，雄蕊10~15，果实具2~3小核。

### (28) 高丛珍珠梅 *Sorbaria arborea*（蔷薇科珍珠梅属）

落叶灌木，高达6m。小枝稍有棱角，幼时黄绿色，老时暗红褐色。羽状复叶，小叶13~17枚，羽状网脉，侧脉明显，20~25对，秋季红色。顶生大型圆锥花序，分枝开展15~25cm，长20~30cm。花白色。花期7~8月。

中国特有种。产于西藏、新疆、甘肃、陕西、湖北、江西、四川、云南、贵州。喜光，较耐阴，喜湿润肥沃的土壤。

树姿美丽，花序大型，花期长，秋色叶红色，可丛植墙角、窗前观赏（图9-56）。

### (29) 榆叶梅 *Prunus triloba*（蔷薇科李属）

落叶灌木，稀小乔木，高2~3m。短枝上的叶常簇生，一年生枝上的叶互生，叶片宽椭圆形至倒卵形，长2~6cm，先端短渐尖，常3裂。先花后叶，花多重瓣，粉红色至红色，雄蕊约25~30枚。果实近球形，顶端具短小尖头。花期4~5月，果期5~7月。

**图9-56　高丛珍珠梅**

原产于我国东北、西北各地直至江浙一带，中亚、西伯利亚也有分布，全国各地有栽培。喜光，耐寒，喜肥沃土壤。

本种开花早，先花后叶，中国传统花灌木之一，主要供观赏。

图 9-57 紫 荆　　　　图 9-58 双荚决明

**(30)朱缨花 *Calliandra haematocephala*（含羞草科朱缨花属）**

落叶灌木或小乔木，高1~3m。二回羽状复叶互生，小叶斜卵状披针形，顶生小叶最大，嫩叶红褐色。球形头状花序，花冠红，花丝基部白色，渐向顶端变红色。荚果线状倒披针形。花期8~9月，果期10~11月。

原产于南美洲。喜光，喜温暖湿润气候，不耐寒，喜酸性土壤。

花序美丽，形似合欢，宜植于庭园观赏。

**(31)紫荆 *Cercis chinensis*（云实科紫荆属）**

落叶乔木，高达2~5m，栽培下多呈灌木状。单叶互生，圆心形，全缘，两面无毛。花紫红色，假蝶形花冠，4~10朵簇生于老枝上。荚果扁平。花期4月，叶前开放（图9-57）。

我国大部分地区均有分布。喜光，喜肥沃、排水良好土壤，不耐水淹。萌蘖性强，耐修剪。

先花后叶，花期紫花满树，叶片心形可爱，宜丛植庭园、建筑物前及草坪边缘。

同属常见种：①巨紫荆（湖北紫荆）（*C. glabra*）：大乔木，高达20m，叶大型，下面基部有簇生毛。嫩叶、花、果均为紫色。②'红叶'紫荆（'紫叶'加拿大紫荆）（*C. canadensis* 'Forest Pansy'）：彩叶树种，落叶小乔木，叶紫红色，秋天变黄色。叶阔卵形，基部楔形。原产于美国。

**(32)双荚决明 *Cassia bicapsularis*（云实科决明属）**

落叶或半常绿蔓性灌木，高3~5m，多分枝。偶数羽状复叶，小叶3~5对，倒卵形至长圆形，顶端圆钝，叶下粉绿色。总状花序伞房状，花鲜黄色，花期6~11月。荚果细圆柱形（图9-58）。

原产于热带美洲。喜光，耐寒，耐干旱瘠薄，抗粉尘，生长快。

花鲜艳繁茂，花期长，宜供庭园栽植作夏、秋季观花树种。

同属常见种：黄槐（*C. surattensis*）：落叶小乔木或呈灌木状；小叶6~10对；花大，鲜黄色；荚果扁，条形，种子间有时略缢缩。几乎全年开花，主要集中在3~12月。云南有分布。

### (33) 圆锥山蚂蝗 *Desmodium elegans*（蝶形花科山蚂蝗属）

落叶灌木，高1~3(4)m，分枝多。小叶3枚，形状和大小变异很大，多数卵形，侧脉4~9对。总状花序腋生，或在分枝的顶端排成大型的圆锥花序，通常每2~3(4)朵花在花序轴的每节上排成伞形，花冠长10~15mm，蓝紫色、紫红色或淡紫色，单体雄蕊。荚果扁平，腹缝线在荚节之间明显缢缩，具4~9荚节。花期6~7月。

产于我国云南、贵州、四川、陕西、甘肃等地，印度、尼泊尔等国有分布。喜光，耐阴，耐干旱，喜疏松肥沃的弱酸性土。

花期花量大，生长缓慢，可作为庭园应用的花灌木，也是制作盆景的优良植物。

### (34) 沙棘 *Hippophae rhamnoides*（胡颓子科沙棘属）

落叶灌木或小乔木，高1~5m。枝具刺。单叶近对生，线形或线状披针形，全缘，两面均具银白色鳞斑，背面尤密。雌雄异株，无花瓣，花萼2裂，淡黄色。核果球形，橙黄或橘红色，经冬不落。花期4月叶前开花，果9~10月成熟（图9-59）。

产于我国内蒙古、华北、西北至四川。喜光，耐寒，适应性强，耐干旱瘠薄，根系发达，萌芽力强，耐修剪。

宜作刺篱和果篱。是优良的防风固沙及水土保持树种。

常见亚种：云南沙棘（ssp. *yunnanensis*）：单互生，狭披针形或长圆状披针形，基部最宽，常为圆形或有时楔形，上面绿色，下面灰褐色，具较多而较大的锈色鳞片。棘刺较多，粗壮。果实圆球形，橙黄色。中国特有种，产于云南、西藏、甘肃、青海、四川。喜光，耐水湿，耐贫瘠。树体遒劲，秋冬季节橙黄色果实满枝头，适于作为孤景树在水边进行配置。

### (35) 紫薇 *Lagerstroemia indica*（千屈菜科紫薇属）

图9-59 沙棘

落叶灌木或小乔木，高达7m。树皮薄片剥落后特别光滑。小枝四棱状，叶近对生，椭圆形，全缘，近无柄。花亮粉红色至紫红色，花瓣6，皱波状或细裂状，具长爪，顶生圆锥花序。蒴果近球形，6瓣裂。花期7~9月，果10~11月成熟。

产于我国华东、中南及西南各地。喜光，较耐寒。

是我国夏季重要的观花树种，亦

适于制作桩景。

**(36) 结香 Edgeworthia chrysantha (瑞香科结香属)**

落叶灌木，高约1m。枝条粗壮柔软，可打结，常三叉分枝，枝上叶痕隆起。叶互生，集生枝顶，椭圆状倒披针形，全缘。花黄色或橙黄色，端4裂，外密被银白色毛，芳香，成下垂头状花序。花期3~4月叶前开放(图9-60)。

产于我国长江流域及以南地区。喜半阴，喜湿润，较耐水湿，不耐寒。

宜植于庭园观赏。

**(37) 石榴 Punica granatum (石榴科石榴属)**

落叶灌木或小乔木，高达3~5m。枝常具刺。单叶对生或簇生，长椭圆状倒披针形，全缘。花红色，单生枝顶，花萼钟形，紫红色，质厚。浆果球形，具宿存花萼。花期5~7月。

原产于中亚，西汉张骞引入，现温带和热带均有种植。喜光，喜温暖，稍耐寒。喜肥沃湿润土壤。

树姿优美，花色艳丽，花期极长，正值少花的夏季。是美丽的果树及观赏树，亦是盆栽、盆景、桩景的好材料。

常见品种：①'月季'石榴('Nana')：丛生矮小灌木，枝叶花均较小，易结果，宜盆栽观赏。②'玛瑙'石榴('Legrellei')：花重瓣，橙红色有黄白色条纹(图9-61)。③'牡丹'石榴('Mudan')：花冠大，重瓣，大红，形似牡丹。还有'白花'石榴('Albescens')、'黄花'石榴('Flavescens')、'千瓣红花'石榴('Plena')、'千瓣橙红'石榴('Chico')等品种。

**(38) 红瑞木 Cornus alba (山茱萸科梾木属)**

落叶灌木，高达3m。枝条鲜红色，常被白粉。单叶对生，卵状椭圆形，叶背灰白色。花小，白色至黄白色。核果球形，白色。花期6~7月，果期8~10月。

产于我国东北、华北及西北地区。喜光，耐半阴，耐寒，耐湿。

枝红果白，秋叶红色，极具观赏价值，宜植于草坪、林缘、湖畔。

图9-60 结 香

图9-61 '玛瑙'石榴

图 9-62 一品红　　　　　　　　图 9-63 枸　杞

**(39) 一品红 *Euphorbia pulcherrima*（大戟科大戟属）**

落叶灌木，高 1~4m。单叶互生，长椭圆形，全缘或浅波状至浅裂状，绿色。花枝端苞叶成叶状，开花时朱红色，花序生于枝顶。花期 10 月~翌年 4 月（图 9-62）。

原产于中美洲。喜暖热气候，不耐寒。

苞片美丽，品种多，色彩丰富。西南地区多盆栽观赏。

**(40) 枳（枸橘）*Poncirus trifoliata*［芸香科枳属（枸橘属）］**

落叶灌木或小乔木，高 1~5m。枝绿色，稍扁而有棱，枝刺粗长而基部略扁。3 出复叶互生，总叶柄具翅；小叶无柄，缘具波状浅齿。花白色，单生。柑果球形，黄绿色，被毛。花期 4 月，叶前开花；果期 10 月。

产于我国淮河流域。喜光，耐半阴。喜温暖湿润气候，较耐寒。喜微酸性土壤，耐修剪。

枝条绿色而多刺，白花黄果，宜作刺篱兼花篱。

**(41) 枸杞 *Lycium chinense*（茄科枸杞属）**

落叶灌木，高达 1~2m。枝细长拱形，有棱角，常有刺。单叶互生或簇生，卵状披针形，全缘。花紫色，花冠 5 裂，裂片长于筒部，有缘毛。浆果椭球形，红色。花期 5~9 月，果期 8~11 月（图 9-63）。

分布于我国东北南部、华北、西北至长江以南及西南地区。性强健，稍耐阴，耐寒，耐干旱。

花期长，红果美，宜植于庭园观赏，亦可作盆景材料。

**(42) 海州常山 *Clerodendrum trichotomum*［马鞭草科赪桐属（大青属）］**

落叶灌木或小乔木，高 1.5~10m。幼枝、叶柄、花序轴等多少有黄褐色柔毛。叶片纸质，卵形至三角状卵形。伞房状聚伞花序顶生或腋生，花萼紫红色，花冠白色或带粉红色，花丝与花柱伸出花冠外。核果近球形，成熟时外果皮蓝紫色。花果期 6~11 月。

我国除西藏、内蒙古、新疆以外地区均有分布。喜光，稍耐阴，耐旱，耐寒，适应性好。

花果美丽，白色花冠衬紫红色花萼，果时宿存紫红色萼托，果实蓝紫色观赏期长，为优良的秋季观花、观果树种，可配置于路旁、林缘、水池岸边等。

同属常见种：①赪桐（*C. japonicum*）：落叶灌木，全株近无毛。叶卵圆形表面疏生伏毛。

二歧聚伞花序组成顶生圆锥花序，花萼红色，花冠鲜红色。②臭牡丹（*C. bungei*）：落叶小灌木。叶具强烈臭味。花芳香，玫瑰红色（图9-64）。

### （43）黄荆 *Vitex negundo*（马鞭草科牡荆属）

落叶灌木或小乔木，高达5m。小枝四棱形，密生灰白色茸毛。掌状复叶对生，小叶卵状长椭圆形至披针形。圆锥状聚伞花序顶生，花冠淡紫色。花期4~6月。

主产于我国长江以南各地。性喜光，耐旱，耐瘠薄，萌芽能力强，适应性强。

根部苍劲嶙峋，枝叶繁茂，叶秀丽、花清雅，适用于城市棕地生态修复和边坡绿化等，也是树桩盆景的优良材料。

### （44）紫珠（日本紫珠）*Callicarpa japonica*（马鞭草科紫珠属）

落叶灌木，高达1.5~2m。叶片倒卵形、卵形或椭圆形。聚伞花序，花冠白色或淡紫色。果球形，紫色。花期6~7月，果期8~10月（见彩图48）。

产于我国长江流域及华北地区。性喜光，不耐旱，喜肥沃排水良好土壤。

秋季果实累累，紫堇色，明亮如珠，果期长，是优良的观果灌木。适合种植于草地、假山旁，庭园或公园可丛植于路旁、池畔观赏。

### （45）'金叶'莸 *Caryopteris × clandonensis* 'Worcester Gold'（马鞭草科莸属）

落叶灌木，高达1.2m。叶卵状披针形，金黄色，背面银白色，有毛。伞房状聚伞花序，花冠淡紫色或淡蓝色。花期夏秋。

我国东北、华北、华中、华东、西南地区有栽培。喜光，耐半阴，耐旱，耐热，耐寒。

金黄色叶片观赏期长，夏秋开花，花色淡雅，气味芳芬。适合丛植和片植等，也可用作地被和绿篱观赏。

### （46）大叶醉鱼草 *Buddleja davidii*（醉鱼草科醉鱼草属）

落叶灌木，幼枝、叶下面及花序均密被白色星状毛。叶对生，卵形或披针形。总状或圆锥状聚伞花序顶生，花冠淡紫、黄白至白色，芳香。花期5~10月（图9-65）。

产于我国长江流域及以南地区。性喜光，耐阴，适应性较强，较耐寒。

图9-64　臭牡丹

图9-65　大叶醉鱼草

花美丽而芳香，花序较大，花期长。可在路旁、草地、墙隅等地丛植，亦可用于绿地散植观赏。

### (47) 雪柳 *Fontanesia fortunei*（木犀科雪柳属）

落叶灌木或小乔木，高达8m。单叶对生，纸质，披针形或卵状披针形。圆锥花序顶生或腋生，花绿白色，微香，花序间多生有叶。翅果，呈椭圆扁平。花期5~6月。

产于我国华北、华中和华东等地。喜光，稍耐阴，耐寒，耐旱，耐瘠薄，适应性强。

春夏花开芳香四溢，叶细如柳，宛若积雪，颇为美观，可丛植于池畔、坡地、路旁或树丛边缘，或孤植于庭园之中观赏。

### (48) 金钟花 *Forsythia viridissima*（木犀科连翘属）

落叶灌木，高达3m。枝直立，小枝黄绿色，四棱形，髓薄片状。单叶对生，椭圆状矩圆形。花叶同放，1~3朵腋生，金黄色。花期3~4月。

产于我国长江流域。喜光，耐半阴，耐旱，耐寒，忌湿涝。

早春花叶同放，满枝金黄，艳丽可爱。宜丛植于草坪、墙隅、假山旁、园路转角处等，或作花篱和基础种植等用。

同属常见种：连翘（*F. suspensa*）：枝开展，小枝褐色，拱形下垂，髓中空。花先叶开放，通常单生，花冠黄色，倒卵状椭圆形。花期3~4月。

### (49) 迎春花 *Jasminum nudiflorum*（木犀科茉莉属）

落叶灌木，高2~5m。枝细长拱形，绿色，四棱形。三出复叶对生，卵形至长圆状卵形。花单生，花冠黄色，通常6裂。花期2~4月。

产于我国华北、西南地区。喜光，稍耐阴，耐寒力强。

花先叶开放，明黄可爱，宜植于路缘、岸边，作地被或花篱。

### (50) 紫丁香 *Syringa oblata*（木犀科丁香属）

落叶灌木或小乔木。叶革质或厚纸质，卵圆形或肾形，先端短凸尖或长渐尖。圆锥花序直立，由侧芽抽生。花冠淡紫色，花冠筒圆柱形，裂片直角开展，花药生于花冠筒喉部。花期4~5月，果期6~10月（图9-66）。

中国特有种，产于东北、华北、西北（除新疆）以至西南达四川西北部。喜光，稍耐阴，喜湿润，较耐旱。

芳香独特，有硕大繁茂的花序，花色优雅。可丛植于路边、草坪或向阳坡地，或与其他花木搭配栽植在林缘。

图9-66 紫丁香

### (51) 刺枝野丁香 *Leptodermis pilosa* var. *acanthoclada*（茜草科野丁香属）

川滇野丁香变种。落叶灌木，高0.5~1m。极多分枝，枝刺状；老枝覆有片状纵裂的薄皮。叶纸质，多卵形，形状和大小多有变异，长0.5~2.5cm，有缘毛，侧脉每边3~5条。聚伞花序有花

图 9-67 '红王子'锦带花　　　图 9-68 '花叶'锦带花　　　图 9-69 '紫叶'锦带花

3~5(7)朵，花冠漏斗状，长9~10mm，裂片5，边檐狭而薄，内折。花期6月，果期9~10月。

中国特有种，产于西藏、四川。喜光，耐干旱，耐贫瘠，耐修剪。

植株矮小，树冠密集，花期小花密集，适于作为防护性花篱。

**(52) 锦带花 *Weigela florida*（忍冬科锦带花属）**

落叶灌木，高达1~3m。小枝细，幼枝具四棱。叶椭圆形或卵状椭圆形。花1~4朵成聚伞花序，花冠漏斗状钟形，端5裂，玫瑰红色；花萼5裂，下半部合生。花期4~6月。

分布于我国北部地区。性喜光，耐寒，耐瘠薄，萌蘖力强。

枝叶繁茂，花色艳丽，花期长达两月之久。适于庭园角隅、湖畔群植；也可在树丛、林缘作花篱、花丛配置；点缀于假山、坡地，也甚适宜。

常见品种：①'红王子'锦带花（'Red Prince'）：花鲜红色（图9-67）。②'花叶'锦带花（'Variegata'）：叶缘淡黄白色，花粉红色（图9-68）。③'紫叶'锦带花（'Purpurea'）：叶紫褐色，花粉红色（图9-69）。

同属常见种：海仙花（*W. coraeensis*）：叶阔椭圆形或倒卵形。花数朵组成腋生聚伞花序。萼片线状披针形，裂达基部，花初开白色、黄白色或淡玫瑰红色，后变为深红色。花期5~6月。

**(53) 小叶六道木 *Abelia parvifolia*（忍冬科六道木属）**

落叶灌木，高达1~4m。枝纤细，多分枝，幼枝红褐色，被短柔毛。叶对生，革质，卵形。具1~2朵花的聚伞花序生于侧枝上部叶腋，花冠粉红色至浅紫色，狭钟形，外被短柔毛及腺毛。花期4~5月（图9-70）。

产于我国长江流域。喜光，耐寒，对土壤要求不严，耐修剪。

花叶秀美，花后红色萼片宿存，甚为美丽。宜配置于林缘、池畔、路旁等，也可用作花篱、观花地被等。

同属常见种：①糯米条（*A. chinensis*）：幼枝红褐色。叶卵形至椭圆状卵形。圆锥聚伞花序顶生或腋生，花冠白色至粉红色，芳香。花期7~9月。②大花六道木（*A. × grandiflora*）：叶小，长卵形。圆锥聚伞花序，数朵着生于叶腋或花枝顶端，漏斗形，花白

图 9-70 小叶六道木

色、粉红色，萼片宿存至冬季。花期 6~11 月。

**(54) 接骨木 *Sambucus williamsii*（忍冬科接骨木属）**

落叶灌木或小乔木，高达 4~8m，髓部淡黄褐色。奇数羽状复叶对生，小叶 5~11 枚，椭圆状披针形，缘具锯齿，揉碎后有臭味。圆锥状聚伞花序顶生，花小，白色。花期 4~5 月，果期 6~7 月。

产于我国东北部、中部以及南部等地。喜光，稍耐阴，较耐寒，耐旱，萌蘖性强，忌水涝。

枝叶繁茂，春季白花满树，夏季红果累累，是花果兼赏树种。宜配置于草坪、林缘、池畔或者路旁。

同属常见种：接骨草（*S. javanica*）：高大半灌木或草本，高 1~2m。茎具棱，髓部白色。奇数羽状复叶对生，复伞形花序顶生，花冠白色，果实红色。

**(55) 绣球荚蒾（木本绣球）*Viburnum macrocephalum*（忍冬科荚蒾属）**

落叶灌木，高达 4m。枝条开展，冬芽裸芽，芽、幼枝、叶柄及叶背密生星状毛。单叶对生，卵形或椭圆形，先端钝圆，缘具小齿。大型聚伞花序形如绣球，全部由白色不孕花组成。花期 4~6 月（图 9-71）。

产于中国。喜光，稍耐阴，耐寒性不强。

树姿开展圆整，春日繁花聚簇，团团如球，犹似雪花压树。是优美的园林观赏树种。

常见变型：琼花（f. *keteleeri*）：聚伞花序中央为两性的可孕花，辐状，周围有 7~10 朵大型白色不孕花，核果红色，后变黑色。

同属常见种：①粉团（蝴蝶绣球、雪球荚蒾）（*V. plicatum*）落叶灌木，幼枝疏生星状绒毛，鳞芽。叶对生，阔卵形或倒卵圆形，表面叶脉显著凹下。聚伞花序复伞形，全为大型白色不孕花。花期 4~5 月（图 9-72）。常见其变型：蝴蝶戏珠花（蝴蝶树、蝴蝶荚蒾）（f. *tomentosum*）：花序中央为两性可育花，外缘为白色大型不孕花，形同蝴蝶，中部为可孕花。果初为红色，后变蓝黑色。花期 4~5 月（图 9-73）。②鸡树条（天目琼花）（*V. opulus* ssp. *calvescens*）：落叶灌木。叶卵圆形或宽卵形，3 裂，掌状三出脉。顶生花序边缘具 10~12 白色不孕花，中央的两性花辐状。花期 5~6 月。

**(56) 金银木（金银忍冬）*Lonicera maackii*（忍冬科忍冬属）**

落叶灌木，高达 6m。幼枝、叶两面、叶柄、苞片均被短柔毛。单叶对生，卵状椭圆形或卵状披针形，纸质。花芳香，成对生于幼枝叶腋，花冠先白后黄色，唇形。浆果熟时暗红色，经久不落。花期 5~6 月，果期 8~10 月（图 9-74）。

产于我国东北、华北、华东、西南等地。性强健，喜光，稍耐阴，耐寒，耐旱。

优良的观花、观果材料。

图 9-71 绣球荚蒾

图 9-72 粉 团

图 9-73 蝴蝶戏珠花

图 9-74 金银木

# 10 园林树木——藤木类

## 10.1 常绿藤木类

**(1) 巨花马兜铃 *Aristolochia gigantea*（马兜铃科马兜铃属）**

常绿大型木质藤本。老茎粗糙，具棱，蔓长达10m。叶互生，卵状心形，全缘，顶端尖，基部心形，具叶柄，着于老茎上。单花腋生，有臭味，花被仅1片，基部膨大如兜状物，其上有一缢缩的颈部，顶部扩大如旗状，布满紫褐色斑点或条纹，长约40cm。花期2月底~11月中旬。

原产于巴西，我国在中国科学院西双版纳热带植物园有引种。喜光，稍耐阴，喜温暖湿润气候，性强健，不耐寒。

花大且花形奇特，适宜大型花架、绿廊等栽培观赏。目前应用稀少。

**(2) 薜荔 *Ficus pumila*（桑科榕属）**

常绿藤木或匍匐灌木，借气生根攀缘。含乳汁，小枝具褐色柔毛。叶二型，果枝上叶椭圆形，全缘，厚革质，三出脉，侧脉在上面凹下，下面网脉蜂窝状；营养枝上叶柄短而基部歪斜。

产于我国华东、华中及西南地区。是点缀假山石和绿化墙垣的好材料。

**(3) 光叶子花（三角梅）*Bougainvillea glabra*（紫茉莉科叶子花属）**

常绿藤状灌木。枝下垂，近无毛，具利刺，刺腋生，粗壮稍弯曲。单叶互生，叶纸质，卵形或卵状披针形，先端急尖或渐尖。花顶生，常3朵簇生，叶状苞片3，多为紫红色，花被管淡绿色，疏生柔毛，有棱，顶端5浅裂。花期冬春季或更长（图10-1，另见彩图49）。

图10-1 光叶子花

原产于巴西。喜温暖湿润且阳光充足的环境,不耐阴。耐热不耐寒,生长迅速,耐修剪。

苞片大而颜色鲜艳,花期长,品种繁多,是优良的观花和垂直绿化树种。

同属常见种:叶子花(九重葛、三角梅)(*B. spectabilis*):枝叶密生柔毛。园艺品种繁多,苞片颜色有砖红、粉红、橙红、橙黄等。

### (4) 木香(七里香) *Rosa banksiae*(蔷薇科蔷薇属)

常绿或半常绿蔓性灌木。枝绿色,光滑,常无刺。奇数羽状复叶,小叶3~5,椭圆状卵形,缘具细齿,托叶早落。伞形花序,花白色或黄色,芳香。果近球形,红色。花期4~7月。

产于我国四川、云南。喜光,也耐阴,喜温暖气候,较耐寒。

花香四溢,宜于棚架、亭廊等处栽植。

常见品种有:①'重瓣白'木香('Albo-plena'):花白色,重瓣,香气浓烈(图10-2)。②'重瓣黄'木香('Lutea'):花淡黄色,重瓣,淡香(图10-3)。

### (5) 粉叶羊蹄甲 *Bauhinia glauca*(云实科羊蹄甲属)

常绿藤本,有卷须。叶小,纸质,近圆形,先端2裂达中部或中下部,裂片先端圆钝。伞房状的总状花序顶生或与叶对生,花密集,花瓣白色。荚果带状,薄,不开裂。花期4~6月,果期7~9月。

产于我国广东、广西、江西、湖南、贵州、云南。喜温暖湿润气候,喜阳,在排水良好的酸性砂壤土生长良好。

在园林中作为藤本植物攀爬花架、屋顶、墙垣等,具有很好的绿化覆盖效果。

常见亚种:薄叶羊蹄甲(ssp. *tenuiflora*):与原种的区别为叶较薄,近膜质,分裂仅及叶长的1/6~1/5,花托长25~30mm,为萼裂片长的4~5倍,花瓣白色。花期6~7月,果期9~12月。产于我国云南和广西。园林用途同原种。

### (6) 厚果崖豆藤(厚果鸡血藤) *Millettia pachycarpa*(蝶形花科崖豆藤属)

常绿巨大藤本,长达15m。幼年时直立如小乔木状。嫩枝密被黄色茸毛,老枝光滑。

图10-2 '重瓣白'木香

图10-3 '重瓣黄'木香

奇数羽状复叶，小叶6~8对，草质，长圆状椭圆形至长圆状披针形。总状圆锥花序，花冠淡紫色。荚果肿胀，长圆形，深褐黄色。花期4~6月，果期6~11月。

产于我国浙江、福建、广东、广西、四川、云南、贵州、西藏等地。

### (7) 常春油麻藤(常绿油麻藤) *Mucuna sempervirens*(蝶形花科黧豆属)

常绿藤木，长达25m。三出复叶互生，顶生小叶卵状椭圆形，侧生小叶斜卵形。花大，暗紫色，蜡质，有臭味，总状花序生于老茎。荚果长条形。花期4~5月，果期8~10月。

产于我国西南至东南部。耐阴，喜温暖湿润气候，耐干旱。

优良的棚架及垂直绿化材料。

### (8) 扶芳藤 *Euonymus fortunei*(卫矛科卫矛属)

常绿藤木，高1至数米。茎匍匐或攀缘，能随处生细根。单叶对生，长卵形，薄革质，缘具钝齿，叶柄短。聚伞花序，多花密集成团。花期6月。

我国华北以南地区均有分布。耐阴，喜温暖，耐寒性不强。

秋叶常变红，攀缘能力极强，宜掩覆墙面、山石或树干。

常见变种及品种：①爬行卫矛(var. *radicans*)：叶较小，缘锯齿尖且明显，叶背叶脉不明显。②'花叶'爬行卫矛('Variegatus')：叶具白色、黄色或粉红色边缘。③'金边'扶芳藤('Emerald Gold')：叶小舌状，密集，镶有宽的金黄色边。

### (9) 扁担藤(扁带藤) *Tetrastigma planicaule*(葡萄科崖爬藤属)

常绿大藤木。茎极扁，形似扁带。具不分枝卷须。掌状复叶互生，小叶长圆状披针形，缘具疏钝齿。花小，绿色，聚伞花序。浆果球形，熟时黄色。花期6~7月，果期9~11月。

产于我国华南及西南地区。耐半阴，喜温热湿润气候，不耐干旱和寒冷。

扁茎奇特，宜作攀缘绿化材料。

### (10) 洋常春藤 *Hedera helix*(五加科常春藤属)

常绿藤木，借气生根攀缘，长可达30cm。单叶互生，全缘；叶较大，阔卵形，3~5浅裂，花枝叶卵状菱形、不裂。伞形花序。果黑色，球形，浆果状。

原产于欧洲。极耐阴，不耐寒，对土壤和气候要求不严。

常以攀缘假山、岩石或建筑物阴面作垂直绿化材料，亦可盆栽室内观赏。

常见品种：'金边'洋常春藤('Aureo-variegata')、'银边'洋常春藤('Silves Queen')、'斑叶'洋常春藤('Argenteo-variegata')、'金心'洋常春藤('Gold-heart')等。

同属常见种：常春藤(中华常春藤)(*H. nepalensis*)：叶较小，三角状卵形，全缘或3~5裂，花枝上叶卵形、不裂。

### (11) 络石 *Trachelospermum jasminoides*(夹竹桃科络石属)

常绿藤木。单叶对生，椭圆形至披针形，全缘，革质。聚伞花序，花冠白色，高脚碟形，5裂片开展且向右扭旋，形似风车，芳香。蓇葖果细长，双生。花期5~7月。

在我国分布很广。耐阴，喜温暖湿润气候，耐寒性不强。

宜植于庭园中用以攀缘墙壁、山石或树干，亦作盆栽观赏(图10-4)。

常见品种：'花叶'络石('Variegatum')：叶有白色边缘及斑块，后变淡红色。

## (12) 蔓长春花 *Vinca major*（夹竹桃科蔓长春花属）

常绿蔓性灌木，高达1m。单叶对生，卵形，全缘。花单生叶腋，蓝紫色，漏斗状，裂片5，开展。蓇葖果双生。花期5~7月。

原产于欧洲。喜光，耐半阴，不耐寒。

优良的地面覆盖观赏植物。

常见品种：'斑叶'蔓长春花（'Variegata'）、'金边'蔓长春花（'Marginata'）等。

图10-4 络 石

## (13) 大纽子花 *Vallaris indecora*（夹竹桃科纽子花属）

攀缘常绿灌木。高达6m，具乳汁。叶对生，纸质，宽卵圆形，叶背被短柔毛。伞房状聚伞花序腋生，常着花3朵，花冠黄白色，冠檐5裂展开，裂片圆形，顶端具细尖头；花药伸出花喉之外，药隔基部背面具圆形腺体。蓇葖果双生，披针状圆柱形。花期3~6月，果期秋季。

中国特有种，产于四川、贵州、云南和广西。喜湿度大、土壤肥沃环境。

宜植于棚架下。

## (14) 绒苞藤 *Congea tomentosa*（唇形科绒苞藤属）

攀缘常绿灌木。小枝幼时密生黄色茸毛，有环状节。叶对生，坚纸质，椭圆形至卵圆形，背面密生长柔毛。聚伞花序排成大圆锥花序，花紫红色，密生白色长柔毛，总苞片3~4枚，长圆形、宽椭圆形或倒卵状长圆形，青紫色，基部连合，密生长柔毛。核果。

产于我国云南西南部。喜光，喜热。

花色艳丽，热带地区可作垂直绿化藤本或作为灌木修剪。

## (15) 多花素馨 *Jasminum polyanthum*（木犀科茉莉属）

常绿缠绕藤木。小枝无毛。叶对生，羽状深裂或为羽状复叶，小叶5~7，卵状披针形至披针形，大小不等，薄革质，三出脉。总状花序或圆锥花序腋生，花冠外面蕾时红色，开花后变白，内面白色，芳香。花期2~8月。

产于我国四川、贵州、云南。喜光，不耐寒，不耐旱。

枝蔓柔韧，叶片素雅，花朵芳香，供观赏栽培。

## (16) 山牵牛 *Thunbergia grandiflora*（爵床科山牵牛属）

攀缘常绿灌木。小枝稍四棱形，后逐渐变圆。叶卵形、宽卵形或心形。花单生叶腋或成顶生总状花序，冠檐蓝紫色，裂片圆形或宽卵形。花期夏季（见彩图50）。

产于我国广西、广东、海南、福建等。喜光，喜温暖，不耐寒，宜选用排水良好、疏松肥沃的壤土。

花色艳丽，可用于小型廊架、墙垣处立体绿化。

### (17) 炮仗花 ( 炮仗藤 ) *Pyrostegia venusta* ( 紫葳科炮仗藤属 )

常绿藤木。枝蔓长达 20m，小枝顶端具三叉丝状卷须。复叶对生，小叶 2~3 枚，卵形，两面无毛。圆锥花序生于侧枝顶端，花萼钟状，花冠筒状，橙红色，裂片 5。花期 1~6 月。

原产于巴西。喜温暖和阳光充足环境，不耐寒。

花朵橙红繁茂，花期长，是廊架、墙垣等立体绿化的优良材料 ( 图 10-5 )。

### (18) 蒜香藤 *Mansoa alliacea* ( 紫葳科蒜香藤属 )

常绿藤木。枝条节部肿大。三出复叶对生，小叶椭圆形，革质有光泽，基部歪斜，顶小叶常呈卷须状或脱落。聚伞花序，花冠漏斗状，花瓣前端 5 裂，紫色或紫红色，凋落时变色。盛花期 8~12 月。其花、叶在搓揉之后有大蒜的香味，因此得名 ( 图 10-6 )。

原产于南美洲的圭亚那和巴西，我国华南、云南西双版纳有栽培。性喜温暖湿润气候和阳光充足的环境，生长适温 18~28℃，对土质要求不高。

枝叶疏密有致，花朵密集色艳，全株散发蒜香味，可地栽、盆栽，也可作为篱笆、围墙美化或凉亭、棚架装饰之用，还可作阳台的攀缘材料或垂吊材料。

### (19) 玉叶金花 *Mussaenda pubescens* ( 茜草科玉叶金花属 )

常绿攀缘灌木，嫩枝被贴伏短柔毛。叶对生或轮生，膜质或薄纸质，卵状长圆形或卵状披针形。聚伞花序顶生，密花，花冠黄色，花柱短而内藏；萼片叶状，雪白色。浆果近球形。花期 6~7 月 ( 图 10-7 )。

我国广东、海南、广西、福建、湖南、江西、浙江和台湾等地均有分布，云南有栽培。适应性强，耐阴，长速快，萌芽力强，极耐修剪。

开花时，叶状雪白的萼片及金黄色的花冠突显树冠，金花玉叶，令人喜爱。其枝条细软，可作造型盆景，也可在围墙等建筑旁作垂直绿化。

### (20) 金银花 ( 忍冬 ) *Lonicera japonica* ( 忍冬科忍冬属 )

半常绿缠绕藤木，茎皮条状剥落。枝条中空。叶对生，卵形或椭圆状卵形。花成对腋生，苞片叶状，花冠二唇形，花白色略带紫晕，后转黄色，芳香。浆果黑色，球形。花期 4~7 月，果期 10~11 月 ( 图 10-8 )。

我国大部分地区均有分布。喜光，也耐半阴，耐寒，耐旱，适应性强。

图 10-5　炮仗花

图 10-6　蒜香藤

图 10-7　玉叶金花

图 10-8　金银花

植株轻盈，花先白后黄，清香，是色香兼备的藤本植物。缠绕篱垣、花架、花廊等作垂直绿化。

## 10.2　落叶藤木类

**（1）中华猕猴桃 Actinidia chinensis（猕猴桃科猕猴桃属）**

落叶藤本。幼枝被毛，髓白色至淡褐色，片层状。单叶互生，纸质，倒阔卵形至近圆形，先端平截突尖、微凹或平截，边缘具睫状小齿，叶背密生灰白色星状毛。花瓣 5，白色，后变淡黄色，有香气，常数朵簇生，萼片两面密被黄褐色茸毛。浆果椭球形，黄褐色。花期 4~6 月，果期 8~9 月。

产于我国长江流域以南地区。喜温暖湿润气候，较耐寒，喜光，稍耐阴，不耐涝，喜腐殖质丰富、排水良好的土壤。

花具芳香，果实大且多，是优良的庭园观赏植物，可作棚架、篱垣的绿化材料。

同属常见种：①大籽猕猴桃（A. macrosperma）：实心髓白色。叶卵形或椭圆形，叶柄水红色。花常单生，白色，芳香。果熟时橘黄色。②葛枣猕猴桃（木天蓼）（A. polygama）：叶上部或全部变成淡黄色或银白色。花白色，浆果黄色，有尖嘴。

**（2）野蔷薇（多花蔷薇）Rosa multiflora（蔷薇科蔷薇属）**

落叶蔓性灌木。枝条细长成攀缘状，茎有皮刺，无毛。奇数羽状复叶，小叶 5~11，倒卵状椭圆形，缘具细齿；托叶篦齿状，大部与叶柄合生，缘具腺毛。伞房花序，花白色或略带红晕，单瓣或半重瓣，芳香。花期 5~6 月。

我国黄河流域以南地区有分布。性强健，喜光，耐寒，耐旱，也耐水湿，对土壤要求不严，耐瘠薄。

可植于溪畔、路旁等地，或用于花架、篱垣、栅栏、墙面、阳台等的绿化。

常见变种与品种：①'七姊妹'（'十姊妹'）（'Platyphylla'）：花重瓣，深玫红色（图 10-9）。②粉团蔷薇（var. cathayensis）：花粉色，径 3~4cm，单瓣。③'荷花'蔷薇（'Carnea'）：花重瓣，粉红，多朵成簇。④'白玉堂'（'Albo-plena'）：花色洁白。

**(3) 粉枝莓 Rubus biflorus**（蔷薇科悬钩子属）

落叶攀缘灌木。枝条紫褐色至棕褐色，密被白粉霜，具粗壮钩状皮刺。小叶 3~5 枚，顶生小叶常 3 裂，疏生皮刺。花 2~5(8) 朵，花梗疏生小钩刺；萼片顶端急尖，结果期包于果实上，花径 1.5~2cm，白色，比萼片长许多，花柱基部及子房顶部密被白色茸毛。果实球形，直径 1~2cm，黄色。花期 5~6 月，果期 7~8 月。

产于我国西藏、四川、云南、陕西、甘肃。喜肥沃、湿润、富含腐殖质的土壤，耐干旱，适应性强。

图 10-9 '七姊妹'

枝干密集，具白粉霜，春季白花点点，秋季一片金黄色的果实，可配合宣石、白色花岗岩等营建冬景；丛植于墙垣、屋角，或者片植于林缘、草坪边缘，也富有山林野趣。

**(4) 紫藤 Wistaria sinensis**（蝶形花科紫藤属）

缠绕落叶大藤本，茎左旋性。奇数羽状复叶互生，小叶 7~13，边缘波状。花蝶形，蓝紫色，成下垂总状花序，芳香，4~5 月叶前或与叶同放。荚果扁长条形，密生黄色茸毛，果期 5~8 月（见彩图 51）。

我国南北各地均有分布。喜光，略耐阴，较耐寒，对土壤和气候适应性强。生长快，寿命长。

枝叶茂密，庇荫效果好，花穗大而美，是优良的栅架、门廊、枯树及山面绿化材料。制作盆景或盆栽可室内装饰。

**(5) 南蛇藤 Celastrus orbiculatus**（卫矛科南蛇藤属）

落叶藤木。单叶互生，卵圆形或倒卵形，缘具疏钝齿。花小，黄绿色。蒴果球形，鲜黄色，3 瓣裂，假种皮深红色。花期 5 月，果期 9~10 月。

产于我国东北、华北、西北至长江流域。性强健，耐寒。

秋叶红色或黄色，蒴果鲜黄色，露出红色种子，宜作攀缘绿化及地面覆盖材料。

**(6) 葡萄 Vitis vinifera**（葡萄科葡萄属）

落叶藤木，具卷须。茎皮成片状剥落。单叶互生，3~5 掌状裂，基部心形，缘具粗齿。花小，黄绿色，花瓣顶部合生成帽状脱落，圆锥花序大而长。浆果近球形，熟时紫红色或黄白色，被白粉，为重要果品。花期 4~5 月，果期 8~9 月。

原产于亚洲西部，我国各地均有栽培。喜光，耐干旱。

品种丰富，宜用于庭园藤架绿化。

**(7) 地锦（爬山虎）Parthenocissus tricuspidata**（葡萄科地锦属）

落叶藤木，借卷须顶端吸盘攀缘。单叶互生，广卵形，掌状 3 裂，缘具粗齿，幼苗或营养枝上叶常裂成 3 小叶。聚伞花序，浆果球形，蓝黑色。花期 5~8 月，果期 9~10 月。

产于我国东北南部至华南、西南地区。喜阴湿，适应性强，攀缘能力强。秋叶变砖红色，是优良的垂直绿化树种。

同属常见种：美国地锦（五叶地锦）(*P. quinquefolia*)：掌状复叶，小叶 5，卵状椭圆形，叶背苍白色。秋叶红艳，攀缘能力不如地锦。

**(8) 凌霄 *Campsis grandiflora* (紫葳科凌霄属)**

落叶攀缘藤木。羽状复叶对生，小叶 7~9，卵形至卵状披针形，两面无毛。顶生疏散的短圆锥花序，花萼绿色，裂至中部，花冠唇状漏斗形，鲜红色或橘红色。花期 6~8 月。

产于我国长江流域以及华东和华南等地。喜光而稍耐阴，喜温暖湿润，耐寒性较差，耐旱，忌积水。

干枝虬曲多姿，翠叶团团如盖，花大色艳，花期甚长。为庭园中廊架、花门之良好绿化材料；用以攀缘墙垣、枯树、石壁，均极适宜；亦可修剪成灌木状栽培观赏(图 10-10)。

同属常见种：美国凌霄（厚萼凌霄）(*C. radicans*)：小叶 9~13，叶背脉上有柔毛，花萼裂较浅约 1/3 处，耐寒性比凌霄强。

图 10-10 凌 霄

# 11 观赏竹类

**(1) 毛竹(楠竹)** *Phyllostachys edulis*(禾本科竹亚科刚竹属)

高大乔木状散生竹类,高10~25m。秆径12~20cm,新秆节下密生细柔毛和白粉环,每节有2分枝,分枝侧常具纵向沟槽。箨鞘背面密被棕色刺毛和深褐色斑点。冬春两季出笋。

原产于我国秦岭至长江流域以南地区。喜温暖湿润气候、肥沃排水良好的酸性砂壤土。

秆高叶翠,秀丽挺拔,常用于庭园绿化。竹笋可食,竹竿可作建筑或造纸材料,是优良的生产结合绿化树种。

常见品种:'龟甲'竹('Heterocycla'):较原种稍矮小,下部节间极度缩短、肿胀,交错成斜面,竹秆外观似龟甲、龙鳞、人面(见彩图52)。

同属常见种与品种:①'斑竹'('湘妃'竹)(*P. bambusoides* 'Tanakae'):竹秆和分枝上有紫褐色斑块或斑点(内深外浅)。②刚竹(*P. sulphurea* var. *viridis*):秆径4~9cm,竹秆节间、沟槽均绿色,具分枝的一侧扁平或具浅纵沟,秆环在不分枝节上不明显,箨鞘无毛。③紫竹(*P. nigra*):秆径2~4cm,老秆为棕紫色至紫黑色(见彩图53)。④罗汉竹(人面竹)(*P. aurea*):秆径2~5cm,秆下部节间短缩、肿胀或交互歪斜,或节间近于正常而于节下有长约1cm的一段明显膨大(见彩图54)。⑤'金镶玉'竹(*P. aureosulcata* 'Spectabilis'):秆金黄色,沟槽为绿色(见彩图55)。⑥红哺鸡竹(*P. iridescens*):节间绿色,常有不明显的黄绿色纵条纹。箨鞘紫红色,密被紫褐色斑点,春季出笋时红色鲜艳,颇为美丽。⑦'黄竿'乌哺鸡竹(*P. vivax* 'Aureocaulis'):秆全部为硫黄色,并在秆的中下部偶有几个节间具1或数条绿色纵条纹。秆节歪斜,秆环常一边略突出。箨鞘淡黄褐色,密被黑褐色斑点和斑块。⑧黄槽竹(*P. aureosulcata*):径4cm,在小径竹的基部有2~3节常"之"字形曲折,节间长达近40cm,分枝一侧的沟槽为黄色。

**(2) 孝顺竹(凤凰竹)** *Bambusa multiplex*[禾本科竹亚科孝顺竹属(箣竹属)]

丛生竹,高4~7m。秆径1~3cm,绿色,秆每节多分枝,节间无沟槽。箨鞘硬脆,厚纸质,无毛,箨叶直立。叶片背面粉白色,笋期6~9月。

分布于我国东南部至西南部,是我国丛生竹分布最广、最耐寒竹种。喜温暖湿润气候及排水良好的土壤。

株丛秀美,四季常青,可用于庭园或水边绿化。

常见品种：①'凤尾'竹（'Fernleaf'）：植株矮小紧凑，秆、叶细小，秆茎小于 1cm，枝叶稠密，纤细下弯（图 11-1）。②'小琴丝'竹（'花'孝顺竹）（'Alphonse'）：秆金黄色，节间有绿色纵条纹（图 11-2）。

同属常见种：①小佛肚竹（*B. ventricosa*）：具正常秆和畸形秆两种秆型。畸形秆矮而粗，节间短，下部节间膨大呈瓶状。箨鞘光滑无毛。②'大'佛肚竹（*B. vulgaris* 'Wamin'）：与小佛肚竹的主要区别在于各部都较大，且箨鞘背面密生暗褐色刺毛（见彩图 56）。③'黄金间碧'竹（*B. vulgaris* 'Vittata'）：秆径 4~6cm，鲜黄色，节间具显著绿色纵条纹（见彩图 57）。④粉单竹（*B. chungii*）：秆幼时具显著白色蜡粉，节间甚长（45~100cm），箨环隆起呈一圈木栓质并有倒生毛，箨叶外翻，叶片长达 20cm（见彩图 58）。⑤慈竹（钓鱼竹）（*B. emeiensis*）：秆丛生，梢端弧形弯曲作钓丝状下垂，叶片背面灰绿色。箨鞘背面密被生棕黑色刺毛。笋期 6~10 月。中国特有种，主要分布于四川盆地，是"川西林盘"的主要竹种。常见品种：'大琴丝'竹（'Striatus'）：与慈竹相似，不同之处在于秆节间淡黄色，有宽窄不等的深绿色纵条纹，叶片有时也有淡黄色纵条纹。

### （3）西藏箭竹 *Fargesia macclureana*（禾本科竹亚科箭竹属）

合轴散生型，高 1~7m。节间长 18~28（53）cm，纵向细肋明显。秆每节有 3~7 小枝簇生，枝斜展，近等粗，具 3~5 叶。叶披针形，缘具小锯齿。笋紫红色、暗紫色或绿色带紫色，箨鞘宿存或迟落，箨耳无。笋期 7 月。

中国西藏特有种。喜温润，喜高空气湿度，不耐干热风。

植株紧凑，耐寒性强，适于在背风区域栽植。

### （4）麻竹 *Dendrocalamus latiflorus*（禾本科竹亚科牡竹属）

大型丛生竹，高 15~25m。梢端弧形弯曲下垂；节间长 45~60cm，幼时被白粉，节内具一圈棕色茸毛环。秆分枝高，每节分枝多。笋期 5~11 月。

产于我国西南、华南等地。是我国南方地区栽培最广的笋用竹种。庭园栽植观赏价值亦高。

### （5）菲白竹 *Pleioblastus fortunei*（禾本科竹亚科苦竹属）

低矮竹类，高 20~40cm。地下茎复轴混生。秆纤细，径 1~2mm，绿色叶片上有乳白色纵条纹。

图 11-1 '凤尾'竹

图 11-2 '小琴丝'竹

原产于日本。喜温暖湿润气候,耐阴性强。

植株低矮,叶片秀美,可作林下地被、绿篱,亦是盆栽及盆景中配置的好材料。

同属常见种:①菲黄竹(*P. viridistriatus*):叶较大,幼嫩时淡黄色有深绿色纵条纹,夏季时变绿色。原产于日本。②铺地竹(*P. argenteastriatus*):矮小竹种,高30~50cm。叶绿色,偶有黄或白色条纹。节下被白粉一圈,箨鞘宿存。宜作地被或盆栽。

(6) 阔叶箬竹 *Indocalamus latifolius* (禾本科竹亚科箬竹属)

低矮竹类,高1~2m。秆径0.5~1.5cm,每节1分枝。秆箨宿存,质地坚硬,背部有棕紫色小刺毛。每小枝具叶1~3片,叶片较大,长椭圆形,背面灰白色。

产于我国山东、江苏、浙江、湖南、广东、四川等地。喜温暖,喜湿润、排水良好的土壤。

植株低矮,叶宽大,可包裹粽子。园林中可作地被植物,亦可种植于水岸边。

(7) 花叶唐竹 *Sinobambusa tootsik* (禾本科竹亚科唐竹属)

散生竹,高5~10m。径3~5cm,节间分枝一侧有沟槽,叶绿色,上有黄白色纵条纹。秆环甚隆起,秆箨早落,箨鞘新鲜时绿色,具黄白色纵条纹(见彩图59)。是优美的园林观赏竹种。

(8) 方竹 *Chimonobambusa quadrangularis* (禾本科竹亚科方竹属)

散生竹,高3~8m。秆下方上圆,节间具小疣而粗糙,基部数节常具一圈刺状气根。上部每节具3分枝,秆环甚隆起。可植于庭园观赏。

同属常见种:筇竹(*C. tumidinoda*):秆环甚隆起,肿胀成一显著圆脊,有关节,易脆断。竹秆形态奇特,为名贵观赏竹,可庭园栽植或盆栽观赏。

(9) 鹅毛竹 *Shibataea chinensis* (禾本科竹亚科鹅毛竹属)

矮生灌木状竹类,高约1m,散生或丛生。秆环肿胀隆起,每节3~6分枝,分枝通常只有2节,仅上部节生1~2叶。叶卵状披针形,缘具小齿,基部圆形不对称,叶表有光泽,具明显小横脉。

我国长江流域各城市广为栽培。

可作为地被竹观赏。

(10) 白纹阴阳竹 *Hibanobambusa tranquillans* f. *shiroshima* (禾本科竹亚科阴阳竹属)

地下茎单轴型,散生竹。高3~5m。叶片绿色有白色纵条纹,通常一年生竹的叶片白色纵条纹多,多年生竹的叶片呈绿色多。秆、枝亦有少数白色纵条纹。

原产于日本,成都等地有引种。较耐干旱和寒冷。

彩叶观赏地被竹种,可用于园林绿化、盆栽观赏。

(11) 白纹椎谷笹(靓竹) *Sasaella glabra* f. *albostriata* (禾本科竹亚科东笆竹属)

地下茎复轴型,混生竹,秆高30~80cm。节下常具一圈白粉,秆每节上着生1枝条。叶片长,绿色,具白色或浅黄色纵条纹。

原产于日本。耐寒性好。

竹体矮小,株间密集,叶色鲜艳醒目,宜作庭园地被竹或制作盆景。

# 12 棕榈类

### (1) 棕竹 Rhapis excelsa (棕榈科棕竹属)

常绿丛生灌木,高2~3m。叶掌状深裂至基部,裂片4~10,裂片宽线形,边缘及肋脉上具褐色小锐齿。雌雄异株,肉穗花序基部有一枚佛焰苞片,雄花棍棒状长圆形,雌花短而粗。浆果,球形,黄褐色。花期6~7月,果期10~11月(图12-1)。

产于我国华南及西南地区。喜温暖湿润气候,不耐寒,耐阴,喜排水良好的微酸性土壤。

株丛饱满,叶形优美,适宜于热带和亚热带地区庭园及风景区林下绿化,亦可作室内观叶植物。叶片可作切花辅材。

常见品种:'花叶'棕竹('Variegata'):叶裂片有黄色条纹。

同属常见种与品种:①'斑叶细'棕竹(R. gracilis 'Variegata'):叶掌状深裂,裂片2~4,裂片长圆状披针形,叶片有黄色斑纹,多室内盆栽观赏。②矮棕竹(细叶棕竹)(R. humilis):外形似棕竹,比棕竹高大,叶掌状7~20深裂,裂片线形,边缘细锯齿。花序基部2~3枚佛焰苞。

### (2) 棕榈 Trachycarpus fortunei (棕榈科棕榈属)

常绿乔木,高3~10m或更高。茎单干,具纤维网状叶鞘。叶团扇形,掌状深裂,裂片线形,较硬直,但先端常略下垂;叶柄两侧有细齿。肉穗花序腋生,圆锥状,花黄白色,雌雄异株。核果肾状球形,成熟时蓝褐色。花期4~5月,果期10~11月(见彩图60)。

分布于我国长江以南各地区。喜温暖湿润气候,较耐寒,可耐-8℃,耐阴性强,喜肥。根系浅,须根发达。生长缓慢,寿命长。

树形挺拔秀丽,抗性强,显现热带风光。庭园及工厂矿区作行道树和庭荫树,亦可作大型室内观叶植物。

### (3) 蒲葵 Livistona chinensis (棕榈科蒲葵属)

常绿乔木,高5~20m。外形似棕榈,

**图 12-1 棕 竹**

图12-2 蒲葵

主要不同点是：叶掌状分裂较浅，裂片先端2裂并柔软下垂；叶柄粗壮，两侧有下弯倒刺。肉穗花序腋生，圆锥状，具佛焰苞片，花小，两性，黄色。果实椭圆形，状如橄榄，成熟时黑褐色。花果期4~5月(图12-2)。

产于我国南部。喜温暖湿润气候，不耐寒。喜光，略耐阴，耐移植，耐湿，抗风力强。

树形美观，叶形优美，体现热带风光，可于庭园、风景区作行道树及庭荫树。

(4) 鱼尾葵 *Caryota ochlandra* (棕榈科鱼尾葵属)

常绿乔木，高10~15m。茎单干，绿色，被白色的毡状茸毛。叶大型，2~3回羽状深裂，裂片鱼尾状，叶鞘巨大，抱茎。佛焰苞花序圆锥状，长1.5~3m，浆果球形，成熟时淡红色。花期5~7月，果期8~11月。

产于我国华南、西南等地。喜温暖湿润气候，耐阴性强，喜酸性土。

树形优美，叶形奇特，热带及亚热带温暖地区可作庭园绿化、行道树、庭荫树。

同属常见种：①短穗鱼尾葵(*C. mitis*)：常绿丛生小乔木，茎绿色，表面被微白色的毡状茸毛，花序较短0.5~1m，果实球形，成熟时蓝黑色。②董棕(*C. obtusa*)：常绿乔木，茎黑褐色，花序长1.5~3m，果实球形，成熟时红色。

(5) 长叶刺葵(加那利海枣) *Phoenix canariensis* (棕榈科刺葵属)

常绿乔木，高达18m。单干，干上有整齐的鱼鳞状叶痕。叶大型，羽状复叶，小叶狭条形，基部小叶成刺状。雌雄异株，肉穗花序。浆果球形，成熟时橙黄色。花期3~4月，果期9~10月(见彩图61)。

原产于非洲加那利群岛。喜温暖湿润气候，耐阴性强，能耐-10℃低温，对土壤适应性强。

树形优美壮观，可用于庭园及公共绿地作行道树或园景树。

同属常见种：①银海枣(林刺葵)(*P. sylvestris*)：树冠半球形，叶顶丛生，叶灰绿色，羽片剑形。②软叶刺葵(江边刺葵、美丽珍葵)(*P. roebelenii*)：茎丛生，栽培时常单生，羽片线性，柔软。

(6) 散尾葵 *Chrysalidocarpus lutescens* (棕榈科散尾葵属)

常绿丛生灌木，高达2~5m。干光滑，有环纹。叶羽状全裂，羽片披针形，表面被白粉。肉穗圆锥花序，雌雄异花，果实卵形，橙黄色。花期5~6月，果期8~10月。

原产于非洲。喜温暖湿润气候，耐寒力差，耐阴性很强。

可作热带温暖地区庭荫树，温带及亚热带地区优良室内盆栽观叶植物，其叶可作切花材料。

**（7）袖珍椰子 *Chamaedorea elegans*（棕榈科竹节椰子属）**

常绿灌木，单干，高 1m 以下。茎干绿色，细长如竹。叶生于干顶，羽状全裂，裂片披针形。雌雄异株，肉穗花序腋生。浆果球形，橙黄色。

原产于墨西哥、危地马拉。喜温暖湿润气候，耐寒力差，耐阴性很强，忌阳光直射。

植株小巧，羽叶青翠，是优良室内盆栽观叶植物。

**（8）丝葵（老人葵）*Washingtonia filifera*（棕榈科丝葵属）**

常绿乔木，高达 20m。叶圆扇形，掌状分裂至中部，先端 2 裂，裂片边缘具灰白色丝状纤维，先端下垂；叶柄绿色，仅下部边缘具小刺。花序多分枝，小花白色。核果，黑色。花期 7 月。

原产于美国西南部。喜光、抗风、耐寒、耐旱。

植株高大挺拔、树冠层次优美，可作亚热带和热带地区优良庭荫树。

**（9）金山葵（皇后葵）*Syagrus romanzoffiana*（棕榈科女王椰子属）**

常绿乔木，高达 10~15m。干直，灰色。叶羽状全裂，长 2~5m，羽片线状披针形，多行排列，先端浅 2 裂；叶柄及叶轴被易脱落的褐色鳞秕状茸毛。肉穗花序腋生，雌雄同株。果黄色。花期夏季，果期 11 月~翌年 3 月。

原产于巴西、阿根廷。喜光，较耐阴，喜暖热多湿气候，较耐寒。

叶长而繁茂，干挺拔壮美，宜于园林中散植、丛植或作行道树。

**（10）假槟榔 *Archontophoenix alexandrae*（棕榈科假槟榔属）**

常绿乔木，高达 25m。干圆柱状。叶羽状，生于茎顶，羽片线状披针形，缘或有缺刻。圆锥花序生于叶鞘下，下垂，花雌雄同株，白色。果实卵球形，红色。种子卵球形（见彩图 62）。

原产于澳大利亚东部，我国福建、广东、海南、广西、云南等热带亚热带地区均有栽培。性喜高温、高湿和避风向阳的气候环境，在土层深厚、肥沃、排水良好的微酸性砂质壤土中生长良好。

树形优美，集观叶、花、果、茎于一体，极具特色。树干具有类似竹子的环形叶痕，大叶扩张如伞，乘风飘逸，适于在公园、绿地中对植、列植，可增添热带风情。

**（11）王棕（大王棕、大王椰子）*Roystonea regia*（棕榈科王棕属）**

常绿乔木，单干，高 10~20m。茎干幼时基部膨大，老时近中部不规则膨大，向上部渐狭，叶痕不明显。叶大，簇生于干顶，羽状全裂，弓形常下垂，长 4~5m，线状披针形，渐尖，顶部羽片较短而狭，在中脉的每侧具粗壮的叶脉（图 12-3）。

原产于古巴。分布于我国广东、海南、广西和云南南部，全球其他热带地区亦有栽培。抗风力强，幼龄期

**图 12-3 王 棕**

稍耐阴，成龄树喜光；喜土层深厚肥沃的酸性土，不耐贫瘠，较耐干旱，亦较耐水湿，根系粗大发达。

中国南部热带地区常见栽培。树形优美，常作行道树，或植于高层建筑旁、大门前两侧、花坛中央主景以及水滨、草坪等处，孤植、对植或片植均宜。

### （12）贝叶棕 *Corypha umbraculifera*（棕榈科贝叶棕属）

常绿大乔木，高达18～25m。径50～60cm，最大可达90cm，具较密的环状叶痕。叶大型，呈扇状深裂，近半月形；叶片长1.5～2m，宽约2.5～3.5m，剑形。花序顶生、大型、直立、圆锥形。

原产于印度、斯里兰卡等亚洲热带国家。喜光植物，早期适宜半荫蔽，生长期要求阳光充足。在热带北缘西双版纳气候条件下能正常开花结果、繁殖后代。

植株高大粗壮，树形美观，是很好的绿化观赏植物，宜孤植或片植。其叶片可代纸作书，在印度和中国云南（傣族）用贝叶刻写佛经，俗称"贝叶经"。

### （13）椰子 *Cocos nucifera*（棕榈科椰子属）

直立乔木，高15～30m。干粗壮，有环状叶痕，基部增粗。叶羽状全裂，簇生于茎顶，长3～4m，裂片多数，外向折叠，线状披针形，顶端渐尖。果大，有种子1，果皮厚，内果皮极硬。种皮薄，衬贴着白色的胚乳，胚乳内有一大空腔贮藏着水液。

主产于菲律宾、印度、马来西亚、斯里兰卡等国。中国广东南部诸岛及雷州半岛、海南、台湾及云南南部热带地区均有栽培。热带喜光植物，在高温、多雨、阳光充足和海风吹拂的条件下生长长势好。

植株高大，树形美观，可列植或林植，果具观赏性兼食用。椰子为重要的热带木本油料作物，具有极高的经济价值。

### （14）盾轴榈 *Licuala peltata*（棕榈科轴榈属）

常绿乔木，茎干高约1.2m，被叶鞘棕丝包围。嫩叶未展开时如剑，展开后叶大形如巨型扇，叶长约0.9m，宽约1.6m，叶顶边锯齿状；叶柄具倒钩刺。幼果绿色，熟果黄红色（图12-4）。

原产于印度尼西亚，已引种中国，在海南、云南西双版纳中国科学院植物园棕榈园栽培。生于雨林下或砍伐后的灌丛中。喜半阴、湿润的环境。在强阳光下生长较矮小，叶色黄绿。

其美感在于新叶直立，形同巨扇，叶老后下垂，是棕榈科观叶植物中的佼佼者。且植株较低矮，适合于庭园、大草地丛植、片植等，也可盆栽观赏。

图12-4 盾轴榈

# 13 园林花卉——一、二年生花卉

**(1) 飞燕草 *Consolida ajacis*（毛茛科飞燕草属）**

多年生草本，常作一、二年生栽培，高达 60cm。茎中部以上分枝，茎下部叶有长柄，在开花时多枯萎。叶互生，掌状细裂，裂片狭线形，有短柔毛。总状花序生顶生，萼片紫色、粉红色或白色，宽卵形；花瓣 2，合生，蓝色，有距。蓇葖果。

原产于欧洲南部和亚洲西南部。喜光、稍耐阴，耐旱，喜肥沃、湿润、排水良好的酸性土。

花形别致似飞燕，色彩淡雅，可丛植作花坛、花境，也可作切花。

**(2) 虞美人 *Papaver rhoeas*（罂粟科罂粟属）**

二年生草本，高 25~90cm，全株被毛。茎细长。叶互生，披针形或狭卵形，羽状深裂，下部全裂。花单生于枝顶，花梗细长，花蕾初时下垂，开花时向上；瓣 4，花冠浅杯状，薄纸质，雄蕊多数。品种繁多，单瓣或重瓣，花色丰富。蒴果宽倒卵形。花果期 3~8 月。

原产于欧洲。耐寒，怕暑热，喜阳光充足的环境，喜排水良好、肥沃的砂壤土，不耐移栽，忌积水。

花瓣具丝质光泽，花梗风中摇曳婀娜，有"舞草"之美称。适宜用于花坛、花境栽植，也可盆栽或作切花用。

同属常见种：冰岛罂粟（野罂粟、冰岛虞美人）（*P. nudicaule*）：与虞美人的区别在于，为多年生宿根草本。叶基生，具长柄，羽状浅裂。花稍下垂，瓣宽楔形或倒卵形，淡黄色、黄色或橙黄色，稀红色，有香味。原产于西伯利亚地区。

**(3) 花菱草 *Eschscholzia californica*（罂粟科花菱草属）**

多年生草本，常作一、二年生栽培，高 25~35cm。株形稍松散，全株被白粉呈蓝灰色。叶基生为主，羽状细裂；茎生叶较小且具短柄。花单生枝顶，具长梗，花瓣 4，黄色，雄蕊多数。蒴果狭长圆柱形。花期 4~8 月，果期 6~9 月（图 13-1）。

原产于美国加利福尼亚州。喜光，较耐寒，喜冷凉干燥气候，不耐湿热，喜疏松肥沃、排水良好、土层深厚的砂质壤土，也耐瘠土。

枝叶细密，花瓣轻盈，具自然气息，适用于花境、花带及盆栽观赏，不适合花坛应用。

**(4) 紫茉莉（地雷花）*Mirabilis jalapa*（紫茉莉科紫茉莉属）**

多年生草本，作一年生栽培，高达 1m。茎直立，多分枝，近光滑，节稍膨大。叶对

图13-1 花菱草

生,卵形或卵状三角形,全缘。花常数朵簇生枝端,花被紫红色、黄色、白色或杂色,高脚碟状,5浅裂;花午后开放,有香气,次日午前凋萎。瘦果球形,黑色,表面具皱纹。花期6~10月,果期8~11月。

原产于热带美洲,我国南北各地常栽培。性强健。喜温暖湿润气候,不耐寒。喜半阴,耐炎热,对土壤要求不严,对有毒气体抗性强。

花期长,适宜大片自然栽植。株形较松散,不宜作花坛花卉。

**(5) 鸡冠花 Celosia cristata (苋科青葙属)**

一年生草本。茎粗壮,光滑具棱,少分枝。叶互生,卵形、卵状披针形或披针形。花多数,极密生,呈顶生穗状花序,扁平肉质似鸡冠,具丝绒般光泽,花序颜色各异。花果期7~9月。

原产于印度。喜阳光充足、炎热、干燥环境,不耐寒。喜疏松、肥沃土壤,不耐瘠薄。忌积水,较耐旱。

花形奇特,园艺品种众多。矮型及中型种类可用于花坛和盆栽观赏,高型种类可用于花境和切花。亦可作干花。

**(6) 千日红 Gomphrena globosa (苋科千日红属)**

图13-2 千日红

一年生草本,株高40~60cm。全株密被细毛。叶对生,椭圆形至倒卵形。头状花序球形,常1~3簇生于长总梗端,花小而密,膜质苞片紫红色,干后不落,色泽不褪。现有苞片颜色为淡红、堇紫、金黄、白色等品种。花期初夏至中秋(图13-2)。

原产于印度。性强健,喜炎热干燥气候,不耐寒,喜阳光充足,不择土壤。

植株低矮,花繁色浓,是花坛、花境的好材料,也可盆栽。亦是良好的自然干花材料,可作切花,观赏期长。

**(7) 五色草类 Alternanthera spp. (苋科莲子草属)**

多年生匍匐草本,常作一年生栽培。株丛紧密,分枝密集成丛状。叶纤细,常具彩斑或异色。

多分布于美洲热带及暖温带。喜温暖湿润气候,喜阳光充足,略耐阴,不耐寒,不耐干旱和水涝。

植株低矮,分枝性强,耐修剪,最适宜选用不同叶色配置模纹花坛,也可用于花境边缘和岩石园点缀。

同属常见种有：①红草五色苋（*A. amoena*）：叶暗紫红色；②五色苋（锦绣苋）（*A. bettzickiana*）：叶绿、褐红等，品种多样。

**（8）雁来红（三色苋、老来少）*Amaranthus tricolor*（苋科苋属）**

一年生草本，高100～140cm。直立，少分枝。叶大，卵圆至卵状披针形，基部暗紫色，入秋顶叶或全叶变红、橙、黄色相间。花小不显，穗状花序集生于叶腋。园林中主要栽培其变种：紫叶雁来红（var. *splendens*）：株高可达180cm，茎叶暗紫色，秋后顶叶玫瑰红色，十分艳丽（图13-3）。

原产于亚洲及美洲热带。喜阳光充足、干燥环境，忌湿热或积水，不耐寒。

植株高大，秋季枝叶艳丽，最宜自然丛植显野趣，或作花境背景。

**（9）大花马齿苋（半支莲、太阳花、洋马齿苋）*Portulaca grandiflora*（马齿苋科马齿苋属）**

一年生草本，植株低矮，高15～20cm。茎匍匐状或斜生。叶圆棍状，肉质。花顶生，品种繁多，花色白、粉、红、黄、橙深浅不一或具斑纹、复色等（见彩图63）。

原产于南美洲。喜高温，不耐寒，强日照植物，喜砂壤土，耐干旱瘠薄，不耐涝。可自播繁衍。

株矮叶茂，花色丰富，可用于花坛、花境、花丛等，亦可盆栽观赏。

同属常见种：阔叶半枝莲（阔叶马齿苋）（*P. oleracea* var. *granatus*）：杂交种。叶匙形至倒卵形，肉质。花单瓣，花色丰富。

**（10）石竹 *Dianthus chinensis*（石竹科石竹属）**

多年生草本，常作一、二年生栽培。高30～50cm。植株直立，茎节膨大。叶对生，线状披针形，基部抱茎。花单生或成顶生聚伞花序及圆锥花序，花瓣5，先端具锯齿。花白色至粉红色，园艺品种丰富。花期5～9月（图13-4）。

原产于我国。喜阳光充足，不耐阴，喜干燥、凉爽环境，不耐热。耐干旱瘠薄，忌水涝。喜排水良好的肥沃土壤。

花枝纤细，叶似竹，故名"石竹"。在西方用其象征母爱，又名"母亲花"。其花色丰富，花朵繁密，花期长，可用于花坛、花境、镶边布置、地被及岩石园。亦可作切花。

图13-3 雁来红

图13-4 石 竹

图13-5 蜀 葵

同属常见种：须苞石竹（美国石竹）（*D. barbatus*）：株高60~70cm，茎粗壮，光滑。叶较宽，中脉明显。聚伞花序，花苞片先端须状，花色丰富，由美国传入。

**（11）蜀葵（一丈红）*Alcea rosea*（锦葵科蜀葵属）**

二年生直立草本，高达2m。茎枝密被刺毛，叶近圆心形，掌状5~7浅裂或波状棱角，被茸毛，粗糙。总状花序顶生，单瓣或重瓣，有红、粉、紫、白等色。花期2~8月。蒴果（图13-5）。

原产于我国四川，故名蜀葵，现广泛分布于西南、华北、华东、华中。喜光，耐半阴，忌水涝。

植株高大，花葶粗壮，适宜成丛成片种植或作切花瓶插。园艺品种众多，矮生品种可作盆花栽培。

**（12）大花三色堇 *Viola × wittrockiana*（堇菜科堇菜属）**

多年生草本，常作二年生栽培，为园艺杂交种。茎直立。叶互生，基生叶多，卵圆形，茎生叶长卵圆形，叶缘具整齐的钝锯齿。花顶生或腋生，花瓣5，形圆，平展，一瓣具短而钝之距；花单色或复色，或花朵中央常具一对比色之"眼"。花期4~6月。

原产于欧洲。喜光，稍耐阴。喜冷凉，较耐寒，忌高温多湿，喜肥沃湿润的黏质土。

株形低矮，花色艳丽，花具丝质光泽，似蝴蝶飞舞，是优良的花坛、花池、盆花及镶边植物。亦可作切花。

同属常见种：角堇（*V. cornuta*）：株高10~30cm，茎较短而稍直立，花堇紫色，也有白、黄、复色等品种，距细长。与大花三色堇花形花色相似，但花径较小，花朵繁密。

**（13）醉蝶花 *Tarenaya hassleriana*（白花菜科醉蝶花属）**

一年生强壮草本，高1~1.5m。全株被黏质腺毛，有特殊臭味，具托叶刺。掌状复叶互生，小叶5~7枚，矩圆状披针形。花茎长而粗壮，花总状花序顶生，花粉红色，稀白色，雄蕊特长。蒴果圆柱形。花期6~9月（见彩图64）。

原产于热带美洲。喜阳光充足，耐半阴，喜高温，耐暑热，忌寒冷。适应性强。

植株高大，花序饱满，花瓣轻盈飘逸，似蝴蝶飞舞，颇为有趣。可布置花坛及花境或盆栽观赏。

**（14）紫罗兰 *Matthiola incana*（十字花科紫罗兰属）**

多年生草本，常作二年生栽培。株高30~60cm，茎直立，全株被灰色星状柔毛。叶互生，长圆形至倒披针形，全缘，灰蓝绿色。总状花序顶生，花梗粗壮，花瓣4，紫红、淡红或白色，具芳香。花期4~5月（见彩图65）。

原产于地中海沿岸。喜光，不耐阴，喜冷凉，忌燥热。喜肥沃湿润土壤。

花朵繁茂，色艳香浓，品种繁多，是春季重要的花坛用花，也可作花境、花带、盆花和切花。

**(15) 香雪球 Lobularia maritima（十字花科香雪球属）**

多年生矮小草本，常作二年生栽培。株高 15～30cm，茎叶纤细，多分枝而匍生，被灰白色毛。叶披针形或线形，全缘。总状花序密集呈球状，花小，白色或淡紫色，微香（见彩图 66）。

原产于地中海沿岸。喜冷凉干燥气候，稍耐寒，忌酷暑，喜光，亦耐阴，耐干旱，耐瘠薄土壤，忌水涝。

植株低矮，花期一片银白，为优良的岩石园花卉。亦是花坛，尤其是模纹花坛及花境布置的优秀花卉。可作地被及盆栽观赏。

**(16) 诸葛菜（二月蓝）Orychophragmus violaceus（十字花科诸葛菜属）**

二年生草本，高 10～50cm。茎直立，几不分枝。基生叶及下部茎生叶大头羽状全裂，上部叶长圆形或短卵形，基部耳状抱茎，边缘具粗齿。花紫色、浅红色或白色，花萼筒状、紫色。花期 4～5 月。

我国分布广泛。喜光，耐寒，萌发早，对土壤要求不严。

花期长，适应性强，优良的早春观花地被，亦可用于自然式带状花坛、花境。

**(17) 羽衣甘蓝 Brassica oleracea var. acephala（十字花科芸薹属）**

二年生草本。叶基生，莲座状，叶大而肥厚，皱缩，叶色丰富，呈白黄、黄绿、红紫等，边缘叶与中心叶色常不同而形成对比，叶形有皱叶、圆叶、裂叶等。总状花序顶生，高达 1.2m。花期 4～5 月。

我国各城市均有栽培。喜阳光充足，喜冷凉，耐寒，忌高温高湿，喜疏松肥沃的砂质壤土，耐盐碱。

叶色鲜艳，叶形多变，观赏期长，可作花坛、花境及盆花（图 13-6）。

**(18) 报春花类（樱草）Primula spp.（报春花科报春花属）**

多年生草本，常作二年生栽培，稀二年生。叶全部莲座状基生。伞形花序顶生，稀总状、头状、穗状花序。花 5 基数，花冠漏斗状或钟状，先端 5 裂，花色丰富，有红、玫瑰红、黄、橙、蓝、紫、白等色，花柱常有长短 2 型。蒴果。花期 1～4 月。

我国西南地区是该属植物的现代分布中心。喜凉爽、湿润气候，不耐高温，稍耐寒。喜肥沃、排水良好土壤。

花色丰富艳丽，花期早且长，观赏价值高，是园林中早春重要的花坛用花，亦可用于花境、地被、盆花等。

图 13-6 羽衣甘蓝

同属常见种：①四季报春(鄂报春)(*P. obconica*)：叶椭圆形，伞形花序于叶丛中抽出，花萼钟状，浅5裂，花萼直径大于长度。园艺品种花色丰富(图13-7)。②报春花(*P. malacoides*)：似四季报春，但花萼裂至中部，且长度大于直径。园艺品种花色丰富(图13-8)。③欧报春(*P. acaulis*)：株形低矮，叶长椭圆形，叶面皱，伞形花序，花葶甚短。原产于欧洲，如今园林应用最为广泛的种类，原种花黄色，现园艺品种花色多样(图13-9)。④藏报春(*P. sinensis*)：全株被柔毛，叶卵形，稍肥厚多汁，边缘5~9裂，花萼基部膨大成半球形。园艺品种花色丰富。⑤小报春(*P. forbesii*)：二年生草本。伞形花序2~4轮，玫瑰红色，花葶高，花量大(图13-10)。

图13-7　四季报春

图13-8　报春花

图13-9　欧报春

图13-10　小报春

**(19)羽扇豆 Lupinus micranthus（蝶形花科羽扇豆属）**

二年生草本，高20~70cm。茎粗壮直立，全株被棕色硬毛。掌状复叶，小叶5~8，叶柄远长于小叶。花蝶形，轮生，成顶生大总状花序，花白、黄、蓝及紫色。花期3~5月，果期4~7月（见彩图67）。

原产于地中海区域，我国见于栽培。酸性土指示植物，喜凉爽气候，略耐阴，直根性，不耐移植。

图13-11 旱金莲

花序丰硕，宜于花境、花池栽植，亦可盆栽及切花观赏。

同属常见种：蓝羽扇豆（*L. hirsutus*）、黄羽扇豆（*L. luteus*）、二色羽扇豆（*L. hartwegii*）、多叶羽扇豆（*L. polyphyllus*）等。

**(20)旱金莲 Tropaeolum majus（旱金莲科旱金莲属）**

多年生稍带肉质草本，常作一年生栽培。高20cm，茎细长，半蔓性或倾卧。单叶互生，近圆形，具长柄，盾状着生。花腋生，左右对称，梗甚长；花萼5，其中1枚延伸成距，花瓣5，具爪；花色多样，白、黄、紫至红色，或具网纹和斑点。花期7~9月（图13-11）。

原产于南美。喜光，喜凉爽，不耐寒。喜排水良好的砂质土。

茎叶优美，花形奇特，是花境、盆栽等优良花材。

**(21)凤仙花（指甲花）Impatiens balsamina（凤仙花科凤仙花属）**

一年生草本，高20~80cm。茎肉质，粗壮。单叶互生，阔披针形，叶缘具锐齿；叶柄有腺。花大，花形似蝴蝶；萼片3，后面1枚具伸长之距，花瓣状；花瓣5，左右对称，品种极多，花色花形多样。蒴果尖卵形，成熟时爆裂，种子弹出。花期6~8月，果期7~9月。

原产于我国南部、印度和马来西亚。喜光，喜炎热，不耐寒，对土壤适应性强。

可供花坛、花境、花篱、盆栽、切花等观赏。花瓣可涂染指甲。

同属常见种：①非洲凤仙（*I. walleriana*）：多年生常绿草本，常作一年生栽培。植株矮小，茎光滑。叶卵形，叶缘具钝齿。花形扁平，花色丰富。原产于非洲。②新几内亚凤仙（*I. hawkeri*）：多年生常绿草本，常作一年生栽培。叶互生，有时上部轮生状，叶卵状披针形，叶脉红色。原产于非洲，多盆栽。

**(22)洋桔梗 Eustoma grandiflorum（龙胆科洋桔梗属）**

多年生草本，常作二年生栽培。高30~60cm。叶对生，阔椭圆形，几无柄，先端尖，叶基略抱茎，全缘，灰绿色。花瓣覆瓦状排列，单瓣或重瓣，单色或复色。花期5~10月。

原产于美国。喜光，喜冷凉环境，不耐热，忌渍涝，喜疏松、肥沃的壤土。

株形典雅，花大且色彩丰富，是常用的切花和盆花材料。

**(23)龙胆 Gentiana scabra（龙胆科龙胆属）**

多年生草本，常作二年生栽培。高10~60cm。根茎平卧或直立。叶卵状披针形，上面密被细乳突。花枝单生，花多数，无梗，花冠蓝紫色，筒状钟形，裂片卵形或卵圆形，先端尾尖，褶偏斜，窄三角形。蒴果。花果期5~11月。

我国广布。喜冷凉环境，是新型盆花材料（图13-12）。

**(24) 长春花 *Catharanthus roseus*（夹竹桃科长春花属）**

多年生草本，常作一年生栽培。高达1m，茎基部木质化。单叶对生，长圆形，具光泽。花单生或数朵腋生，花筒细长，花冠裂片5，倒卵形，品种花色多样。蓇葖果。花期春至深秋。

原产于非洲东部。喜光，忌干热，喜湿润的砂质土，病虫害少。

多布置花坛或盆栽观赏。

**(25) 碧冬茄（矮牵牛）*Petunia hybrida*（茄科碧冬茄属）**

多年生草本，常作一年生栽培。高达60cm，全株具黏毛。叶卵形，全缘，几无柄，上部对生，下部多互生。花单生，花冠漏斗状，先端具波状浅裂；萼5深裂。品种极多，花色、花形多样。蒴果。

原产于南美洲。喜光，喜温暖，不耐寒，忌水涝。

适于花坛、盆栽观赏。

**(26) 花烟草 *Nicotiana alata*（茄科烟草属）**

多年生草本，常作二年生栽培。高0.6~1.5m，全株被粘毛。叶基部稍抱茎或具翅状柄，上部叶卵状矩圆形，近无柄或基部具耳，近花序处叶呈披针形。假总状花序，花冠喇叭状，花色丰富，春夏开花。蒴果卵球形。

原产于阿根廷和巴西。喜光，喜温暖，耐旱，不耐寒，较耐热。

宜作为花坛、花境、盆栽观赏。

**(27) 牵牛花类 *Pharbitis* spp.（旋花科牵牛属）**

一年生蔓性草本，少数成多年生灌木状。单叶互生，全缘或具裂。聚伞花序腋生，花大，一至数朵，漏斗状，花色丰富艳丽，常清晨开放（图13-13）。

我国除西北和东北的一些地区外，大部分地区均有分布。性强健，喜肥，耐干旱瘠薄，直根性。

夏秋优良的蔓性草花。宜作小型棚架、篱垣美化花材。

图13-12　龙胆

图13-13　牵牛花

**(28) 羽叶茑萝 *Quamoclit pennata*（旋花科茑萝属）**

一年生蔓性草本。茎细长光滑。单叶互生，叶羽状全裂，裂片狭线形。花红色，有白、粉色等品种，高脚碟状，呈五角星形，筒部细长，常清晨开放。花期初夏至秋（图13-14）。

原产于美洲热带。喜光，喜温暖气候，对土壤要求不严，直根性。

茎叶细美，花姿轻盈，宜作垂直绿化或地面覆盖材料，亦可盆栽观赏。

同属常见种：①圆叶茑萝（*Q. coccinea*）：叶卵圆状心形，全缘。花橘红色，漏斗形。②槭叶茑萝（*Q. sloteri*）：叶宽卵圆形，成5~7掌状裂，叶柄与叶片等长。③鱼花茑萝（*Q. lobata*）：叶心形，具3裂。花冠深红色而转为乳黄色，下部花筒扩大成囊状。

**(29) 蓝蓟 *Echium vulgare*（紫草科蓝蓟属）**

二年生草本，高达1m。茎被毛。叶线状披针形，两面具长糙伏毛。花序狭长，花多而密集，花萼5深裂至基部，外被长硬毛，裂片线形；花冠斜钟状，蓝紫色。花期一般5~9月。小坚果卵形（图13-15）。

产于我国新疆北部。喜光，较耐寒。

宜作花境栽植。

**(30) 美女樱 *Glandularia × hybrida*（马鞭草科美女樱属）**

多年生草本，常作二年生栽培。全株有细茸毛，植株丛生而匍匐地面，高10~50cm。茎四棱。叶对生。穗状花序顶生，花小而密集，有白、粉、红、玫瑰红、紫等不同花色。花期6~9月。

原产于南美洲，喜温暖，忌高温多湿，有一定耐寒性，喜光，对土壤要求不严。

分枝紧密，低矮，匍匐地面，花序繁多，花色丰富秀丽。适合用于花坛、花境和缀花草地等。

同属常见种：①细叶美女樱（*G. tenera*）：叶二回深裂或全裂。花蓝紫色，叶形细美，株丛紧凑，适合草地边缘自然带状配置。②加拿大美女樱（*G. canadensis*）：叶卵形至卵状长圆形，常具3深裂。

图13-14 羽叶茑萝

图13-15 蓝蓟

**(31) 美国薄荷 *Monarda didyma*（唇形科美国薄荷属）**

一年生草本，高1~1.2m。茎近无毛。叶卵状披针形，具不整齐锯齿，上面疏被长柔毛。轮伞花序组成径达6cm头状花序，花冠紫红色。花期7月（图13-16）。

原产于北美。性强健，喜光，耐旱，忌涝。

植株高大，开花整齐，园林中常用作背景材料，也可用于花境和花坛。

**(32) 彩叶草（洋紫苏）*Coleus hybridus*（唇形科鞘蕊花属）**

多年生草本，常作一年生栽培。栽培株高常30cm以下。茎分枝，带紫色。叶卵形，大小、形状变异很大，色泽多样，两面被微柔毛。轮伞花序具多花，组成圆锥花序，花冠紫或蓝色。花期7月。

原产于亚洲东南部及澳大利亚。喜光照充足和温暖湿润气候，不耐寒，忌涝。

叶色绚丽多彩，是优良的花坛材料，亦可用于花境、盆栽等。

**(33) '暗紫'匍匐筋骨草 *Ajuga reptans* 'Atropurpurea'（唇形科筋骨草属）**

多年生草本，常作二年生栽培。株高10~25cm。茎匍匐生长。基生叶有柄；茎生叶椭圆状卵形，紫红色。轮伞花序密集成顶生穗状花序，花蓝色。花期春季（图13-17）。

原产于欧洲，喜温暖，不耐阴，喜湿润环境。

株形矮小，覆盖性强，叶紫红色，花序大，颜色艳丽。适合作为镶边植物，也是花境、花坛的优良材料。

**(34) 一串红 *Salvia splendens*（唇形科鼠尾草属）**

多年生草本，常作一年生栽培。高15~90cm，全株光滑。茎多分枝，四棱。叶对生，卵圆形或三角状卵圆形。顶生总状花序，花唇形，伸出萼外，花萼与花冠同色，花落后花萼宿存。花期3~10月。

原产于巴西。喜光，耐半阴，不耐寒，喜疏松肥沃土壤。

花色鲜红，非常适合节日营造喜庆气氛，是优良的花坛花卉，亦可用作花带、花境和盆栽观赏。

**(35) 夏堇（蓝猪耳）*Torenia fournieri*（玄参科蝴蝶草属）**

一年生草本。植株低矮，高20~30cm；株形整齐而紧密，分枝多。叶对生，卵形或卵状披针形，边缘有锯齿。花冠唇形，花色丰富。花果期6~12月。

图13-16 美国薄荷

图13-17 '暗紫'匍匐筋骨草

原产于越南。耐高温，不耐寒，喜光，耐半阴，对土壤要求不严。

花色清新典雅，花期长，为夏季花坛重要花卉，亦可用作盆栽观赏。

**（36）龙面花 *Nemesia strumosa*（玄参科龙面花属）**

一年生草本，高 30~60cm。叶对生，条状披针形。总状花序，花色丰富，喉部常具斑点。花期 4~6 月（图 13-18）。

原产于南非。喜温暖，喜光，忌炎热，宜于生长在疏松、肥沃的砂壤土。

花形独特，花色多样，是良好的花坛和花境材料，也可盆栽观赏。

**（37）毛蕊花 *Verbascum thapsus*（玄参科毛蕊花属）**

二年生草本。高达 2m，全株被密而厚的浅灰黄色星状毛。基生叶和下部茎生叶倒披针状长圆形，上部茎生叶逐渐缩小而渐变为圆形或卵状长圆形，基部下延成窄翅。穗状花序圆柱状，花冠黄色。花期 6~8 月。

广布于北半球，我国西藏、云南、四川等地均有分布。喜冷凉，喜光，耐瘠薄。

叶片被毛，叶形美观，可丛植于岩石园、路边、池畔点缀观赏。

**（38）蒲包花 *Calceolaria herbeohybrida*（玄参科蒲包花属）**

多年生草本，常作一年生栽培。高 20~40cm，全株疏生茸毛。叶卵形，对生或轮生，叶脉下凹。花冠二唇，上唇小，稍呈袋状；下唇大，膨胀呈荷包状，中间呈空囊；黄、红、紫色及复色等花色丰富（见彩图 68）。

原产于墨西哥。喜凉爽、潮湿、阳光充足的环境，不耐严寒及高温，喜肥沃的微酸性土壤。

株形低矮，花形奇特，花色艳丽，花期长，是优良的冬、春季室内盆花。

**（39）毛地黄 *Digitalis purpurea*（玄参科毛地黄属）**

多年生草本，常作二年生栽培。高 60~120cm。除花冠外，全株被灰白色短柔毛和腺毛，茎单生或数条成丛。基生叶多数呈莲座状，叶卵形或长椭圆形；茎生叶下部的与基生叶同形，向上渐小，叶柄短直至无柄而成为苞片。花冠紫红色，内面具斑点，先端被白色柔毛。花期 5~6 月（图 13-19）。

原产于欧洲。喜温暖湿润，较耐寒，忌炎热，喜阳光充足，耐半阴。

植株高大，花序挺拔，花形优美，可作花坛、花境和切花使用，丛植群体效果更壮观。

图 13-18　龙面花

图 13-19　毛地黄

图13-20 金鱼草

图13-21 熊耳草

**(40) 金鱼草 *Antirrhinum majus*（玄参科金鱼草属）**

多年生草本，常作二年生栽培。高20~150cm。下部叶片对生，卵形；上部互生，叶片长圆状披针形，全缘。总状花序顶生，花冠二唇瓣，基部膨大，有火红、金黄、艳粉、纯白和复色等色。花期6~10月（图13-20）。

原产于地中海沿岸地区。喜凉爽气候，忌高温高湿，较耐寒，喜光，喜疏松肥沃、排水良好土壤。

株形挺拔，花色丰富，花形奇特，适用于花坛、花境和盆栽。

**(41) 风铃草 *Campanula medium*（桔梗科风铃草属）**

二年生草本。高50~120cm。茎直立，有糙硬毛。基生叶多数，茎生叶对生，无柄，具细圆齿或波状齿。总状花序顶生，花冠有不同深浅的蓝紫、淡红或白色，呈膨大的钟形或坛形。花期5~6月。

原产于南欧等北温带地区至亚寒带地区。喜夏季凉爽、冬季温和的气候，喜光，也可耐半阴。

花形美丽，花色鲜艳，是春夏季花坛、花境常用花材，亦可用作盆栽观赏。

同属常见种：紫斑风铃草（*C. punctata*）：多年生宿根草本，全体被刚毛，茎粗壮，高达1m。花筒状钟形，下垂，不同品种花冠呈白色或紫红色，带紫斑（见彩图69）。性强健，花期长，亦露地作花境或盆栽观赏（见彩图69）。

**(42) 熊耳草（大花藿香蓟）*Ageratum houstonianum*（菊科藿香蓟属）**

一年生草本。高15~25cm。茎直立，不分枝。叶对生，有时上部的叶近互生，两面被稀疏或稠密的白色柔毛，叶基部心形或者平截。头状花序在茎枝顶端排成直径2~4cm的伞房或复伞房花序，花冠长檐部淡紫色。花果期全年（图13-21）。

原产于墨西哥及毗邻地区。喜光，喜温暖湿润气候，不耐寒。

花朵繁多，植株低矮，是春夏花坛常用花材，也是良好的地被植物，适宜花丛、花带、花境等镶边种植。

**(43) 翠菊 *Callistephus chinensis*（菊科翠菊属）**

二年生草本。高30~100cm，茎直立。叶互生，卵形或长椭圆形。头状花序单生枝顶，舌状花有浅白、浅红、蓝紫等色，管状花花冠黄色。花果期 5~10 月。

产于我国东北、华北、西南等地。喜光，不耐水涝，适应性强。

品种丰富，花期长，花色鲜艳，常用作花坛、花境或者成片种植观赏，亦可盆栽、切花使用。

**（44）金盏菊 Calendula officinalis（菊科金盏菊属）**

二年生草本。高 20~75cm，全株被毛。叶互生，长圆形，基部稍抱茎。头状花序单生，花黄色或橙黄色。花期 4~9 月（图 13-22）。

原产于欧洲南部和地中海沿岸。喜光，较耐寒，喜温和凉爽的气候。

花色鲜艳，花期长，常用来配置花坛、花境等，是早春城市园林中最常见的草本花卉。

**（45）波斯菊（秋英）Cosmos bipinnatus（菊科秋英属）**

一年生草本。高 1~2m，茎纤细而直立。叶对生，二回羽状深裂，裂片线形或丝状线形。头状花序单生，舌状花紫红色、粉红色或白色。花期 6~8 月（见彩图 70）。

原产于墨西哥。性喜光，不耐寒，忌酷热，对土壤要求不严。

叶形秀美，花朵轻盈雅致，开花繁茂，花期长，花色丰富，最宜成片栽植形成具有野趣的花海景观。

**（46）万寿菊 Tagetes erecta（菊科万寿菊属）**

一年生草本。高 50~150cm，茎直立，粗壮，具纵细条棱。叶对生，羽状分裂。头状花序单生，舌状花黄色或暗橙色，管状花花冠黄色。花期 7~9 月。

原产于墨西哥。喜光，喜温暖湿润气候，耐旱，对土壤要求不严。

花色鲜艳，花期长，开花繁茂，是夏秋季花坛、花境的常用材料，也可盆栽观赏。

同属常见种：孔雀草（T. patula）：舌状花金黄色或橙黄色，带红色斑，管状花黄色。

**（47）百日草（百日菊）Zinnia elegans（菊科百日草属）**

一年生草本。茎直立，高 30~100cm，被糙毛或长硬毛。叶抱茎对生，宽卵圆形或长圆状椭圆形。头状花序单生枝端，舌状花多轮，品种繁多，花色丰富。花期 6~9 月（图 13-23）。

原产于墨西哥。喜光，喜温暖，忌酷暑，适应性强。

花期长，常用于夏秋季花坛、花境，也可大面积片植形成秋季花海。

图 13-22　金盏菊

图 13-23　百日草

### (48) 白晶菊 Mauranthemum paludosum ( 菊科白晶菊属 )

二年生草本。高 15~25cm。叶互生，一至两回羽裂。头状花序顶生，舌状花白色，中央筒状花金黄色。花期春夏（见彩图 71）。

原产于非洲。喜温暖及阳光充足环境，较耐寒，忌涝。

矮而强健，多花，花期早而长，成片栽培耀眼夺目，适合盆栽或花坛、花境观赏。

### (49) 矢车菊 ( 蓝花矢车菊 ) Cyanus segetum ( 菊科矢车菊属 )

二年生草本。高达 70cm，茎枝被灰白色毛。叶互生，全缘或羽状浅裂。头状花序在枝顶端排成伞房花序或圆锥花序，边花增大，蓝色、白色、红色或紫色。花果期 5~8 月（图 13-24）。

原产于欧洲东南部。喜光，耐寒，忌炎热。

花形别致，夏季蓝色小花清秀淡雅，是营造花海的良好材料，也可用于花坛、花境和切花等。

### (50) 两色金鸡菊 ( 蛇目菊 ) Coreopsis tinctoria ( 菊科金鸡菊属 )

一年生草本。高 30~100cm，植株光滑，茎纤细。叶对生，羽状深裂。头状花序，舌状花黄色，基部红褐色，管状花红褐色，聚成伞房花序状。花期 5~9 月（图 13-25）。

原产于北美洲。喜冷凉，性强健。喜光，耐半阴，耐干旱瘠薄。

茎叶光洁，花朵轻盈，着花繁密，宜自然丛植或片植，可用于花境和切花。

图 13-24　矢车菊

图 13-25　两色金鸡菊

### (51) 瓜叶菊 Pericallis hybrida ( 菊科天人菊属 )

多年生草本，常作二年生栽培。高 30~70cm，被密白色长柔毛。叶具柄，叶片大，肾形至宽心形。头状花序多数，在茎端排列成宽伞房状，小花紫红色、淡蓝色、粉红色或近白色。花果期 3~7 月（见彩图 72）。

原产于大西洋加那利群岛。喜凉爽，忌强光，喜湿润。

植株紧凑，花开繁茂，花色鲜艳，是一种常见的盆栽花卉和装点庭园居室的观赏植物，也可用于花坛和花境等。

图13-26 雏 菊

**(52)雏菊 *Bellis perennis*(菊科雏菊属)**

多年生草本,常作二年生栽培。高7~15cm。叶基生,匙形,顶端圆钝,基部渐狭成柄。头状花序单生,花葶被毛,舌状花一层,舌片白色带粉红色。花期3~6月(图13-26)。

原产于欧洲。喜冷凉气候,性强健,耐移栽。

花形优美,花色丰富,是春季花坛常用花材,也适合于盆栽和花境等。

# 14 园林花卉——宿根花卉

**(1) 大花飞燕草 *Delphinium × cultorum*（毛茛科翠雀属）**

多年生宿根草本。园艺杂交种，株高 90~120cm。叶互生，五角状，深裂，叶柄与叶片近等长。总状花序高达 80cm，花序密集，着生 20~30 朵花。园艺品种多，有单瓣、半重瓣、重瓣，花色丰富，以蓝紫色为主。花期 5~10 月（见彩图 73）。

原产于欧洲。喜光，耐旱，耐寒，忌炎热，在凉爽通风、日照充足的干燥环境和排水通畅的砂质壤土中生长良好。

是珍贵的蓝色花卉资源，广泛用于庭园绿化、盆栽观赏和切花生产。

**(2) 杂种铁线莲 *Clematis × hybrida*（毛茛科铁线莲属）**

落叶或半常绿草质藤本，长约 1~2m。为铁线莲属的种间杂种，品种繁多。小叶片边缘全缘，萼片 4 枚或 6 枚，有时更多，颜色有白色、淡绿色、蓝色、紫红色、紫色等。花较多，着生在枝条新梢上。花期夏秋季（图 14-1）。

欧美引入。耐寒性较强，忌积水及干旱。耐寒性较强，忌积水及干旱。

花大而美丽，可用于园林景观中的垂直绿化。

**(3) 荷包牡丹 *Lamprocapnos spectabilis*（罂粟科荷包牡丹属）**

多年生宿根草本，高 30~60cm。茎直立，圆柱形，带紫红色。叶二回三出全裂，背面具白粉。总状花序长约 15cm，于花序轴之一侧下垂，4 枚花瓣交叉排成两轮，外轮 2 枚基部膨大呈囊状，对合形成心形，内轮白色，外轮粉红色。花期 4~6 月。

产于我国北部。性耐寒，忌高温，喜半阴。不耐干旱，喜湿润、肥沃、排水良好的砂壤土。

叶似牡丹，花似荷包，优雅别致，是盆栽和切花的好材料，也可布置花境和丛植，具自然之趣（图 14-2）。

图 14-1 杂种铁线莲

### (4) 花叶冷水花 Pilea cadierei (荨麻科冷水花属)

多年生常绿草本或亚灌木，具匍匐根茎。茎肉质，下部多少木质化。叶多汁，交互对生，倒卵形，缘具不整齐浅齿，上面绿色，具间断白斑，下面浅绿色。花雌雄异株，花期9~11月。

原产于越南，现广为栽培。喜温暖湿润气候，喜疏松肥沃的砂土，耐阴性强，稍耐寒。

株形小巧素雅，叶片花纹美丽，常作地被或盆栽室内观叶。

### (5) 常夏石竹(羽瓣石竹) Dianthus plumarius (石竹科石竹属)

多年生草本，高20~30cm。株丛密集低矮，植株光滑被白霜，灰绿色。茎簇生，上部分枝。叶细而密集，对生，线状披针形。花2~3朵顶生，花瓣剪绒状，质如丝绒，具芳香。园艺品种多，花粉红、白或紫色，单瓣或重瓣。花期5~10月(图14-3)。

图14-2 荷包牡丹

图14-3 常夏石竹

原产于奥地利及西伯利亚地区。喜光，较耐阴。喜凉爽，忌高温，不耐涝。

植株低矮匍匐，开花繁密，宜大面积栽植作地被。

同属常见种：瞿麦(D. superbus)：多年生草本。植株不具白霜，浅绿色。花单生或成稀疏圆锥花序，花瓣深裂成羽状，萼筒长，先端有长尖，花具芳香。

### (6) 香石竹(康乃馨) Dianthus caryophyllus (石竹科石竹属)

多年生常绿草本。全株被白粉，灰绿色。茎直立，多分枝，茎节膨大。叶窄，披针形，对生，基部抱茎。花多单生，或2~5成聚伞花序。

原产于欧洲。喜干燥通风，喜凉爽，不耐炎热。喜光，喜肥沃的微酸性土，忌湿涝。品种极多，分为切花品种和花坛品种两大类。切花品种是世界四大鲜切花之一，花坛品种可用于花坛、花境和岩石园。

### (7) 西番莲(转心莲、西洋鞠) Passiflora caerulea (西番莲科西番莲属)

多年生常绿攀缘草质藤本。叶互生，纸质，基部近心形，掌状3~7深裂。聚伞花序退化仅存1花，与卷须对生，花大，淡绿色，内花冠裂片流苏状，紫红色。浆果橙色或黄色，卵球形或近球形。花期5~7月，果期7~9月。

原产于南美洲。我国江西、四川、云南等地有栽培。喜光，喜温暖至高温湿润的气候，不耐寒，适宜于北纬24°以南的地区种植。对土壤的要求不严格。

可观花观果，花大而奇特，开花期长，开花量大，可作庭园棚架观赏植物。亦是一种芳香可口的水果，有"果汁之王"的美称（图14-4）。

同属常见种：①红花西番莲（洋红西番莲）(*P. coccinea*)：叶长圆形至长卵形，叶缘具不规则浅齿。聚伞花序退化仅1花，花大，花被片长披针形，红色，花期夏秋季。原产于热带美洲。园林用途同西番莲。②鸡蛋果（百香果、紫果西番莲）(*P. edulis*)：叶掌状3深裂，裂片有锯齿。聚伞花序有1花，白色，芳香。浆果卵球形，径约5cm，果皮坚硬，熟时紫色。花期4~6月，果期7月至翌年4月。原产于大小安的列斯群岛，现广植于热带和亚热带地区。

**(8) 四季秋海棠（四季海棠）*Begonia cucullata* var. *hookeri*（秋海棠科秋海棠属）**

多年生常绿肉质草本，具须根。茎直立，光滑。叶互生，卵圆形，先端急尖或钝，基部稍心形而斜生，缘具小齿，叶色红或绿，或具斑纹。聚伞花序腋生，可四季开花，花色有红、白、粉等（图14-5）。

原产于巴西。喜温暖，不耐寒，喜半阴，不耐干燥，忌积水。

株形紧凑，园艺品种繁多，叶色花色变化丰富、鲜艳美丽，花期较长，宜作花坛及盆栽观赏。

同属常见种：①丽格秋海棠(*B. × hiemalis*)：为杂交种，多年生草本，肉质根茎，根系细弱，无球根。叶卵圆，歪心形。花朵硕大，花单瓣或重瓣，花色花形变化多，冬春开花。大多用于室内盆栽。②铁十字秋海棠（铁甲秋海棠）(*B. masoniana*)：具根状茎。叶基生，阔圆形，基部心形，叶面皱，密生刺毛，沿叶脉中心嵌有近"十"字形不规则紫褐色显著斑纹。花小，不显著。为名贵的盆栽观叶植物。③银星秋海棠(*B. × albopicta*)：具须根。茎半木质化，全株光滑无毛。茎红褐色，直立，叶卵状三角形，偏斜，先端锐尖，叶面绿色嵌有稠密的银白色斑点，叶背红色。花小，粉红色。④竹节秋海棠(*B. maculata*)多年生肉质草本，亚灌木状，全株无毛，茎具明显竹节状的节。叶厚，长圆形而偏斜，边缘波状，正面绿色，有时有多数白色小斑点，叶背深红色，花白色至深红色，小花下垂。原产于巴西，西南地区广泛盆栽装点客厅、橱窗或窗台、阳台等地方。

图14-4　西番莲　　　　图14-5　四季秋海棠

**(9) '金叶'过路黄 *Lysimachia nummularia* 'Aurea'（报春花科珍珠菜属）**

多年生常绿宿根蔓性草本，株高约5cm。匍匐茎圆柱形，簇生，先端伸长成鞭状。叶小，单叶对生，卵形或阔卵形，3~11月叶色金黄，低温时为暗红色。花单生叶腋，亮黄色。花期5~7月。

我国南方广泛栽植。喜光，耐阴，耐寒性强，不耐热，耐旱，不耐涝，喜微酸性土。

叶色优美，繁殖快速，是一种优良的园林彩叶地被植物。

**(10) 落新妇类 *Astilbe* spp.（虎耳草科落新妇属）**

多年生宿根草本，高40~100cm，根茎肥厚。二至四回三出羽状复叶互生，小叶卵状长圆形，边缘有重锯齿。顶生圆锥花序长30cm，花小而密集，花瓣5，花色丰富，不同园艺品种有粉红色、紫色、紫红色、白色等。花期6~7月。

分布于东亚和北美，我国主产于华东、华中和西南。适应性较强，耐寒。喜半阴、潮湿环境。要求深厚、肥沃及排水良好的砂壤土。

用于园林花坛、花境布置。也可盆栽观赏及作切花。

**(11) 矾根类 *Heuchera* spp.（虎耳草科矾根属）**

多年生宿根草本，浅根性。叶基生，多为阔心形，长20~25cm。花小，钟状。叶色艳丽，不同园艺品种有紫色、紫红色、粉红色等叶色，不同的季节、环境和温度下叶片的颜色还会有丰富的变化。花期6~7月。

原产于北美洲，我国引种栽培。性耐寒，喜光耐阴。在排水良好、疏松肥沃的中性偏酸性壤土中生长良好。

观叶花卉。多用于林下花境、花坛、花带、地被、庭园绿化等。

**(12) 车轴草类（三叶草）*Trifolium* spp.（蝶形花科车轴草属）**

多年生常绿草本，高10~60cm。茎匍匐蔓生，节上生根，全株无毛。三出复叶，叶柄长，小叶倒卵形至近圆形。花序球形，顶生，花冠白色、乳黄色或淡红色，具香气。荚果长圆形。花果期5~10月。

广布于欧亚、非洲、南北美洲的温带，我国多地常见栽培。喜凉爽湿润气候，不耐旱，耐湿，较耐践踏。

绿期长，花叶美，宜作草坪草、地被及水土保持植物。

同属常见白车轴草（白三叶）(*T. repens*)、红车轴草（红三叶）(*T. pratense*)（图14-6）两种。

**(13) 山桃草 *Gaura lindheimeri*（柳叶菜科山桃草属）**

多年生宿根粗壮草本，高0.6~1m，常丛生。茎多分枝。单叶互生，无柄，椭圆状披针形，向上渐小，缘具波状齿，两面被长柔毛。长穗状花序顶生，花冠白色，后变粉红。蒴果坚果状，狭纺锤形，具棱。花期5~8月，果期8~9月。

原产于北美洲。喜光，耐半阴，喜凉爽湿润气候，较耐寒，耐干旱。

花形似桃花，可用作花坛、花境、地被及盆栽观赏。

**(14) 美丽月见草 *Oenothera speciosa*（柳叶菜科月见草属）**

多年生宿根草本，株高40~50cm。叶互生，披针形，花单生或2朵着生于叶上部叶

图14-6 红车轴草

图14-7 美丽月见草

腋，花粉红色。花期夏季(图14-7)。

原产于美国。性喜温暖，喜光，不耐寒，侵占能力强。

花大而美丽，可片植于路旁、林缘，成片开花，蔚为壮观。亦可用于花境、花带等。

**(15) 禾叶大戟 Euphorbia graminea (大戟科大戟属)**

多年生宿根草本，高30~80cm。茎直立或斜展，具乳白色汁液。单叶互生，长椭圆形至披针形。聚伞花序，花小密集，白色。蒴果。花期春夏秋，可达8~10个月。

原产于古巴、墨西哥等地。喜光，不耐寒。喜排水良好的肥沃土壤。

白色小花楚楚动人，是花境、切花、盆栽、屋顶绿化、岩石园等优良花材。

**(16) 天竺葵类 Pelargonium spp. (牻牛儿苗科天竺葵属)**

多年生常绿草本，呈亚灌木状，高30~60cm，常具强烈气味。茎粗壮多汁。单叶对生，圆形、肾形或扇形。伞形花序腋生，花左右对称，花瓣、花萼5，花萼有距与花梗合生，花色多样，深红至白色。花期5~7月。蒴果熟时5瓣裂(图14-8)。

原产于南非。喜光，喜冷爽，怕高温，不耐寒。稍耐干旱，不耐水湿。

有观花、观叶两类品种。是重要的盆栽花卉，亦可露地栽植。

**(17) 飘香藤(双腺藤) Mandevilla sanderi [夹竹桃科飘香藤属(双腺藤属)]**

多年生常绿草质藤本。单叶对生，全缘，长卵圆形，革质，有光泽，表面皱。花大，腋生，花冠漏斗状，裂片5，向右扭旋，园艺品种多，有红、桃红、粉红色等色，有香气。花期初春至深秋(见彩图74)。

原产于美洲热带。喜光，喜温暖湿润气候，不耐寒，对土壤要求不严。

宜作棚架、篱垣等垂直绿化植物，亦可盆栽观赏。

**(18) 马利筋 Asclepias curassavica (萝藦科马利筋属)**

多年生宿根草本，呈灌木状，高达0.6~1.2m。全株含白色体液，有毒。叶对生，披针形，全缘。伞形花序，花冠红色，5深裂，反折；副花冠黄色，带角状突起，直立成兜状。蓇葖果鹤嘴形，熟后开裂。种子顶端具白色绢毛。花期几乎全年，果期8~12月。

原产于热带美洲。性强健。喜光，喜温暖，稍耐寒，不耐干旱。

宜植于庭园或盆栽观赏。因有毒，使用时应避免人触及。

**(19) 天蓝绣球（宿根福禄考）*Phlox paniculata*（花荵科福禄考属）**

多年生宿根草本，高 0.6~1m。叶对生或 3 叶轮生，长圆形或卵状披针形，全缘。花密集成伞房状圆锥花序，花萼筒状，蝶状花冠，淡红、红、白或紫色，冠筒细长，冠檐裂片先端圆。蒴果卵圆形。花期 6~9 月（图 14-9）。

原产于北美。喜光，耐半阴，不耐热，耐寒，不耐旱，忌暴晒，忌积水。

宜作花坛、花境材料，亦可盆栽或作切花用。

同属常见种：针叶天蓝绣球（丛生福禄考）（*P. subulata*）：多年生矮小草本。茎丛生，铺散，多分枝。叶小，簇生于节上，线状披针形。聚伞花序，有香味。

**(20) 柳叶马鞭草 *Verbena bonariensis*（马鞭草科马鞭草属）**

多年生常绿草本，茎直立。叶对生，线形或披针形。由数十朵小花组成聚伞花序，顶生，小花蓝紫色。花期夏秋。

原产于南美洲。性强健，喜温暖湿润气候，不耐寒，较耐热，以疏松、肥沃及排水良好的中性至微酸性壤土为宜。

株形挺直，花色鲜艳，开花繁茂，花期长，常大片种植以营造景观效果，适合与其他植物配置，也可作花境的背景材料。

**(21) 墨西哥鼠尾草 *Salvia leucantha*（唇形科鼠尾草属）**

多年生宿根草本，高 50~100cm。茎直立多分枝，四棱形，茎基部稍木质化，全株被柔毛。叶对生，披针形，叶面皱，边缘具浅齿。总状花序，花紫红色。花期 5~9 月（见彩图 75）。

原产于墨西哥。喜光，喜温暖湿润环境，稍耐阴，性强健，耐粗放管理。

常丛植用于花坛、花境，可作切花。

同属常见种：①蓝花鼠尾草（一串蓝）（*S. farinacea*）：多年生草本，高 40~55cm。花冠青蓝色，被柔毛。花期春夏。②天蓝鼠尾草（*S. uliginosa*）：茎四棱形，分枝较多，有毛。花天蓝色，唇瓣上有白色条纹。花期夏秋。③'深蓝'鼠尾草（*S. guaranitica* 'Black and Blue'）：叶卵圆形，叶缘具细齿。轮伞花序组成总状穗状花序，花冠深蓝色，冠檐二唇状。花期夏季。④彩苞鼠尾

**图 14-8 天竺葵**

**图 14-9 天蓝绣球**

草(*S. viridis*)：叶对生，长椭圆形，叶表有凹凸状织纹，叶缘具睫毛，有香味。总状花序，花梗具毛，花蓝紫色，花梗上部具纸质苞片，紫色有深色条纹。花期夏季。⑤樱桃鼠尾草(*S. greggii*)：叶对生，披针形至卵形，花冠唇形，桃红、深红、粉红、杏黄、白色等色，叶散发淡淡的樱桃香味，故名。原产于美国和墨西哥。⑥朱唇(红花鼠尾草)(*S. coccinea*)：叶卵圆形或三角状卵圆形，两面被柔毛。花冠深红或绯红色。原产于美洲。

(22) 薰衣草(英国薰衣草) *Lavandula angustifolia* (唇形科薰衣草属)

多年生常绿草本呈灌木状。花枝叶疏生，花枝叶簇生，叶线形或披针状线形。轮伞花序6~10花组成穗状花序，花冠蓝紫色，密被灰色星状线毛。花期6~7月。

原产于地中海地区。性喜冷凉及稍干燥气候，较耐寒，不耐湿热，忌涝。

枝叶清秀，花序伸出叶面，色泽雅致，可大片种植以营造群体效果，也适合用于林缘、路边、草地和花境等。

同属常见种：①齿叶薰衣草(*L. dentata*)：叶羽状分裂，灰绿色。穗状花序，花小，具芳香，紫蓝色。花期夏季。②羽叶薰衣草(*L. pinnata*)：二回羽状复叶，小叶线形或披针形，灰绿色。轮伞花序，花蓝紫色。花期春季。

(23) 假龙头花 *Physostegia virginiana* (唇形科假龙头花属)

多年生宿根草本，株高60~120cm。茎四棱形。单叶对生，披针形。穗状花序顶生，每轮有花2朵，花冠唇形，花淡紫红色，有粉红色、白色品种。花期7~9月(图14-10)。

原产于北美洲。性强健，喜疏松肥沃、排水良好的砂质壤土。

叶秀花艳，成株丛生，宜布置花境、花坛背景或野趣园中丛植，也适合作大型盆栽或切花。

(24) 水苏 *Stachys japonica* (唇形科水苏属)

多年生宿根草本。茎不分枝，直立。叶长圆状宽披针形。轮伞花序具6~8花组成顶生穗状花序，花冠粉红或淡红紫色。花期5~7月。

产于我国东北、华北、华中和华东等地。性喜冷凉及阳光充足气候，耐寒，不耐酷热，喜湿润疏松肥沃土壤。

植株端正紧凑，小花清秀可爱，可丛植于路边、篱垣，亦可用于花境、草地片植等。

同属常见种：绵毛水苏(*S. byzantina*)：原产于巴尔干半岛，全株被丝状绵毛。叶对生，长椭圆形。轮伞花序组成穗状花序，花冠紫色。花期夏秋(见彩图76)。

(25) 毛地黄钓钟柳 *Penstemon digitalis* (玄参科钓钟柳属)

多年生常绿草本，高60~100cm。基生叶卵圆形，秋凉后转红。茎生叶交互对生，长椭圆形或近宽披针形。总状花序，花冠淡粉色或白色。花期春夏。

原产于美洲。喜温暖，喜光，耐寒，不耐炎热。

植株紧凑，花姿优雅，花与叶形成鲜明对比，在园林中可用于林缘、墙边、园路边等处种植或作背景材料，或用于花境观赏。

同属常见种：①钓钟柳(*P. campanulatus*)：基生叶卵形，茎生叶披针形。总状花序顶生，花红色、粉色、紫红等。花期5~6月。②红花钓钟柳(*P. barbatus*)：单叶，披针形、线形。总状花序，花冠红色。花期夏秋。

图 14-10 假龙头花　　　图 14-11 香彩雀

**(26) 香彩雀 Angelonia angustifolia（玄参科香彩雀属）**

多年生宿根草本，高30~70cm。全株被腺毛，茎直立。叶对生，条状披针形，近无柄，叶脉明显。花单生于茎上部叶腋，形似总状花序。花期6~9月（图14-11）。

原产于墨西哥和西印度群岛。性喜温暖湿润气候，喜强光，适应性强。

花形小巧，观赏期长，且对炎热高温的气候有极强的适应性，是非常优秀的夏季草花种类之一，既可地栽、盆栽，又可容器组合栽植或湿地种植。

**(27) 穗花婆婆纳 Veronica spicata（玄参科婆婆纳属）**

多年生宿根草本，高15~50cm。茎直立或上升。叶对生，长距圆形。花序长穗状，花梗几乎无。花期7~9月（见彩图77）。

原产于我国新疆。喜温暖，耐寒性较强，喜光，耐半阴。

叶形美观，花期长，可用作花境、花丛，尤其适合于大面积成片种植。

同属常见种：阿拉伯婆婆纳（*V. persica*）：铺散多分枝草本，叶卵形或圆形。总状花序，花冠蓝色。花期3~5月。

**(28) 鲸鱼花 Columnea microcalyx（苦苣苔科鲸鱼花属）**

多年生常绿蔓性草本，茎细长下垂。单叶对生，肉质，宽披针形或长椭圆形。花单生叶腋，花冠红色。花期春夏。

原产于美洲。性喜高温及湿润环境，不耐寒。

枝蔓柔软，花形奇特，开花时状似鲸鱼。适合吊盆、花架等栽培观赏。

**(29) 虾衣花（麒麟吐珠）Justicia brandegeeana（爵床科爵床属）**

多年生常绿草本或亚灌木，高20~50cm。叶对生，卵形，全缘，两面被短硬毛。穗状花序顶生，苞片卵状心形，覆瓦状排列，砖红色，花单生苞腋，花冠白色，有红色糠秕状斑点。花期常年（图14-12）。

原产于墨西哥。喜温暖湿润气候，喜光，也较耐阴，不耐寒。

常年开花，适宜盆栽，也可作亚热带温暖地区花坛和花境材料。

**（30）蓝花草（翠芦莉）*Ruellia simplex*（爵床科芦莉草属）**

多年生常绿草本，茎直立。单叶对生，披针形。花腋生，花冠筒状，蓝紫色。花期夏秋。

原产于墨西哥。喜光照充足及湿润气候，耐热性好，不耐寒。

蓝紫色小花清新怡人，是优良的夏季花境材料，亦可用于亚热带温暖地区路边、假山旁、池畔点缀。

同属常见种：红花芦莉草（艳芦莉）（*R. elegans*）：花鲜红色。

**（31）红网纹草 *Fittonia verschaffeltii*（爵床科网纹草属）**

多年生常绿草本，茎呈匍匐状。叶对生，卵圆形，叶脉红色，十分明显，为主要观赏特征。顶生穗状花序，黄色。花期4~6月。

原产于秘鲁及南美的热带雨林中。喜高温高湿及半阴的环境，畏冷怕旱忌干燥。

红色叶脉美丽，园林中可用于室内半阴的石边、池畔、假山等处，是优良的室内观叶植物。

常见变种：白网纹草（var. *argyroneura*）：叶绿色，叶脉白色。

**（32）桔梗 *Platycodon grandiflorus*（桔梗科桔梗属）**

多年生宿根草本，高20~120cm。有白色乳汁，茎直立。叶轮生、部分轮生至全部互生，卵形、卵状椭圆形或披针形。花单朵顶生，或数朵集成假总状花序，或有花序分枝而集成圆锥花序，花冠漏斗状钟形，蓝或紫色。花期7~9月（图14-13）。

产于我国东北部、中部以及南部地区。

图14-12 虾衣花

图14-13 桔梗

图14-14 千叶蓍

喜光，对气候环境要求不严，但以温和湿润、阳光充足、雨量充沛的环境为宜，耐寒。

花期夏季，蓝紫色花，清新宜人，可用于林下、林缘、路旁栽植，适合花境、花坛等。

### (33) 大花金鸡菊 *Coreopsis grandiflora* ( 菊科金鸡菊属 )

多年生宿根草本，高 20~100cm，茎直立。叶对生，基部叶有长柄，披针形或匙形；下部叶羽状全裂，裂片长圆形；中部及上部叶 3~5 深裂，裂片线形或披针形。头状花序单生于枝端，舌状花 6~10 个，黄色。花期 5~9 月。

原产于美洲。喜光，耐寒，耐旱，对土壤要求不严。

枝叶密集，花色鲜艳，花期长，是春夏重要草本花卉。常片植、丛植于公园、绿地和庭园等，也可用于花坛、花境和切花等。

### (34) 千叶蓍（蓍、西洋蓍草）*Achillea millefolium* ( 菊科蓍属 )

多年生宿根草本，茎直立，高 40~100cm，通常被白色长柔毛。叶无柄，披针形、矩圆状披针形或近条形，二至三回羽状全裂。头状花序多数，密集成直径 2~6cm 的复伞房状，边花 5 朵，舌片近圆形，白色、粉红色或淡紫红色；盘花两性，管状，黄色。花果期 7~9 月 ( 图 14-14 )。

原产于欧、亚及北美。喜光，喜温暖湿润气候，耐寒，性强健，对土壤要求不严。

叶形秀美，花色丰富，是夏季重要观花植物。可成片种植于山石边、林缘、路旁、池畔等，亦可用于花境、花坛、切花等。

同属常见种：蕨叶蓍 ( *A. filipendulina* )：全株灰绿色，茎具纵沟及腺点，有香气。羽状复叶互生。头状花序伞房状着生，花芳香。

### (35) 菊花 *Chrysanthemum* × *morifolium* ( 菊科菊属 )

多年生宿根草本或亚灌木，高达 60~150cm，茎直立。叶互生，卵形至宽卵形，羽状浅裂或深裂。头状花序单生或数个聚生于枝顶，品种繁多，花形和花色因品种不同而异。按自然花期将菊花品种分为夏菊、秋菊、寒菊和四季菊 ( 图 14-15 )。

菊花广布我国各地。秋菊为典型的短日照植物，喜疏松肥沃排水良好的土壤，喜凉爽湿润环境，耐寒，耐旱。

中国十大传统名花之一，也是世界四大切花之一。菊花品种繁多，花形和花色丰富多彩，可作花坛、花境、盆栽、切花等观赏。

### (36) 松果菊 *Echinacea purpurea* ( 菊科松果菊属 )

多年生宿根草本，高 50~150cm。全株有粗毛，茎直立。基生叶具长柄，宽卵形；茎生叶卵状披针形，叶柄基部略抱茎，叶缘具锯齿。头状花序单生或多数聚生于枝顶，舌状花一轮，紫色；花的中心部位凸起，呈球形，球上为管状花，橙黄色。花期夏秋 ( 图 14-16 )。

原产于北美洲。喜温暖，性强健，耐寒，喜光，耐旱，对土壤要求不严。

花形奇特，花色艳丽，可作为花境、花坛、盆栽及切花的材料。

### (37) 金光菊 *Rudbeckia laciniata* ( 菊科金光菊属 )

多年生宿根草本，高 50~200cm。叶互生，基生叶具叶柄，不分裂或羽状 5~7 深裂；茎生叶 3~5 深裂。头状花序单生于枝顶，具长花序梗，舌状花金黄色，管状花黄色或黄

图14-15 菊 花

图14-16 松果菊

绿色。花期7~10月。

原产于北美洲。性强健,喜光,耐寒,耐旱,对土壤要求不严。

株形高大,花期长,开花繁茂,是夏秋季花坛、花境常用花材。

同属常见种:黑心金光菊(黑心菊)(*R. hirta*):全株被粗毛,叶不分裂,舌状花单轮,黄色,管状花紫黑色。

### (38) 银叶菊 *Senecio cineraria*(菊科千里光属)

多年生宿根草本,高50~80cm。全株具银白色茸毛。叶质厚,羽状深裂。头状花序单生枝顶,舌状花小,黄色。花期6~9月。

原产于地中海沿岸。喜温暖及阳光充足环境,较耐寒。

全株银白色,犹如白雪覆盖,适合花坛、花境和盆栽观赏。

### (39) 蛇鞭菊 *Liatris spicata*(菊科蛇鞭菊属)

多年生宿根草本,高60~200cm。茎基部膨大呈扁球形。叶互生,基生叶狭带形,茎生叶密集,线形,叶无柄。头状花序穗状,花紫红色。花期夏秋季(图14-17)。

原产于东欧及北美洲。性强健,喜光,较耐寒,对土壤要求不严。

茎秆挺拔,花色清新,花序直立呈鞭形,是夏秋花坛、花境常用花材,也可用于盆栽和切花观赏。

### (40) 梳黄菊 *Euryops pectinatus*(菊科梳黄菊属)

多年生常绿草本,呈灌木状,株高40~70cm。茎及叶片上布满白色绵毛。叶片长椭圆形,羽状分裂。头状花序,舌状花黄色。春秋两季均可开花。

原产于南非。喜温暖和阳光充足环境,喜湿润,耐寒。

花色金黄,花期长,适于花境和花坛等,也可用于盆栽和地被植物观赏。

常见品种:'黄金'菊('Viridis'):茎及叶片无毛。

### (41) 非洲菊(扶郎花) *Gerbera jamesonii*(菊科大丁草属)

多年生宿根草本,根状茎短,为残存的叶柄所围裹。叶基生,莲座状,叶片长椭圆形至长圆形，顶端短尖或略钝。花葶单生，或稀有数个丛生，头状花序单生于花葶之顶，舌状花长圆形，花色丰富。花期 11 月~翌年 4 月（图 14-18）。

原产于非洲。喜光，喜温暖湿润气候，不耐阴。

花色丰富，花大而色泽艳丽，常用于切花、盆栽及庭园装饰。

**（42）大滨菊 *Leucanthemum maximum*（菊科滨菊属）**

多年生宿根草本，高达 70cm。有长根状茎，茎直立。基生叶簇生，匙形；茎生叶较小，互生，长倒披针形。头状花序单生枝端，舌状花白色。花期 7~9 月。

原产于欧洲。喜光，耐寒，不择土壤。

花色清秀，花形舒展美观，花期长，可用于公园、绿地、庭园等路边、墙隅、假山旁配置，也可用于花坛、花境等。

**（43）大吴风草 *Farfugium japonicum*（菊科大吴风草属）**

多年生常绿草本，根茎粗壮。基生叶莲座状，有长柄，叶片肾形；茎生叶 1~3，苞叶状，长圆形或线状披针形。头状花序辐射状，排列成伞房状花序，舌状花 8~12，黄色，舌片长圆形或匙状长圆形。花果期 8~翌年 3 月。

产于我国湖北、湖南、广西、广东、福建、台湾。喜半阴，喜温暖湿润气候，较耐寒，耐瘠薄。

叶片硕大，覆盖能力强，适合片植于水边和疏林下等，也可用作花坛和花境。

**（44）宿根天人菊 *Gaillardia aristata*（菊科天人菊属）**

多年生宿根草本，高 60~100cm，全株被长毛。叶互生，基生叶和下部茎叶长椭圆形或匙形，中部茎叶披针形、长椭圆形或匙形。头状花序单生，舌状花黄色，基部黄褐色。花果期 7~8 月（图 14-19）。

原产于北美洲。性强健，耐寒，喜温暖，喜光。

株形松散，生长迅速，花朵繁茂整齐，花色鲜艳，花量大，花期长，可成丛、成片种

图 14-17　蛇鞭菊

图 14-18　非洲菊

图 14-19　宿根天人菊　　　　　　　图 14-20　勋章菊

植，也可用于盆花栽培。

**（45）勋章菊 *Gazania rigens*（菊科勋章菊属）**

多年生宿根草本，高 30~50cm。叶着生于短茎上，叶片披针形或倒卵状披针形，全缘或羽状浅裂，叶背密被白毛。头状花序单生，舌状花色丰富，基部常有紫黑、紫色等彩斑，或中间带有深色条纹。花期春夏（图 14-20）。

原产于南非。喜温暖及阳光充足环境，耐寒，忌积水，对土壤要求不严。

植株低矮，花色独特，花期长，常用于花坛、花境和花带等。

**（46）反苞蒲公英 *Taraxacum grypodon*（菊科蒲公英属）**

多年生宿根葶状草本，具白色乳状汁液。叶丛莲座状，叶披针形或线状披针形，中层和内层叶每侧有 3~4 片裂片，侧裂片三角形，倒向。花葶 1 至数个，直立、中空，花葶比叶长 2 倍多，高达 30cm，上端被蛛丝状长柔毛；头状花序直径 5.5~6cm，外层总苞片多，多少展开至向外反卷，有明显的窄膜质边缘；舌状花鲜黄色，先端平截，5 齿裂，两性。

中国特有种，产于西藏、四川。喜光、耐贫瘠，喜酸性肥沃排水良好土壤。

花葶高、头状花序大，花期长达 1 个月，是西藏园林中缀花草坪习见花卉。

**（47）千里光 *Senecio scandens*（菊科千里光属）**

多年生宿根草本，有攀缘状木质茎。叶互生，卵状三角形或椭圆状披针形，长 4~12cm，边缘有不规则缺刻状齿裂或微波状或近全缘。头状花序顶生，排成伞房状，总苞筒形，总苞片 1 层，花黄色，舌状花雌性，管状花两性。瘦果圆柱形，有纵沟，被短毛。花期 9~10 月。

北温带广布种。耐寒，耐热，喜半阴，喜疏松肥沃土壤。

花期花量大，适于花架栽培。

**（48）广东万年青（粗肋草、亮丝草）*Aglaonema modestum*（天南星科广东万年青属）**

多年生常绿草本，高 40~70cm。茎直立，肉质，茎上有节，节部环痕似竹节。叶卵形，边缘波状，先端渐尖，叶柄长。肉穗花序圆柱形，佛焰苞浅绿色。浆果黄红色。花期 5 月。

原产于中国、印度、马来西亚等。喜温暖湿润环境，耐阴性强，忌阳光直射。不耐寒，安全越冬温度10℃以上。

四季常青，叶色优美，耐阴性好，是优良室内盆栽观叶植物。

同属常见种及品种：①'银皇后'（'银后'万年青）（*A. commutatum* 'Silver Queen'）：叶狭披针形，叶片具大面积银灰色斑块。②'金皇后'（'白柄亮丝草'）（*A. commutatum* 'Pesudo Bracteatum'）：叶披针形，叶片布满乳白或黄绿色斑块，叶柄白色。③'斜纹'粗肋草（'黑美人'）（*A. commutatum* 'San Remo'）：叶披针形，叶片沿主脉两侧有不规则银灰色斑块。④爪洼万年青（心叶粗肋草）（*A. costatum*）：叶卵形，叶片上具白色星状斑点，中脉粗壮，白色。

### (49) 海芋（滴水观音）*Alocasia odora*（天南星科海芋属）

多年生常绿大型草本。具匍匐根茎，地上茎直立，粗壮。叶聚生茎顶，箭状卵形，长50~90cm，边缘波状，叶柄粗厚。肉穗花序芳香。浆果红色。

产于我国西南、华南等热带和亚热带地区。喜温暖、潮湿和半阴环境，安全越冬温度10℃以上。

四季常青，耐阴性好，亚热带温带可作大型室内观叶植物，亦可用于热带地区林下栽植。

同属常见种：①黑叶芋（观音莲）（*A. × amazonica*）：低矮常绿草本。有4~6枚叶，叶箭形盾状，叶脉银白色，叶缘周围有一圈银白色环线，叶背紫褐色。②尖尾芋（*A. cucullata*）：叶宽卵状心形，先端凸尖，基部圆形，深绿色，叶脉弧形上弯。

### (50) 黛粉芋（花叶万年青、彩叶万年青）*Dieffenbachia seguine*（天南星科花叶万年青属）

多年生常绿草本。叶片长椭圆形，叶脉间有不规则的白色或黄绿色斑块或斑点，背面粉绿色，叶基部多圆形。佛焰苞长圆状披针形，肉穗花序。浆果黄绿色。

原产于南美洲。喜高温多湿环境，喜散射光，忌阳光直射。

四季常青，叶色优美，耐阴性好，可作优良室内盆栽观叶植物。

### (51) 银苞芋 *Spathiphyllum floribundum*（天南星科白鹤芋属）

多年生常绿草本，高70~120cm。叶长圆形或近披针形，先端尾尖，基部圆形，叶色浓绿。佛焰苞直立向上，白色，肉穗花序圆柱状。浆果。花期5~10月。

原产于热带美洲。喜高温、高湿及半阴，忌阳光直射，不耐寒，不耐瘠薄。

四季常青，花序别致，耐阴性强，温带及亚热带地区室内优良盆栽观叶植物。

常见品种：①'白掌'（'Levlandil'）：叶长椭圆形，佛焰苞舟形。②'绿巨人'（'Cultorum'）：叶宽披针形，大型；佛焰苞大型。

### (52) 花烛（安祖花、红掌）*Anthurium andraeanum*（天南星科花烛属）

多年生常绿草本。茎节短。叶基部生出，聚生茎顶，鲜绿色，革质，全缘，长圆状心形，基部凹心形。佛焰苞平出，革质有蜡质光泽，橙红或深红色，肉穗花序黄色，直立（图14-21）。

原产于南美热带雨林。喜温暖、湿润、庇荫环境，耐半阴。

品种繁多，佛焰苞奇特，以红色为主。著名的切花种类，亦可盆栽观叶观花。

同属常见种：①火鹤花（*A. scherzerianum*）：叶窄心形，佛焰苞猩红色，肉穗花序扭曲为

图 14-21 花 烛

螺旋状，栽培品种多。②水晶花烛（A. crystallinum）：叶阔心形，叶脉粗而明显，淡绿色。

**（53）绿萝 Epipremnum aureum（天南星科麒麟叶属）**

多年生常绿草质藤本。茎蔓粗壮，茎节处有发达的气生根。叶薄革质，全缘，宽卵心形，光亮，叶基浅心形，叶端较尖，叶面上常具不规则的黄色斑块或条纹。

原产于所罗门群岛。喜高温、高湿、散射光，耐阴性强，耐水湿，忌阳光直射。

四季常青，叶形优美，热带地区可用于庭园绿化庇荫处，温带和亚热带地区可作室内柱式或悬挂盆栽。

常见品种：'黄金葛'（'金叶葛'）（'All Gold'）：叶浅金黄色，叶片较薄。

**（54）红苞喜林芋 Philodendron erubescens（天南星科喜林芋属）**

多年生常绿藤本。茎木质化，节间淡红色，节上有气生根。单叶互生，厚革质，长心形，先端突尖，基部深心形，叶面深绿色有光泽，叶柄、叶背及新叶淡红褐色。

原产于南美洲。喜高温高湿，耐阴性强，忌阳光直射，安全越冬温度10℃以上。

叶色碧绿，株形优美，耐阴性强，亚热带和温带地区可作室内大型盆栽观叶植物，热带地区林荫处可用攀缘栽植。

常见品种：①'红宝石'（'Red Emerald'）：嫩梢红色，叶鞘玫瑰红色，不久脱落，叶柄紫红色，叶片晕紫红色。②'绿宝石'（'Green Emerald'）：茎、叶柄、嫩梢和叶鞘均绿色。

同属常见种：①春羽（羽叶喜林芋）（P. selloum）：叶羽状深裂。②蔓绿绒（P. melanochrysum）：长心形叶，墨绿色，叶脉明显，淡绿色。

**（55）合果芋 Syngonium podophyllum（天南星科合果芋属）**

多年生常绿草质攀缘藤本。叶箭形或戟形，叶基裂片两侧常着生小型耳状叶片，幼叶叶色淡绿，成熟叶深绿色。栽培品种繁多，叶常生有各种白色斑纹。

产于热带美洲。喜高温、高湿及半阴，忌阳光直射。斑叶品种光照不足时色斑不明显。

株态优美，叶形、叶色多变，耐阴性强，可作热带林下地被植物，温带及亚热带地区室内优良盆栽观叶植物。

常见品种：①'银叶'合果芋（'Silver Knight'）：叶片淡绿色。②'黄纹'合果芋（'Atrovirens'）：叶脉黄绿色，明显。

**（56）紫鸭跖草（紫叶草、紫竹梅）Tradescantia pallida（鸭跖草科紫竹梅属）**

多年生常绿草本，高10～20cm。叶披针形，茎与叶均为暗紫色，被有短毛。小花生于茎顶端，鲜紫红色。观叶期3～11月。

原产于北美洲。喜温暖、湿润，喜半阴，不耐寒，忌暴晒。

适用于花坛、花箱、花境，可作林下地被植物，既能观花观叶，又能吸附粉尘，净化空气。也可成片或成条栽植，围成圆形、方形或其他形状，中心种植灌木、小乔木或其他花卉。

**(57) 吊竹梅 Tradescantia zebrina (鸭跖草科紫露草属)**

多年生常绿草本，匍匐蔓性生长。单叶互生，无柄，椭圆状卵圆形，全缘，叶色多变，绿色带白色条纹或紫红色，叶背淡紫红色。花冠玫瑰粉色。蒴果。花期6~8月。

原产于墨西哥。喜温暖、湿润环境，也耐半阴，耐热，不耐寒，安全越冬温度10℃以上。

植株姿态飘曳，叶面斑纹明快，耐阴性强，可作林下地被或垂直绿化植物。亦是优良室内小型盆栽或悬挂盆栽观叶植物。

**(58) 黄星凤梨 Guzmania lingulata (凤梨科星花凤梨属)**

多年生常绿附生草本，高30~40cm。叶莲座基生，基部筒状，叶片剑状披针形，革质，先端弯垂。花小，黄色，穗状花序，苞片多数，宿存，卵状披针形，栽培品种繁多，苞片黄色、粉色、橙色、鲜红色等。

原产于南美洲。喜温暖湿润环境，喜半阴，忌阳光直射，不耐寒，喜排水良好富含腐殖质的基质。

花叶美丽，花期持久，可作室内优良的观叶观花植物。

同属常见种：①大咪头果子蔓(*G. conifera*)：穗状花序在花梗顶端簇生成头状，苞片猩红色。②红叶果子蔓(*G. sanguinea*)：基层叶鲜绿色，中层叶深红色，上层叶黄色。

**(59) 铁兰(紫花凤梨) Tillandsia cyanea (凤梨科铁兰属)**

多年生常绿附生草本，高约30cm。叶基生，莲座状，灰绿色，带状，先端尖，质地坚硬，基部紫褐色。穗状花序蓝紫色，总苞扇状，粉红色，花后宿存。

原产于南美热带。喜温暖湿润，喜散射光，忌阳光直射，不耐寒。

花叶美丽，花期持久，可作室内优良的观叶观花植物。

同属常见种：①老人须(松萝凤梨)(*T. usneoides*)：空气凤梨类，无根系，叶细丝状，灰绿色。②安德鲁小精灵空气凤梨(*T. ionantha*)：叶簇生，上半部粉红色，基部被白粉。

**(60) 虎纹凤梨 Vriesea splendens (凤梨科丽穗凤梨属)**

多年生常绿附生草本，高50~60cm。叶基生，莲座状，基部围合成筒，叶剑形，有灰绿色和紫黑色相间的虎斑状横条纹。穗状花序顶生，花小，黄色，苞片红色，叠生呈扁平剑状，花后宿存。

原产于巴西。喜温暖、湿润环境。喜散射光，忌阳光直射，不耐寒。

色彩艳丽，花期持久，耐阴，可作室内优良的观叶观花植物。

同属常见种：莺哥凤梨(*V. carinata*)：穗状花序多分枝，苞片叠生，呈莺哥鸟冠状，苞片基部红色，端部黄色。

**(61) 艳凤梨(金边凤梨) Ananas comosus var. variegata (凤梨科凤梨属)**

多年生常绿草本，高达120cm。叶基生，莲座状，基部围合成筒，叶剑形，革质，叶缘两边有黄色纵向条纹，边缘具红褐色硬刺。穗状花序密集成卵圆形。聚合果，红色，顶部有冠芽。

原产于巴西。喜温暖湿润，喜光，稍耐阴，不耐寒。喜排水良好的砂质壤土。

叶果均美，可作优良室内观叶植物，果实可作切花辅材。

**(62) 蜻蜓凤梨(美叶光萼荷) Aechmea fasciata [凤梨科光萼凤梨属(光萼荷属)]**

多年生常绿附生草本。叶基生，莲座状，基部交互成筒，叶片条形，有银白色横纹，两面被白粉，叶缘密生黑色刺齿。穗状花序，短分枝，上部密集成头状，小花蓝紫色，苞片粉红色。

原产于巴西。喜温暖湿润，喜散射光，不耐寒，喜排水良好、富含腐殖质的基质。

叶色秀丽，花期长久，较耐阴，可作室内优良的观叶观花植物。

**(63) 鹤望兰(天堂鸟) Strelitzia reginae (鹤望兰科鹤望兰属)**

多年生常绿大型草本，无明显茎。叶近基生，对生成两侧排列，长圆状披针形，革质，叶柄细长，具沟槽。总状花序，小花7~9，萼片橙黄色，开放宛如仙鹤引颈遥望。花期12月~翌年2月(图14-22)。

原产于南非。喜温暖湿润，喜光，不耐寒，不耐旱，亦不耐湿。

叶大姿美，花形奇特，可盆栽观叶观花或在庭园绿化中孤植或丛植，亦是高档切花花材。

同属常见种：大鹤望兰(大天堂鸟)(S. nicolai)：植株高大，茎干高达8m，木质。叶大，长圆形，萼片白色。

**(64) 旅人蕉 Ravenala madagascariensis (鹤望兰科旅人蕉属)**

多年生常绿大型草本，树干似棕榈，高5~6m。叶2行排列于茎顶，像一把大折扇；叶片长圆形，似蕉叶，长达2m。花序腋生，佛焰苞内有花5~12朵，排成蝎尾状聚伞花序。蒴果，种子肾形，被碧蓝色、撕裂状假种皮。

原产于非洲马达加斯加岛，现各热带地区有栽培，我国见于广东、海南、台湾、云南南部等地。喜温暖、向阳环境，适合在高温多湿的气候环境中生长。

株形飘逸别致，叶片硕大奇异，颇具热带风光，可用作热带地区大型庭园观赏植物，地栽孤植、丛植或列植均可，其他地区可室内盆栽观赏。

**(65) 蝎尾蕉 Heliconia metallica (蝎尾蕉科蝎尾蕉属)**

多年生草本，高35~260cm。叶长圆形，顶端渐尖，基部渐狭，叶面绿色，叶背亮紫色。花序顶生，直立，花开放时突露，花被片红色，顶端绿色，狭圆柱形。果三棱形，灰蓝色(见彩图78)。

主要分布于美洲热带地区和太平洋诸岛。我国广东、云南、厦门、北京等地方有引种。喜温暖、湿润的环境，适宜在南方湿热地区或大型温室内栽培，生长适温22~25℃。

株形美观，花枝挺拔，特别是花序形似

图14-22 鹤望兰

"之"字形蝎尾而得名。既可作园林景观绿化布置，又可盆栽观赏，更是上等的鲜切花材料，在热带地区可全年开花，是一种具有很高观赏价值的典型热带花卉。

**(66) 芭蕉 Musa basjoo**(芭蕉科芭蕉属)

多年生常绿大型草本，高 2.5~4m。叶长圆形，长 2~3m，叶柄粗壮。花序顶生，下垂，苞片红褐或紫色，雌雄异花，雄花位于花序上部，雌花生于花序下部。浆果长圆形，具三棱，肉质。

原产于日本。喜温暖湿润，喜光，耐寒力差。

叶大姿美，可在庭园绿化中孤植或丛植。

**(67) 地涌金莲 Musella lasiocarpa**(芭蕉科地涌金莲属)

多年生常绿丛生草本，具粗矮假茎，高不及 60cm。叶长椭圆形，长达 50cm，花序直立，生于假茎，密集呈球穗状，苞片黄色，干膜质，宿存。浆果三棱状卵圆形，被硬毛。种子扁球形(见彩图 79)。

产于我国云南。喜温暖湿润，喜光，较耐寒。

花形独特，花色艳丽，可在庭园绿化中孤植或丛植。

**(68) '花叶'艳山姜(彩叶姜)Alpinia zerumbet 'Variegata'**(姜科山姜属)

多年生常绿草本，高 1~2m。叶长椭圆形，基部楔形，有金黄色纵斑纹。圆锥花序呈总状花序式，小花白色，花瓣顶端粉红色，花期 5~7 月(见彩图 80)。

我国东南部至南部有分布。喜温暖湿润，喜光亦耐半阴，较耐寒，忌霜冻，冬季安全越冬温度 0℃ 以上。

叶大姿美，花姿雅致，可在庭园绿化中孤植或丛植，亦可用作室内盆栽观叶。

**(69) 肖竹芋 Calathea ornata**(竹芋科肖竹芋属)

多年生常绿草本，高达 3m。叶片椭圆形，顶部急尖，幼叶具美丽的玫瑰红或粉红色条纹，后变白，背部紫红色。

原产于南美洲。喜半阴、高温高湿环境，忌水湿，不耐寒。

叶形优美，叶色丰富，耐阴性强，可作室内观叶植物。

同属常见种：①绒叶肖竹芋(斑叶竹芋)(*C. zebrina*)：叶片长圆状披针形，叶面具浅绿色和深绿色交织的斑马状条纹，具天鹅绒光泽，背面幼时浅灰绿色，老时紫红色。②波浪竹芋(*C. rufibarba*)：叶椭圆状披针形，边缘波浪状，正面亮绿色，背面紫红色。③孔雀竹芋(*C. makoyana*)：叶卵状椭圆形，叶柄紫红色，叶正面黄绿色，主脉两侧交互排列有羽状暗绿色的长椭圆形斑纹，形似孔雀的尾羽，叶背紫红色，具同样斑纹。④箭羽竹芋(*C. insignis*)：叶椭圆状披针形，形似鸟类羽毛，叶正面黄绿色，主脉两侧有暗绿色斑块；背面紫红色。⑤青苹果竹芋(*C. orbifolia*)：叶片宽大近圆形，边缘波状，中脉银灰色，羽状侧脉具银灰色条斑，背面淡绿泛浅紫色。

**(70) 萱草 Hemerocallis fulva**(百合科萱草属)

多年生宿根草本，高 50~80cm，具肉质根。叶基生，长带形，二列状。圆锥花序，花冠橘红或橘黄色，阔漏斗形。蒴果长圆形。花果期 5~7 月(图 14-23)。

图 14-23 萱草　　　　　　　图 14-24 玉簪

分布于我国秦岭以南，全国各地常见栽培。喜光，耐旱，耐瘠薄，不耐湿。

花色鲜艳，株形美观，可用于花坛、花境或林下地被。

同属常见种：①大花萱草（杂种萱草）（*H. hybridus*）：多倍体萱草，生长势强壮，花径大，栽培品种多，花色繁多。②黄花菜（金针菜）（*H. citrina*）：花冠黄色，花蕾可食用。

**(71) 玉簪 *Hosta plantaginea*（百合科玉簪属）**

多年生宿根草本，株丛低矮。叶基生成丛，卵状心形或卵圆形，弧形脉，基部心形。顶生总状花序，花冠白色，形似簪子，花香浓郁。花果期 6~10 月（图 14-24）。

产于我国华东、华南及西南地区。喜散射光，忌阳光直射，耐阴性强。耐旱，耐瘠薄，不耐湿。

栽培品种繁多，叶色叶形丰富。耐阴性强，是林下优良地被植物。

同属常见种：紫萼（紫萼玉簪）（*H. ventricosa*）：株丛较玉簪小，叶稍窄小，花淡紫色。

**(72) 火炬花（火把莲）*Kniphofia uvaria*（百合科火炬花属）**

多年生宿根草本，高达 80~120cm。叶丛生，剑形。总状花序，小花筒状，多数，呈火炬形，花冠橘红色。蒴果黄褐色，花果期 6~9 月。

原产于南非。喜温暖及阳光充足的环境，耐寒，不耐炎热。

花序奇特，形似火炬，可丛植于草坪之中或植于假山石旁，用作配景。

**(73) 一叶兰（蜘蛛抱蛋）*Aspidistra elatior*（百合科蜘蛛抱蛋属）**

多年生常绿草本，具圆柱形根状茎。叶单生，从地下抽出，椭圆状披针形，先端渐尖，基部楔形，边缘稍微波浪状，叶柄粗壮，叶片上有黄白色斑点或条纹。浆果球状，形似蜘蛛卵，靠在不规则状似蜘蛛的块茎上生长，故得名"蜘蛛抱蛋"。

喜温暖、湿润的半阴环境，耐阴性强，较耐寒，不耐盐碱和瘠薄。

叶形挺拔，叶色浓绿，姿态优美，长势强健，耐阴性强，是室内绿化的优良观叶植物；亦可作切花的配叶材料，园林中作林下地被。

### (74) 吊兰 *Chlorophytum comosum*（百合科吊兰属）

多年生常绿草本。叶丛生，剑形，绿色或有黄色条纹。花茎从叶丛中抽出，长成匍匐茎在顶端抽叶成簇，总状花序；小花白色，2~4朵簇生。蒴果三棱状。花期5月。

原产于非洲南部。喜温暖、湿润的半阴环境，较耐寒。

姿态优美，长势强健，耐阴性强，可作室内盆栽悬挂植物，亦可用于垂直绿化。

常见品种：①'银心'吊兰（'Vittatum'）：叶中央具黄白色纵条纹。②'金边'吊兰（'Variegatum'）：叶边缘具金黄色条纹。③'金心'吊兰（'Medio-pictum'）：叶中央具金黄色纵条纹。

### (75) 天门冬（武竹）*Asparagus cochinchinensis*（百合科天门冬属）

多年生常绿半蔓性草本，地下有膨大块根。地上茎细长，可达1~2m，分枝具棱。叶状枝，每3枚成簇，密集，真叶退化成细小的鳞片状或柄状。花小，腋生，绿色。浆果球形，红色。花期5~6月，果期8~10月。

广布全国各地。喜温暖，不耐寒，喜阴，忌阳光直射，喜排水良好的砂质壤土。

株形紧凑，果色亮丽，耐阴性较强，优良切叶植物，园林中作林下地被植物。

同属常见种与品种：①'狐尾'天门冬（*A. densiflorus* 'Myers'）：株形紧凑，茎直立向上，呈圆筒形。叶针状柔软，形似狐尾。盆栽观叶或作切叶。②文竹（*A. setaceus*）：多年生攀缘性草本。叶状枝纤细，水平排列呈羽毛状，成层分布，质感轻柔，常盆栽或点缀山石盆景置于案头。

### (76) 虎尾兰（虎皮兰）*Sansevieria trifasciata*（百合科虎尾兰属）

多年生常绿肉质草本，具根状茎。叶基生，线状披针形，厚革质，直立，叶两面有白绿和深绿色相间的横带斑纹，边缘绿色。总状花序，花白色至淡黄绿色。浆果。

原产于非洲热带和印度。喜温暖湿润，耐干旱，喜光又耐阴，不耐寒。

姿态优美，耐阴性强，是优良的室内盆栽观叶植物。

叶色变化丰富，常见栽培品种：①'金边'虎尾兰（'Laurentii'）：叶边缘具金黄色条纹。②'短叶'虎尾兰（'Hahnii'）：株高20cm左右，叶片短而宽，叶缘两侧均有较宽的黄色带，叶面有不规则的银灰色条斑。

图14-25 君子兰

图14-26 鸢尾

**(77) 君子兰 *Clivia miniata*（石蒜科君子兰属）**

多年生常绿草本，具肉质根。叶基生，带形，叶基部扩大互抱呈假鳞茎状，茎上二列叠出，排列整齐，厚实肉质，有光泽。伞形花序顶生，花直立，漏斗形，鲜红色，内侧基部黄色。浆果紫红色。花期为春夏季（图14-25）。

原产于南非。忌热忌寒，喜温暖湿润，喜散射光，耐半阴。

叶色亮丽，花期持久，耐阴性强，为优良的室内盆栽观叶观花植物。

同属常见种：垂笑君子兰（*C. nobilis*）：小花下垂，橙红色，花瓣尖端淡绿色。

**(78) 鸢尾 *Iris tectorum*（鸢尾科鸢尾属）**

多年生常绿草本，具根状茎。叶基生，宽剑形，薄纸质，无明显中脉。花蓝紫色，花被片6，2轮，外花被片卵圆形，具紫褐色斑，中央有白色鸡冠状附属物，内花被片椭圆形。花期4~5月（图14-26）。

我国广布。喜水湿，喜微酸性土，耐半阴，较耐寒。

花形奇特，耐阴性强，可作为水边或湿地景观植物。

同属常见种：①蝴蝶花（扁竹根）（*I. japonica*）：花淡蓝白色，外花被片有橙色鸡冠状附属物，边缘有细齿。②玉蝉花（紫花鸢尾）（*I. ensata*）：花深紫色，外花被片中部有黄色条斑。③黄菖蒲（黄花鸢尾）（*I. pseudacorus*）：花黄色，外花被片中部有黑褐色花纹。

# 15 园林花卉——球根花卉

**(1) 花毛茛 *Ranunculus asiaticus*（毛茛科毛茛属）**

多年生草本，高 20~50cm。块根纺锤形。茎单生，或少数分枝。基生叶为三出复叶，茎生叶近无柄，羽状细裂。花单生或数朵聚生于茎顶，花径 5~10cm，有红、黄、白、橙及紫等多色，重瓣或半重瓣。花期 4~5 月。

分布于地中海地区。喜冷凉，耐阴，忌酷热，较耐寒，喜疏松肥沃、排水良好的砂质土。

花大秀美，有丝质光泽，具有牡丹的风韵，因此在昆明等地俗称"洋牡丹"，可布置花坛、花境、花带，或片植于林缘或庭园中，亦可盆栽观赏（图 15-1）。

**(2) 球根秋海棠 *Begonia × tuberhybrida*（秋海棠科秋海棠属）**

多年生草本，为杂交种，高 20~60cm。地下部具块茎，呈不规则扁球形。茎直立或铺散，肉质，有毛。叶多偏心状卵形，先端锐尖，基部歪斜，边缘齿状。腋生聚伞花序，花色极为丰富。品种分为大花类、多花类和垂枝类三大类型。夏秋开花。

原产于南美洲。喜温暖、湿润、半阴环境，夏季忌高温，忌阳光直射。

色彩艳丽，多盆栽观赏。

**(3) 仙客来 *Cyclamen persicum*（报春花科仙客来属）**

多年生草本，高 20~30cm。具扁球形肉质块茎。叶丛生，心状卵圆形，边缘具细圆齿，质地稍厚，叶面深绿色，具白色斑纹；叶柄褐红色，叶背暗红色。花单生，下垂，花梗细长，肉质，花冠 5 深裂，基部连合成短筒，裂片向上翻卷而扭曲。园艺品种繁多，花有红、玫瑰红、紫红、白等色。花期冬春。

原产于地中海沿岸。喜凉爽、湿润和阳光充足的环境，不耐寒，不耐高温。喜疏松、肥沃、排水良好的砂质土。

花似兔耳，别致夺目，花色艳丽，花期长，且恰逢元旦、春节等传统节日，是冬季重要的盆栽花卉。亦可作切花（图 15-2）。

**图 15-1　花毛茛**

图 15-2 仙客来

图 15-3 大岩桐

**(4) 红花酢浆草 *Oxalis corymbosa*（酢浆草科酢浆草属）**

多年生常绿草本，高 15~20cm。无地上茎，地下部有球状鳞茎。叶基生，叶柄细长，掌状复叶具 3（偶 4）小叶，倒心形，小叶无柄。总花梗基生，伞形花序状，花瓣 5，淡紫色至紫红色。花果期 3~12 月。

原产于南美洲。喜光，耐阴，喜温暖湿润气候，较耐旱，较耐寒。

紫花繁密，烂漫可爱。宜作花坛、花境、花台、花丛、地被等。

同属常见种：①酢浆草（*O. corniculata*）：具匍匐茎，叶互生，花黄色。常见其变型：紫叶酢浆草（f. *purpurea*）：叶紫红色，小叶倒心脏形。②白花酢浆草（*O. acetosella*）：花白色。③三角紫叶酢浆草（*O. triangularis*）：叶大，紫红色，三出复叶，小叶倒三角形，顶端微凹，花淡紫色。

**(5) '金叶'甘薯（'金叶'薯）*Ipomoea batatas* 'Golden Summer'（旋花科番薯属）**

多年生草本，地下有块茎。茎呈蔓性，黄色。叶大，呈心形或不规则卵形，偶有缺裂，叶鹅黄色。观叶期 5~11 月，8 月生长最茂盛。

原产于美洲中部。喜温暖湿润气候及排水良好的砂质壤土。耐热，不耐寒，忌霜打。

可作地被用于花台、花箱、花坛、花境等，与其他彩叶植物配置。亦适合盆栽、悬吊。

**(6) 大岩桐 *Sinningia speciosa*（苦苣苔科大岩桐属）**

多年生常绿草本，高达 25cm。具块茎。叶基生，叶为卵圆形或卵形。花顶生，花冠略呈钟形，紫色或其他颜色。花期 4~6 月（图 15-3）。

原产于巴西。性喜温暖湿润气候，忌强光，不耐瘠薄，不耐寒。

花大且花色丰富，多盆栽用于室内装饰，也可用于露地花坛、花台或于山石边、路边种植观赏。

**(7) 大丽花（大丽菊）*Dahlia pinnata*（菊科大丽花属）**

多年生草本，具块根。茎直立，高 1.5~2m，粗壮。叶 1~3 回羽状全裂，上部叶有时不分裂，裂片卵形或长圆状卵形。头状花序大，舌状花 1 层，花色丰富。花期 6~12 月。

原产于墨西哥。喜凉爽气候，喜光，不耐寒。

品种繁多，花大美丽，颜色丰富，花期长，是花坛、花境常用花卉，也可用作切花和盆栽观赏(图 15-4)。

**(8) 马蹄莲 Zantedeschia aethiopica (天南星科马蹄莲属)**

多年生常绿草本，具块茎。叶基生，叶片心状箭形或箭形，全缘。佛焰苞基部管状，檐部亮白色，肉穗花序圆柱形，黄色。浆果短卵圆形，淡黄色。花期 2~3 月，果期 8~9 月。

原产于非洲。喜温暖、湿润和阳光充足的环境，不耐寒冷和干旱。喜肥沃、保水性能好的黏质壤土。

花朵苞片大，宛如马蹄。可作水景岸边绿化植物及室内盆栽植物，花序可作切花。

同属常见种：彩色马蹄莲(*Z. hybrida*)：佛焰苞有紫色、黄色、粉红色等(图 15-5)。

**(9) 花叶芋(彩叶芋、五彩芋) Caladium bicolor (天南星科花叶芋属)**

多年生常绿草本，具块茎。叶柄纤细，上部被白粉；叶盾状箭形或心形，纸质，叶面有各色透明或不透明斑点或斑块，栽培品种极多。佛焰苞顶部白色，肉穗花序橙黄色。浆果白色。花期 4~5 月。

原产于巴西及西印度群岛。喜高温、高湿和半阴环境，忌阳光直射，不耐寒，安全越冬温度 10℃以上。

叶片色彩斑斓，耐阴性强，可作室内优良观叶盆栽。

**(10) 姜花 Hedychium coronarium (姜科姜花属)**

多年生常绿大型草本，高 1~2m，地下具根茎。叶长圆状披针形，先端长渐尖。穗状花序顶生，苞片绿色，覆瓦状排列，小花白色，两侧对称，具浓香。蒴果。花期 8~12 月。

产于我国西南、华南和台湾。喜温暖湿润，稍耐阴，不耐寒，忌霜冻。喜排水良好、肥沃的壤土。

叶片宽大，花形优美，芳香浓郁，可用于庭园观赏，也可作林下观叶植物。

**(11) 姜荷花 Curcuma alismatifolia (姜科姜黄属)**

多年生草本，具块茎。叶基生，长椭圆形，革质，亮绿色，顶端渐尖，中脉为紫红

图 15-4　大丽花

图 15-5　彩色马蹄莲

色。穗状花序，白色小花位于苞片内，上部苞片桃红色，阔卵形，下部苞片蜂窝状，绿色，苞片花后宿存。栽培品种苞片颜色丰富。花期6~10月（图15-6）。

原产于泰国。喜温暖湿润，阳光充足的环境，忌水湿。

花序状似荷花，花形独特，花期长，可作切花、室内盆花，庭园绿化中可用于花坛、花境。

(12) 大花美人蕉（红艳蕉）*Canna* × *generalis*（美人蕉科美人蕉属）

多年生草本，高约1.5m，具块根。单叶互生，叶片卵状长圆形，全缘。总状花序，艳丽的花瓣实际为瓣化的雄蕊，花大而密集，有深红、橙红、黄、白等色。花期5~7月。

原产于美洲热带，为多种源杂交种。喜光，不耐寒，怕强风和霜冻。

花大色艳，色彩丰富，可作公共绿地或庭园花丛、花境配置。

常见品种：'花叶'美人蕉（金脉美人蕉）('Striatus')：叶片具黄色脉纹。

同属常见种：①美人蕉（小花美人蕉）(*C. indica*)：花小，红色。常见其变种：黄花美人蕉(var. *flava*)：花冠、退化雄蕊杏黄色。②紫叶美人蕉(*C. warscewiezii*)：茎、叶呈紫或紫褐色，粗壮，被蜡质白粉。花苞片、萼片紫色，花冠深红色。

(13) 花叶竹芋 *Maranta bicolor*（竹芋科竹芋属）

多年生常绿草本，高约40cm，具块状根。叶片椭圆形至卵形，顶端圆而具小尖头，叶正面粉绿色，中脉两侧有暗褐色的斑块；背面粉绿或淡紫色。花小，白色。

原产于巴西。喜温暖湿润，喜散射光，忌阳光直射，耐半阴，忌水湿，不耐寒。

叶形优美，色斑美丽，可作室内观叶植物。

同属常见种：竹芋(*M. arundinacea*)：叶片绿色，卵形或卵状披针形。

(14) 百合类 *Lilium* spp.（百合科百合属）

多年生草本。鳞茎无皮，鳞片覆瓦状叠合着生。叶线形至卵形，总状花序，花单生或簇生。花被6枚，两轮。栽培品种繁多，花色丰富，花形多样。自然花期4~6月（图15-7）。

喜冷凉湿润气候，耐寒不耐热，较喜阴，夏季休眠。

花期持久，花姿独特，可作优良的鲜切花，亦可布置花坛，搭配花境，可作林下地被。

目前，百合应用的原种不多，更多的是栽培品种，主要包含以下3个品种类群：①亚

图15-6 姜荷花

图15-7 百合

图15-8　葡萄风信子　　　　　图15-9　郁金香　　　　　图15-10　风信子

洲百合杂种系(Asiatic Hybrids)：花直立向上，花瓣边缘光滑，不反卷。②麝香百合杂种系(Longiflorum Hybrids)：花横生，白色，花被筒喇叭状。③东方百合杂种系(Oriental Hybrids)：花斜上或横生，瓣反卷或瓣缘波浪状，具彩色斑点。

**(15) 葡萄风信子 *Muscari botryoides*（百合科蓝壶花属）**

多年生草本，高5~10cm。具鳞茎，有皮鳞茎卵状球形。叶基生，线形，稍肉质。总状花序，椭圆状柱形，花梗长，坛状小花，深蓝色，下垂。花期4~5月，果期7月（图15-8）。

原产于地中海沿岸。喜冬季温和、夏季冷凉，耐寒性强，较耐阴，鳞茎夏季休眠。

花期持久，花色独特，园林中可作疏林地被。

**(16) 郁金香 *Tulipa gesneriana*（百合科郁金香属）**

多年生草本，具鳞茎，有皮鳞茎扁圆锥形，全株被白粉。叶3~5枚，卵状披针形，全缘，边缘波状。杯状或盘状花单生茎顶，花被片6，花冠内部有深色斑点。蒴果。花期3~5月（图15-9）。

原产于欧洲。喜冬季温和、夏季冷凉，耐寒性强，鳞茎夏季休眠。

园艺栽培品种繁多。花期持久，花色花形丰富，园林中用于春季花坛或花境，亦可作盆栽及鲜切花。

**(17) 风信子（洋水仙）*Hyacinthus orientalis*（百合科风信子属）**

多年生草本，具有皮鳞茎。叶基生，狭披针形，质肥厚，有光泽。花茎肉质，中空，总状花序，小花花冠漏斗状。栽培品种花色繁多，自然花期3~5月（图15-10）。

原产于欧洲。喜冬季温暖湿润，夏季凉爽，阳光充足或半阴的环境。

花色丰富，花姿美丽，可布置春季花坛，作疏林下地被植物，亦是优良室内盆栽花卉。

**(18) 朱顶红 *Hippeastrum rutilum*（石蒜科朱顶红属）**

多年生草本，鳞茎近球形。叶基生，二列状着生，带形，厚革质。花茎自叶丛外侧抽出，粗壮而中空，具白粉。伞形花序，花大，漏斗状，红色。栽培品种多，花色变化丰富，花期夏季。

原产于巴西。喜温暖湿润，不喜酷热，忌水涝，稍耐寒。

姿态优美，适宜丛植作花境，亦可盆栽及作切花。

**(19) 百子莲 Agapanthus africanus（石蒜科百子莲属）**

多年生草本，具球形鳞茎。叶基生，带形，近革质。伞形花序，总花梗高大粗壮，高于叶丛，具20~30朵花，花被片6，漏斗状，深蓝色。蒴果。花期7~9月（图15-11）。

原产于非洲。喜冬季温暖、夏季凉爽的气候，不耐寒。喜肥沃、排水良好的基质。

花姿别致，花色幽雅，可作为温暖地区疏林下地被植物，亦可室内盆栽观赏。

**(20) 水仙（中国水仙）Narcissus tazetta var. chinensis（石蒜科水仙属）**

多年生草本，具球形鳞茎。叶基生，扁平，线形，粉绿色。伞形花序，花葶与叶近等长，花白色，芳香，花被裂片6，具浅杯状淡黄色副花冠。园艺栽培品种多，花色丰富。花期3~5月（图15-12）。

原产于亚洲东部。喜光、喜湿、喜肥，稍耐阴，鳞茎夏季休眠。

花香浓郁，素洁幽雅，可作为室内观叶观花植物，亦可作为疏林下地被植物。

同属常见种：黄水仙（洋水仙、喇叭水仙）（N. pseudonarcissus）：鳞茎球形。叶基生，宽线形，略带灰色，先端钝。花葶挺拔，顶生1花，花大，花被裂片长圆形，黄色，副花冠稍短于花被或近等长，边缘呈不规则齿状皱缩。花期春季。原产于欧洲。

**(21) 葱莲（葱兰）Zephyranthes candida（石蒜科葱莲属）**

多年生草本，丛生状，具卵形鳞茎。叶基生，狭线形，肥厚。花梗中空，单花顶生，白色，花被片6。蒴果球形。花期7~10月。

原产于南美洲。喜光，喜肥，喜湿，耐半阴，不耐寒，鳞茎冬季休眠。

株丛低矮，花期持久，耐阴性强，可作林下地被，亦可作花坛、花境的镶边材料。

同属常见种：韭莲（红花葱兰）（Z. carinata）：花玫瑰红或粉红色。

**(22) 水鬼蕉（蜘蛛兰）Hymenocallis littoralis（石蒜科水鬼蕉属）**

多年生草本，具鳞茎。叶基生，剑形，多脉，无柄。伞形花序，花生于茎顶，花葶扁平实心。花白色，有香气，无柄，花被筒长裂，线形，具杯状或漏斗状副冠，雄蕊突出。花期夏末秋初（图15-13）。

原产于美洲热带。喜阳光充足和温暖湿润气候，喜肥，不耐湿，不耐寒。

株形优雅，花形奇特，可作花境或花丛用材。

图15-11　百子莲　　　图15-12　水　仙　　　图15-13　水鬼蕉

**(23) 大花葱 Allium giganteum (石蒜科葱属)**

多年生草本，高30~60cm，具鳞茎。叶丛生，长披针形，全缘。伞形花序呈头状，生于茎顶，小花数百朵，紫红色。花期春、夏季。

原产于亚洲中部和地中海地区。性喜凉爽阳光充足的环境，忌湿热多雨，忌连作，要求疏松肥沃的砂壤土，忌积水。

花序球状，十分奇特，小花呈星状开展，可丛植于林缘、草地或园路边观赏，也常用于花境配置或用于岩石园点缀。

**(24) 石蒜(红花石蒜) Lycoris radiata (石蒜科石蒜属)**

多年生草本，具鳞茎。叶基生，线形，中脉具粉绿色条带，秋季花后出叶。顶生伞形花序，小花5~7朵，两侧对称，鲜红色，花被裂片窄倒披针形，边缘皱波状，雄蕊伸出花被。蒴果。花期8~10月(见彩图81)。

广布于我国。耐寒性强，喜半阴，也耐暴晒，喜湿润，也耐干旱。各类土壤均能生长，以疏松、肥沃的腐殖质土最好。夏季休眠。

冬春叶色翠绿，夏季红花怒放，具有一定的耐阴性，可作林带下自然片植，可布置花境及庭园丛植，亦可用作切花，矮生种可作盆栽观赏。

同属常见种：忽地笑(黄花石蒜)(L. aurea)：叶阔线性，中间淡色带明显，花黄色，花瓣边缘高度翻卷和皱缩。

**(25) 晚香玉(夜来香) Polianthes tuberosa (石蒜科晚香玉属)**

多年生草本，高达1m，具块茎。叶互生，带状披针形。穗状花序顶生，小花10~30朵，白色，漏斗状，端部5裂，具浓香。蒴果。花期7~9月。

原产于墨西哥。喜温暖湿润和阳光充足的环境，不耐寒，忌水湿。喜肥沃、排水良好的壤土。冬季休眠。

花色纯白，香气浓郁，可用作布置庭园，亦可作盆栽观赏或鲜切花。

**(26) 紫娇花 Tulbaghia violacea (石蒜科紫娇花属)**

多年生球根花卉，成株丛生状。叶狭长线形，叶含韭菜味。顶生聚伞花序，花葶细长，花紫粉色。花期春至秋(图15-14)。

原产于南非。性喜温暖，喜光，耐寒性好，耐瘠薄，对土质要求不严，生性强健。

紫娇花绿叶丛生，花期长，耐粗放管理，园林中常用于花境、花带以及大面积片植。

常见品种：'银边'紫娇花('Silver Lace')：叶片有银白色条纹。

**(27) 六出花(水仙百合) Alstroemeria aurea (六出花科六出花属)**

多年生草本，高约1m，具根状茎。叶披针形。伞

**图15-14 紫娇花**

形花序,小花10~30朵,漏斗形,花被6片,2轮,内轮花被具深色条斑。花色繁多,有白、黄、黄、粉红等。花期5~6月(图15-15)。

原产于南美洲。喜温暖湿润和阳光充足,不耐寒,忌水湿。喜肥沃、排水良好的砂质壤土。夏季休眠。

花色绮丽,花形优美,可用于庭园花坛及花境布置。亦可作鲜切花,其低矮品种是优良的盆栽材料。

**(28)唐菖蒲(剑兰)Gladiolus gandavensis(鸢尾科唐菖蒲属)**

多年生草本,具扁球形球茎。叶基生,剑形,具数条纵脉。穗状花序顶生,小花无梗,两侧对称,花色繁多,花被片6,卵圆形。蒴果卵圆形。花期7~9月,果期8~10月(见彩图82)。

原产于非洲,喜温暖湿润,喜光,忌旱忌涝,喜排水良好的微酸性土。

花形奇特,世界著名四大鲜切花之一,热带和亚热带温暖地区可用于丛植绿化(图15-16)。

**(29)小苍兰(香雪兰)Freesia refracta(鸢尾科小苍兰属)**

多年生草本,具卵圆形鳞茎。叶基生,线状剑形,质地较硬。穗状花序顶生,花偏生一侧,花冠漏斗状,两侧对称,园艺品种繁多,花色丰富,具香味。蒴果卵圆形。花期4~5月。

原产于非洲。喜温暖湿润,喜光,不耐寒。

花色艳丽,芳香独特,可作为鲜切花及室内盆花。温暖地区可用于花坛和花境。

**(30)雄黄兰(火星花)Crocosmia × crocosmiiflora(鸢尾科雄黄兰属)**

多年生球根花卉,球茎扁圆球形。叶多基生,剑形。花茎常2~4分枝,由多花组成疏散的穗状花序,花橙红色。花期7~8月(图15-17)。

本种为园艺杂交种。喜温暖气候,也较耐寒。喜阳光充足环境,适宜生长于排水良好、疏松肥沃的砂壤土,生性强健。

叶形美观,花色艳丽,花量大,是夏季园林绿地优良的观花花卉。园林中多配置在路边、水岸或疏林下,也常用作花境、花带或者大面积片植等。

图15-15 六出花

图15-16 唐菖蒲

图15-17 雄黄兰

# 16 园林花卉——水生花卉

**(1) 荷花 (莲) *Nelumbo nucifera* (莲科莲属)**

多年生挺水水生花卉。根状茎(藕)横生，肥厚，节间膨大，内有多数纵行通气孔道，节部缢缩，下生须状不定根。叶大，基生，具长柄，挺出水面，圆形，盾状，全缘稍呈波状，表面蓝绿色，被白粉。花梗长，花单生顶端，芳香，红色、粉红色或白色；雌蕊多数，埋于倒圆锥形、海绵质的花托(莲蓬)内，后形成坚果(莲子)。花期6~8月，果期8~10月(见彩图83)。

分布以温带和热带亚洲为中心，我国南北广泛栽培。喜光，喜相对稳定的平静浅水、湖、沼泽地、池塘，耐寒性强。

碧叶如盖，花朵高洁，"出淤泥而不染，濯清涟而不妖""接天莲叶无穷碧，映日荷花别样红"，可水中片植、丛植或盆栽、缸栽观赏。

**(2) 睡莲 *Nymphaea tetragona* (睡莲科睡莲属)**

多年生浮叶水生花卉，根状茎短粗。叶基生，心状卵形或卵状椭圆形，具长柄，浮于水面，全缘，纸质，表面光亮，背面带红色或紫色。花单生于细长花梗顶端，白色、黄色、粉红色或蓝色，浮于或挺出水面。浆果球形。花期6~8月，果期8~10月。

在我国广泛分布。喜光，喜通风良好、水质清的环境，对土质要求不严。

花形小巧，品种繁多，是进行水体造景的重要浮水花卉，起净化水质的作用(图16-1)。

图 16-1 睡 莲

### (3) 王莲 *Victoria regia*（睡莲科王莲属）

大型多年生浮叶水生花卉。叶形态多样，浮水叶圆形，叶缘上翘呈盘状，直径可达2m以上，叶背及叶柄具硬刺，放射网状叶脉，表面绿色，背面紫红色。花大，单生，花瓣多数，芳香，花期为夏或秋季，花开2天，第一天白色，第二天淡红色至深紫红色，第三天闭合沉入水中。9月前后结果，浆果呈球形（见彩图84）。

原产于南美洲热带水域。喜高温高湿，耐寒性极差，气温下降到20℃时生长停滞，喜肥沃深厚的污泥，但不喜水过深。

叶巨大别致，漂浮水面，十分壮观，花大色美，是现代园林水景中必不可少的珍贵花卉。

同属常见种：克鲁兹王莲（*V. cruziana*）：与王莲主要区别在于，叶径较小，叶表、叶背始终绿色，叶缘直立部分较高，花色较淡。要求的生长温度较低，低于15℃停止生长。

### (4) 萍蓬草 *Nuphar pumila*（睡莲科萍蓬草属）

多年生浮叶水生花卉，具根状茎。叶纸质，宽卵形或卵形。萼片黄色，外面中央绿色，花瓣窄楔形，柱头盘常10浅裂，淡黄色或带红色。浆果卵形。花期5~7月，果期7~9月。

分布于中国、俄罗斯、日本、欧洲北部及中部。性喜水湿，喜温暖和阳光照射的环境。

叶形马蹄形，叶色油绿光亮，背面紫红色，花色黄色亮丽，适宜公园、绿地的湖泊、池塘水面绿化。

### (5) 水毛茛 *Batrachium bungei*（毛茛科水毛茛属）

多年生沉水草本。茎长30cm以上。叶片轮廓近半圆形或扇状半圆形，直径2.5~4cm，3~5回2~3裂，小裂片丝状，在水外通常收拢或近叉开；叶柄基部有鞘。花直径1~1.5(2)cm；萼片反折，卵状椭圆形；花瓣白色，基部黄色，雄蕊10余枚；花托有毛。聚合果卵球形。花期5~8月。

产于我国辽宁、河北、北京、山西、江西、江苏、甘肃、青海、四川、云南和西藏。耐寒性强，喜在清澈、平缓的浅溪流或水塘中生长。

水毛茛能够增加水体流动感，挺出水面的小花能够点缀水面。

### (6) 狐尾藻 *Myriophyllum verticillatum*（小二仙草科狐尾藻属）

多年生粗壮沉水水生花卉。根状茎发达，节部生根。茎圆柱形，多分枝。水上叶互生，披针形，裂片较宽。花单性，雌雄同株或杂性，单生于水上叶腋内，花无柄，比叶片短；雌花生于水上茎下部叶腋中，淡黄色，花丝丝状，开花后伸出花冠外。

为世界广布种，中国南北各地池塘、河沟、沼泽中常有生长。性喜水湿，喜温暖和阳光照射的环境。

叶色亮绿，叶形奇特，适宜公园、绿地的湖泊、池塘水面绿化。

### (7) 千屈菜 *Lythrum salicaria*（千屈菜科千屈菜属）

多年生挺水水生花卉，高30~100cm。地下根茎粗硬，木质化。地上茎四棱形，多分枝。单叶对生或轮生，披针形，全缘，基部广心形。小花密集成顶生穗状花序，紫红色。蒴果。花期7~9月（见彩图85）。

原产于欧亚两洲温带，我国南北各省均有分布。喜强光，喜水湿，耐寒性强，对土壤要求不严。

可水边、浅水处或露地栽植，亦可用作花境和盆栽观赏。

**(8) 华夏慈姑(慈姑)** *Sagittaria trifolia* ssp. *leucopetala* (泽泻科慈姑属)

多年生挺水水生花卉，高约1m。地下具根茎，先端形成膨大的球茎，可食用。叶基生，挺水叶片戟形，顶端裂片先端钝圆，顶裂片通常短于侧裂片。花葶直立，挺出水面，花序总状或圆锥状，花单性，白色。瘦果。花果期7~9月(图16-2)。

原产于我国东北、华北、西北、华东、华南及西南各地。对气候和土壤适应性强，喜气候温暖、阳光充足的浅水环境。

图16-2 华夏慈姑

叶形独特，植株美丽，适宜水面造景。

**(9) 浮叶眼子菜** *Potamogeton natans*(眼子菜科眼子菜属)

多年生浮叶水生草本。根茎发达，白色，常具红色斑点，多分枝，节处生有须根。茎圆柱形，通常不分枝。浮水叶革质，卵形，长4~9cm；沉水叶质厚，叶柄状。穗状花序顶生，长3~5cm，具花多轮，开花时伸出水面；花小，被片4，绿色，肾形至近圆形，径约2mm；雌蕊4枚，离生。花果期7~10月。

产于我国西藏、新疆和东北地区。极耐寒，耐贫瘠，喜静水或缓流水域生长。

耐寒性强，适宜高原融雪溪流或静水中种植，增加水体美化效果。

**(10) 菖蒲(白菖蒲)** *Acorus calamus*(菖蒲科菖蒲属)

多年生常绿挺水水生花卉。叶基生，二列状着生，剑状线形，长0.9~1.5m，两面中脉突起。肉穗花序圆柱形，黄绿色，佛焰苞剑状线形。浆果长圆形，红色。花果期6~9月。

全国各地均产。喜冷凉湿润气候及阴湿环境，耐寒，忌干旱。

叶丛翠绿，端庄秀丽，适宜水景岸边及水体绿化，也可室内盆栽观赏。叶可作插花辅助材料。

**(11) 大藻(水白菜)** *Pistia stratiotes*(天南星科大藻属)

多年生漂浮水生花卉。叶簇生呈莲座状，叶片形状多样，倒三角形、卵形、扇形，两面被毛，叶脉扇状伸展，背面明显隆起成折皱状。肉穗花序，佛焰苞白色。花期5~11月。

全球热带及亚热带地区广布。喜高温高湿气候，耐寒性差。喜欢清水与缓流水域，也能在中性或微碱性水中生长。

株形美丽，质感柔和，可作热带及亚热带地区池塘、湖泊水面绿化，亦可盆栽观赏。可吸收污水中的有害物质，有很强的净化水体作用。

**(12) 水葱** *Schoenoplectus tabernaemontani*(莎草科水葱属)

多年生挺水水生花卉。秆高大，圆柱形，高达1~2m。叶片线形。聚伞花序，小穗单生或2~3簇生，具多数花，棕色或紫褐色。小坚果倒卵形。花果期6~9月。

分布于我国浙江、台湾、云南、福建、两广等地。喜湿润环境，较耐寒，去污能力强，环境适应力强。

可作池塘、湖泊岸边绿化植物。

**（13）香蒲 Typha orientalis（香蒲科香蒲属）**

多年生挺水水生花卉，高1.3~2m。地上茎粗壮。叶二列，条形，互生，全缘。花单性，雌雄同株，穗状花序蜡烛状，棕色，雄花序生于上部，雌性花序位于下部（见彩图86）。

广布我国各地。性耐寒，喜光，喜深厚肥沃土壤，适宜生长在浅水湖塘或池沼内。

株丛紧凑，叶丛细长如剑，湿地景观中可丛植或片植。

**（14）再力花（水竹芋）Thalia dealbata[竹芋科再力花属（水竹芋属）]**

多年生大型挺水水生花卉，高达2m以上，全株被白粉。叶卵状披针形，浅灰蓝色，边缘紫色。复总状花序，总花梗长可达2m，花小，苞片银白色，花瓣紫色。

原产于北美洲热带。喜温暖、水湿、阳光充足环境，不耐寒冷和干旱。

株形高大美观，花期持久，可用于湿地景观和水体绿化。

**（15）凤眼莲（水葫芦、凤眼蓝）Eichhornia crassipes（雨久花科凤眼莲属）**

多年生漂浮水生花卉，高达60cm。叶基生，莲座状，圆形、宽卵形或宽菱形，全缘，具弧形脉，质地厚，叶柄中部膨大呈囊状或纺锤形。穗状花序，小花蓝紫色，近两侧对称，最上方的花冠裂片中央具1蓝色圆斑。蒴果。花期7~10月（图16-3）。

原产于巴西。喜温暖湿润、阳光充足的环境，侵占力强，喜流速不大的浅水。

叶形优美，花色艳丽，是水体绿化的优良材料。

**（16）梭鱼草 Pontederia cordata（雨久花科梭鱼草属）**

多年生挺水水生花卉，高20~80cm。基生叶丛生，广卵圆状，基部心形；茎生叶多为倒卵状披针形；叶柄圆筒形。穗状花序顶生，小花多数，蓝紫色。蒴果。花果期5~10月（见彩图87）。

原产于北美洲。喜温暖，喜光，喜湿，耐热，不耐寒。

花色清幽，适应性强，适宜公园、绿地的湖泊、池塘、小溪的浅水处绿化。

**（17）雨久花 Monochoria korsakowii（雨久花科雨久花属）**

图16-3 凤眼莲

一年生挺水水生花卉，高30~70cm。根状茎粗壮，具柔软须根。基生叶宽卵状心形，基部心形，全缘，具多数弧状脉，叶柄长；茎生叶叶柄短，抱茎。总状花序顶生，小花蓝色，花被片椭圆形。蒴果。花果期5~10月。

产于我国东北、华北、华中、华东和华南。喜光照充足，稍耐阴。喜温暖，不耐寒，越冬温度不宜低于4℃。

花大美丽，花色清雅，叶色翠绿光亮，适应性强，适宜公园、绿地的湖泊、池塘、小溪的浅水处绿化。

# 17 园林花卉——兰花及多浆植物

## 17.1 兰花

**(1) 春兰 *Cymbidium goeringii*（兰科兰属）**

多年生地生草本，具卵形假鳞茎。叶基生，带形。花梗直立，短于叶，总状花序具 1~2 朵花，花绿色或淡褐黄色，浓香，花瓣长圆状倒卵形，有紫褐色脉纹，唇瓣近卵形，中裂片具紫斑，边缘波状。花期 1~3 月（见彩图 88）。

广布我国各地。喜温暖湿润的半阴环境，忌高温、干燥、强光直射，喜透气保水、排水良好的湿润土壤。

花形奇特，有一定的耐阴性，为室内优良盆栽植物。

同属常见种：①建兰（*C. ensifolium*）：3~9 朵小花，花瓣淡黄色，狭椭圆形，唇瓣具紫斑，中裂片较大，花期 6~10 月。②寒兰（*C. kanran*）：5~12 朵小花，花瓣淡黄绿色，有紫色条纹，唇瓣中裂片具乳突状短柔毛和紫斑，花期 8~12 月。③墨兰（*C. sinense*）：10~20 朵小花，花瓣暗紫色，花期 10 月~翌年 3 月。④大花蕙兰（*C. hybrida*）：附生草本，具假鳞茎。叶片长披针形。总状花序大型，小花 10~20 朵，萼片花瓣状，内轮下侧花瓣演化成唇瓣，花色繁多，花期 3~5 月（见彩图 89）。为高档盆花和鲜切花材料。

**(2) 卡特兰 *Cattleya hybrida*（兰科卡特兰属）**

多年生附生草本，具纺锤形假鳞茎和气生根。叶长椭圆形，稍肉质。总状花序，生于假鳞茎顶端，小花 1~5 朵，花冠较大，唇瓣常有褶皱，品种繁多，花色丰富。花期多为冬季或早春。

原产于中南美洲。喜温暖、湿润和阳光充足环境，耐寒性差。

花形奇特，花色丰富，是珍贵室内盆花，亦可用作鲜切花。

**(3) 蝴蝶兰 *Phalaenopsis hybridum*（兰科蝴蝶兰属）**

多年生常绿附生草本。无假鳞茎，具粗壮气生根。叶厚，肉质抱茎。总状花序，花梗稍回折状，蝶形小花数朵，花冠较大，花瓣菱状圆形，具网状脉，唇瓣 3 裂，侧裂片直立，中裂片菱形。品种繁多，花色丰富。花期 4~6 月（见彩图 90）。

原产于亚洲热带。喜温暖、湿润和阳光充足环境，耐寒性差。

花形奇特，花色丰富，似彩蝶飞舞，是珍贵室内盆花和切花花卉。

**(4) 文心兰(跳舞兰) *Oncidium hybridum* (兰科文心兰属)**

多年生附生草本，具假鳞茎和气生根。种类繁多，分硬叶型、薄叶型和剑叶型。总状花序，具多分枝；小花花萼萼片大小相等，花的唇瓣通常三裂，或大或小，呈提琴状，在中裂片基部有一脊状凸起物，脊上又有凸起的小斑点。花期冬春(见彩图91)。

原产于美洲热带。硬叶型文心兰喜温热环境，耐旱性强，而薄叶型和剑叶型文心兰，喜冷凉气候，不耐旱。

品种繁多，花形奇特，花色丰富，是珍贵室内盆花和切花花卉。

**(5) 石斛(金钗石斛) *Dendrobium nobile* (兰科石斛属)**

多年生附生草本。茎直立，扁圆柱形，具节。叶革质，长圆形。总状花序，小花1~4朵，白色，上部淡紫红色，萼片长圆形，花瓣宽卵形，唇瓣宽倒卵形，两面密布短茸毛，具紫红色大斑块。花期4~5月。

产于我国西南、华南、台湾等地。喜温暖、潮湿、半阴的环境，耐瘠薄。

花姿优雅，花色艳丽，是室内优良盆花。

同属常见种：①蝴蝶石斛(*D. phalaenopsis*)：花瓣厚实，瓣型短而宽阔，平展而不扭曲，花期9~10月。②线叶石斛(*D. chryseum*)：叶线形或狭长圆形；总状花序，花橘黄色，花期5~6月。③流苏石斛(*D. fimbriatum*)：总状花序，花金黄色，质地薄，开展，唇瓣边缘具流苏。

**(6) 万代兰 *Vanda* spp. (兰科万代兰属)**

多年生常绿附生草本，植株高大。茎单轴型，无假鳞茎。叶二列着生，扁平或圆柱状。总状花序，小花5~20朵，有香味，萼片和花瓣宽卵形，唇瓣小。花期12月~翌年5月。

原产于热带亚洲至大洋洲。喜光，喜湿，喜肥，不耐寒。

花形奇特，花色丰富，是兰花中的高大种类，是珍贵室内盆花和切花材料。

**(7) 兜兰(拖鞋兰) *Paphiopedilum* spp. (兰科兜兰属)**

多年生常绿地生草本，无假鳞茎。叶基生，带状革质，深绿或有斑纹。花单生，唇瓣膨大成兜状，花色繁多(见彩图92)。

原产于亚洲热带。喜温暖、湿润，喜半阴，忌寒，喜肥。

花形奇特，花色丰富，是珍贵室内盆花。

## 17.2 多浆植物

**(1) 金琥 *Echinocactus grusonii* (仙人掌科金琥属)**

多年生草本多浆植物。茎圆球形，深绿色，通常单生，球顶部密被大面积茸毛，具纵棱约20条。刺座长，有黄色短茸毛，着金黄色刺硬且直，呈放射状，钟状花生于球顶部，外瓣内侧带褐色，内瓣亮黄色。花期6~10月(见彩图93)。

原产于墨西哥沙漠地带。喜阳光充足，夏季温度过高时需遮阴，喜含石灰质的砂砾土。

形大而端圆，金刺夺目。小型个体适合独栽于盆中室内观赏，大型个体适宜地栽群植于专类园中，展现干旱沙漠地带风光。

**(2) 仙人球 Echinopsis tubiflora（仙人掌科仙人球属）**

多年生草本多浆植物。幼时为球形，老株呈柱状，绿色。顶部凹入，棱规则呈波状，棱上具黄色直硬针刺。花长喇叭状，夜晚开放，清香。花期5~7月。

原产于阿根廷及巴西干旱草原。习性强健，喜阳光充足，耐旱，喜排水、透气良好的砂壤土。

花大美丽，易栽培，是室内常见的多肉植物。

**(3) 仙人掌 Opuntia dillenii（仙人掌科仙人掌属）**

丛生肉质灌木，多分枝。茎下部木质，圆柱形；茎节扁平，椭圆形，肥厚，绿色，刺座内密生黄色刺。花单生于茎节上部，短漏斗状，黄色。浆果暗红色，味甜可食。花期6~10月。

原产于美洲热带。喜温暖，耐寒性强。喜阳光充足，不择土壤，耐旱，忌涝。

有"沙漠英雄花"的美称。易栽植，繁殖快，生命力强。室内盆栽可有效减少电器的电磁辐射，西南部分地区可露地栽植，构成热带沙漠景观。

**(4) 蟹爪兰 Zygocactus truncactus（仙人掌科蟹爪属）**

附生肉质植物，灌木状。茎分枝，铺散而悬垂，茎节扁平，短小，倒卵形，先端平截，边缘具尖齿，似蟹足。花密集生于茎节顶端，漏斗状，紫红色，花瓣数轮，越向内则管越长，上部反卷。花期11~12月（见彩图94）。

原产于巴西。喜温暖湿润气候，不耐寒，喜半阴，喜富含腐殖质土壤。

株形奇趣，花大色艳，现多以仙人掌等为砧木嫁接后悬吊观赏。

**(5) 令箭荷花 Nopalxochia ackermannii（仙人掌科令箭荷花属）**

多年生常绿附生类植物。茎多分枝，呈灌木状，全株鲜绿色。叶状枝扁平，披针形，缘具波状粗齿，齿间具短刺，嫩枝边缘紫红色。花生于茎端两侧，钟状，常见玫瑰红色，现亦有紫、红、黄、白等花色品种。花期4~6月。

原产于墨西哥及哥伦比亚。喜温暖湿润气候，不耐寒，喜阳光充足及富含腐殖质的土壤。

茎扁平似令箭，花似荷花，故名令箭荷花。花大色艳，花期长，为美丽的室内盆花。

**(6) 昙花 Epiphyllum oxypetalum（仙人掌科昙花属）**

附生肉质灌木，茎叉状分枝。老枝圆柱形，无刺；嫩枝扁平叶状，长椭圆形，边缘波状，具刺。花大，漏斗状，生于叶状枝边缘，无花梗，花萼筒状，红色，花重瓣，纯白色，夜间开放，约7小时凋谢。花期夏季（图17-1）。

原产于美洲热带雨林，为附生仙人掌类植物。性强健，喜温暖、湿润、半阴环境，不耐寒，耐干旱和光照，对土壤要求不严。

花洁白芳香，数小时即谢，是珍贵的室内盆栽花卉。

图 17-1 昙 花

**(7) 八宝景天(八宝) *Hylotelephium erythrostictum*(景天科八宝属)**

多年生常绿肉质草本，块根胡萝卜状。茎直立。叶通常对生，少有互生或3叶轮生，长圆形至卵状长圆形，缘具疏齿，无柄。伞房花序顶生，花密生，花瓣5，白色或粉红色，宽披针形。花期8~10月。

我国西南、华南、华北、东北等地有分布。喜光和干燥、通风良好的环境，忌雨涝积水。耐寒性强。喜肥，也较耐贫瘠，有一定的耐盐碱能力。

园林用作地被植物，也是布置花境和点缀草坪、岩石园的好材料。

**(8) 佛甲草 *Sedum lineare*(景天科景天属)**

多年生常绿多浆匍匐草本，高10~20cm。3叶轮生，叶线形，肉质，长20~25mm，基部无柄。花序聚伞状，顶生，花瓣5，黄色，披针形，雄蕊10。花期4~5月。

我国西南、华中、西北、华东等地有分布。适应性强，耐旱性好，可生长在较薄的基质上，生长快，覆盖力强。

是一种优良地被、屋顶绿化植物。

**(9) '胭脂红'拟景天 *Sedum spurium* 'Coccineum'(景天科景天属)**

多年生肉质草本，株高10~15cm。小叶两两对生，叶上部呈紫红色，聚伞花序，小花红色。花期夏季。

喜温暖，喜光，耐热，喜疏松、排水良好土壤。

本品种植株低矮，匍匐生长，叶紫红色，是极佳的耐热地被植物。

**(10) 莲花掌 *Aeonium arboreum*(景天科莲花掌属)**

多年生肉质草本。根茎粗壮，有多数长丝状气生根。叶蓝灰色，近圆形或倒卵形，先端圆钝近平截形，红色，无叶柄。侧生蝎尾状聚伞花序，花梗茎高20~30cm，花8~12朵，外面粉红色或红色，里面黄色。花期6~8月。

原产于墨西哥，西南地区广泛室内盆栽。喜温暖干燥、阳光充足的环境，不耐寒，耐半阴，怕积水，不耐湿。

叶呈莲座状，肥厚、翠绿，形状似池中莲花。

**(11) 燕子掌 *Crassula ovata*（景天科青锁龙属）**

常绿肉质灌木，茎粗壮，具明显的节，分枝规则对称。叶绿色，光亮，先端急尖，基部窄，无叶柄，花粉红色（见彩图95）。

原产于非洲南部，西南地区广泛室内盆栽。喜温暖、干旱环境，喜排水良好的酸性土壤。

株形挺拔秀丽，茎叶碧绿，顶生白色花朵，十分清雅别致。若配以盆架、石砾加工成小型盆景，装饰茶几、案头更为诱人。

**(12) 虎刺梅（铁海棠）*Euphorbia milii*（大戟科大戟属）**

蔓生多浆类灌木，高达1m。茎具纵棱，密生锥状硬尖刺。单叶互生，长倒卵形至匙形，全缘，无柄。二歧聚伞花序，总苞钟形，基部具2枚红色肾形苞片。花期全年（见彩图96）。

原产于非洲。喜光，稍耐阴，喜温暖湿润气候，耐干旱，不耐寒，怕高温。

常见温室盆栽观赏，亦可植于庭园观赏。

**(13) 芦荟（库拉索芦荟）*Aloe vera*（芦荟科芦荟属）**

多年生常绿草本，高约50cm。叶簇生，肉质，粉绿色，带状，先端渐尖，基部宽阔，边缘具刺状小齿。总状花序，花梗高出叶丛，小花密集，淡黄色。蒴果。

原产于南非。喜温暖，喜光，耐半阴，耐旱性强，不耐寒，忌积水。

株形可爱，适应性强，可作为室内盆栽植物。亦具食用和保健价值。

同属常见种：不夜城芦荟（刚健芦荟）（*A. mitriformis*）：植株低矮紧凑，花梗细长，小花橙红色。

**(14) 龙舌兰 *Agave americana*（龙舌兰科龙舌兰属）**

多年生常绿大型草本，茎不明显。叶基生，呈莲座状，肉质，剑形，边缘具疏刺，顶端有1硬尖刺。大型圆锥花序顶生，多分枝，小花黄绿色。蒴果长圆形。

原产于美洲热带。喜光，忌水湿，耐旱性强。

株丛奇特，热带和亚热带园林中常孤植于空阔地段。

常见变种：金边龙舌兰（var. *marginata*）：叶缘具带状黄色条纹。

同属常见种：①剑麻（*A. sisalana*）：叶刚直，深蓝绿色，边缘无刺齿，花气味浓。②狭叶龙舌兰（*A. angustifolia*）：叶较龙舌兰窄，淡绿色，边缘具刺状锯齿。

# 18 蕨类植物

## 18.1 木本蕨类植物

**(1) 桫椤 (树蕨) *Alsophila spinulosa* (桫椤科桫椤属)**

常绿乔木，树状蕨类。叶簇生茎顶，叶柄、叶轴密生短刺，叶片三回羽状深裂，羽轴、小羽轴和中脉上面被糙硬毛，下面被灰白色小鳞片，小羽片羽状深裂，边缘有齿。孢子囊群生于侧脉分叉处，靠近中脉；囊群盖球形，膜质，外侧开裂，成熟时反折覆盖于主脉上面 (见彩图 97)。

主要分布于我国长江流域及以南地区。喜半阴，喜高温至温暖湿润气候，不耐寒，喜疏松肥沃、排水良好的酸性土。

树形优美，宜庭园栽植或盆栽观赏。

**(2) 笔筒树 *Sphaeropteris lepifera* (桫椤科白桫椤属)**

树状蕨类，多年生棕榈状常绿小乔木。叶柄无刺，有疣突；叶三回羽状，叶轴、羽轴密被疣突，小羽片深裂几达小羽轴，裂片全缘或近全缘，中脉下面被平伏小鳞片及灰白色粗长毛。孢子囊群近中脉着生，无囊群盖。

产于我国台湾，厦门、广州、香港等地有引种栽培。喜半阴，喜高温，不耐寒，喜疏松肥沃、排水良好的酸性土。

树形优美，宜庭园或温室栽培。

## 18.2 草本蕨类植物

**(1) 翠云草 *Selaginella uncinata* (卷柏科卷柏属)**

多年生常绿草本。植株匍匐蔓生，主茎具维管束一条，根托自主茎分枝处下方生出。营养叶二型，排列成 4 行，边缘全缘，具白边，翠绿色或碧蓝色。孢子叶穗四棱形，单生于小枝末端，孢子叶一型，具白边 (见彩图 98)。

产于我国华南、西南和华东等地。喜半阴，喜温暖湿润气候，宜酸性土。

叶色翠绿或碧蓝色，宜盆栽观赏或阴湿处作地被。

同属常见种：小翠云（*S. kraussiana*）：根托自茎枝分叉处上面生出。主茎具3条维管束。营养叶及孢子叶边缘具细齿，无白边。

**（2）欧洲凤尾蕨 *Pteris cretica*（凤尾蕨科凤尾蕨属）**

多年生常绿草本。叶簇生，一回羽状，羽片通常3~5对，边缘有锯齿；不育叶基部1对羽片具短柄并为二叉状，能育叶顶生羽片3裂，基部下延。孢子囊群线形，生于羽片边缘的边脉上。

分布于欧洲及非洲。喜半阴，喜温暖与钙质土。

优美观叶蕨类，盆栽观赏或作地被。

常见品种：①'白玉'凤尾蕨（'Albo-lineata'）：羽片中央乳白色。②'冠叶'凤尾蕨（'Cristata'）：羽片先端鸡冠状。

同属常见种：白羽凤尾蕨（*P. ensiformis* var. *victoriae*），叶二回奇数羽状，羽片中脉两侧灰白色；不育叶小羽片基部下延，能育叶的羽片通常为2~3叉，中央分叉最长，顶生羽片基部不下延。

**（3）铁线蕨 *Adiantum capillus-veneris*（铁线蕨科铁线蕨属）**

多年生常绿草本。叶疏生或近生，叶柄基部光滑，叶片二回羽状，末回小羽片斜扇形或斜方形，上部边缘浅裂或深裂并有小齿。孢子囊群生于羽片边缘的叶脉上，囊群盖全缘。

世界种，在我国主要分布于长江流域及以南地区。喜半阴，喜温暖湿润气候，喜钙质土，忌积水。

形态优美，叶色翠绿，盆栽作室内观叶植物，或点缀假山石。

同属常见变种：荷叶铁线蕨（*A. reniforme* var. *sinense*）：叶簇生，单叶。叶柄基部密被鳞片和柔毛；叶片圆形或圆肾形，基部心形，边缘有小圆齿。

**（4）巢蕨 *Asplenium nidus*（铁角蕨科铁角蕨属）**

多年生附生草本。叶簇生，单叶，叶片宽9~15cm，基部下延，中脉腹面突起，背面扁平。孢子囊群线形，自中脉伸达至叶片约1/2处，彼此接近（见彩图99）。

主要分布于我国台湾、广西和云南等地。喜半阴，喜高温多湿，不耐寒，空气湿度越高，生长越旺盛。

大型阴生观叶植物，多悬挂于温室或室内花园，也可盆栽作室内观赏。

常见品种：①'皱叶'巢蕨（'Plicatum'）：叶片自主脉向边缘皱缩成羽状。②'锯齿'巢蕨（'Fimbriatum'）：叶边缘具大小不等的裂片。

**（5）肾蕨 *Nephrolepis cordifolia*（肾蕨科肾蕨属）**

多年生土生或附生草本。地下具球形块茎。叶簇生，一回羽状，羽片无柄，基部上侧具三角状耳突，边缘具疏浅钝锯齿。孢子囊群于主脉两侧靠近叶边各排成1行，囊群盖肾形（见彩图100）。

产于我国华东、西南和华南等地。稍喜光，喜温暖湿润气候，喜湿润土壤，忌积水。

园林中作地被或附生于树干，盆栽作室内观叶植物，也可用作切叶。

常见品种：①'波斯顿'肾蕨（'Bostoniensis'）：叶一回羽状，羽片边缘微波状。②'密叶波斯顿'肾蕨（'Corditas'）：叶1~2回羽状，羽片密集，极度皱缩。

同属常见种：高大肾蕨(*N. exaltata*)：植株无块茎。羽片基部不对称，上侧基部截形，具耳。

**(6) 骨碎补(狼尾蕨) *Davallia trichomanoides* (骨碎补科骨碎补属)**

多年生常绿附生草本，高 15~40cm。根状茎粗 4~5mm，密被灰棕色鳞片。叶 4 回羽裂，小羽轴具翅，末回裂片宽 1.5~2mm，单一或二裂为不等长的钝齿；叶脉叉状分枝，每钝齿有小脉 1 条。孢子囊群生于小脉顶端，每裂片 1 枚。囊群盖管状，先端截形。

分布于我国东北、华东和西南等地。稍喜光，喜温暖，喜腐殖质丰富的微酸性土，忌积水。

盆栽作室内观叶植物，或点缀假山石。

**(7) 二歧鹿角蕨 *Platycerium bifurcatum* (鹿角蕨科鹿角蕨属)**

多年生常绿附生草本。叶二型，不育叶边缘全缘、浅裂至 4 回分叉；能育叶直立或下垂，长 25~100cm，2~5 回叉裂成不对称或近对称的裂片。孢子囊群生于裂片先端，孢子黄色(见彩图 101)。

原产于澳大利亚东北部沿海地区的亚热带森林中。喜半阴，喜温暖湿润气候，耐旱。

叶形奇特，盆栽作室内观叶植物，或附生于树桩或树干上。

# 19 草坪草及观赏草

## 19.1 草坪草

### 19.1.1 冷季型草坪草

**(1) 高羊茅 Festuca arundinacea（禾本科羊茅属）**

多年生冷季型草坪草。生长习性为直立丛生型。幼叶卷曲，成熟叶片叶表面扁平，有纵向凸起的维管束，叶尖极尖，叶片边缘有细锯齿，成熟叶片深绿，质地粗糙，叶片较宽。圆锥花序。

原产于中国，分布于我国广西、四川、贵州。喜光，耐践踏，耐干旱和高温，耐贫瘠，较耐寒，较耐水湿，耐阴性中等，不耐低修剪，适宜留茬高度为 6~8cm，在 pH 5.5~7.5 的土壤上生长最佳。

适应范围广，耐粗放管理，一般用于温带或亚热带地区园林绿化草坪、水土防护草坪、运动场草坪。

同属常见种：紫羊茅（*F. rubra*）：多年生冷季型草坪草。生长习性为根状茎型。幼叶对折，成熟叶片叶表面有中脉，叶表面光滑，叶尖极尖，具短膜状叶舌；成熟叶片淡绿色、质地细腻，叶片较窄。圆锥花序。耐寒性强，不耐高温，极耐贫瘠；耐阴性较强，耐践踏性中等，根状茎繁殖，再生能力强，不耐低修剪，适宜留茬高度为 6~8cm。适于 pH 5.5~6.5 的排水良好土壤。耐粗放管理，一般用于温带或亚热带地区园林绿化草坪、水土防护草坪，尤其是林荫下绿化草坪。

**(2) 多年生黑麦草 Lolium perenne（禾本科羊茅属）**

多年生冷季型草坪草。生长习性为直立丛生型。幼叶对折，叶表面有纵向凸起的维管束，叶尖极尖；成熟叶片浓绿色，质地中等，叶片较窄，叶表面有中脉，穗状花序。

原产于西南欧、北非及亚洲西南，喜光不耐阴，喜温暖湿润气候，耐寒性较差，耐热性较差，喜湿不耐旱，喜肥不耐瘠薄，耐践踏性中等，适宜留茬高度为 4~6cm。适于 pH 6.0~7.0 的土壤。

因种子萌发速度快，是温带和亚热带地区园林绿化混播草坪中的先锋草种，不单独建坪。亦可作暖季型高尔夫球场冬季盖播草坪。

**(3) 草地早熟禾 *Poa pratensis*（禾本科早熟禾属）**

多年生冷季型草坪草。生长习性为根茎丛生型。幼叶对折，成熟叶片有中脉，叶表面光滑；船形叶尖，成熟叶片黄绿色，质地较软，叶片较窄，具短而小的膜质叶舌。圆锥花序。

原产于欧亚大陆和北美洲温带地区。喜光稍耐阴，耐寒性强，耐热性和抗旱性中等。具短根状茎，再生能力强，适宜的留茬高度为2~5cm。适宜pH 6.0~7.0的肥沃土壤。

质地柔软，颜色光亮，绿期长，密度高，广泛用于寒带、温度及亚热带的公共绿化草坪，也用于高尔夫球场的球道区和高草区。

同属常见种：粗茎早熟禾（*P. trivialis*）：多年生冷季型草坪草。生长习性为匍匐茎型。幼叶对折，叶表面光滑；船型叶尖，具长而尖的膜质叶舌；成熟叶片黄绿色、质地较软，有中脉，叶片。圆锥花序。与草地早熟禾相比，耐阴性强，更耐低修剪，适宜留茬高度为1~3cm。质地柔软，颜色光亮，绿期长，密度高，广泛用作寒带、温度及亚热带的林荫下园林绿化草坪。

**(4) 匍匐剪股颖 *Agrostis stolonifera*（禾本科剪股颖属）**

多年生冷季型草坪草。生长习性为匍匐茎型。幼叶卷曲，成熟叶片表面有纵向凸起的维管束，叶尖极尖，具长而尖的膜质叶舌；成熟叶片黄绿色，质地细腻柔软，表面扁平。圆锥花序。

原产于欧亚大陆温带地区。喜冷凉湿润气候，耐寒性强，极耐低修剪，留茬高度为0.5~1.25cm，再生能力强，耐践踏性中等。

质地柔软，再生能力强，草坪密度高，广泛应用于温带和亚热带地区高尔夫球场果岭区、发球区和球道区。

### 19.1.2 暖季型草坪草

**(1) 狗牙根 *Cynodon dactylon*（禾本科狗牙根属）**

多年生暖季型草坪草。生长习性为匍匐茎和根状茎型。幼叶对折，叶表面光滑，叶尖渐尖，叶舌处具白色纤毛；成熟叶片暗绿色，质地中等，表面有中脉。穗状花序3~6枚呈手指状排列。

全世界温暖地区均有分布，广布于我国黄河以南各地，喜温暖气候，耐热性强，抗旱性强，耐践踏，再生能力强，不耐阴，耐寒性差，耐低修剪，适宜留茬高度为1.5~3cm。

因耐践踏、再生能力强，广泛应用于亚热带和热带地区公共绿化草坪、水土防护草坪以及运动场草坪。

同属常见种：杂交狗牙根（*C. hybrid*）：除了具有狗牙根原有的一些优良性状外，还具有叶丛更加密集、低矮，叶色更加浓绿，节间缩短等特点。生态习性上更耐践踏，更耐低刈剪，绿期更长，只能无性繁殖，主要用于热带地区高尔夫球场果岭区和球道区。

**(2) 结缕草 *Zoysia japonica*（禾本科结缕草属）**

多年生暖季型草坪草。生长习性为匍匐茎和根状茎型。幼叶卷曲，叶尖极尖，叶舌处具白色纤毛；成熟叶片深绿色，质地坚硬，表面扁平光滑。总状花序穗状。

原产于东亚地区。喜温暖气候,耐热性强,抗旱性强,耐践踏性强,匍匐茎生长速度缓慢,再生速度慢。耐低修剪,适宜留茬高度为3~5cm。

因耐践踏、草坪密度高、生长速度慢,广泛应用于亚热带和热带地区公共绿化草坪、水土防护草坪。

同属常见种:细叶结缕草(*Z. tenuifolia*):俗称天鹅绒草或台湾草,与结缕草相比,叶片较纤细,耐寒性较差。目前广泛应用于亚热带和热带地区低维护的公共绿地草坪和水土保持草坪。

**(3) 假俭草 *Eremochloa ophiuroides*(禾本科假俭草属)**

多年生暖季型草坪草。生长习性为匍匐茎和根状茎型,幼叶对折,成熟叶片有中脉,叶表面光滑;叶片和叶鞘连接处一个90°扭转角度;叶片暗绿色,质地中等,叶片较宽。总状花序顶生,无柄小穗紧贴于穗轴,呈覆瓦状排列。

原产于我国亚热带地区。喜光,耐半阴,耐酸性很强,不耐盐碱,非常耐贫瘠,耐寒性和耐践踏性较差,适宜留茬高度为5~8cm。

因植株低矮、茎叶密集,且耐贫瘠、耐酸性强,可用于亚热带和热带地区公共绿化草坪和水土防护草坪。

**(4) 钝叶草 *Stenotaphrum secundatum*(禾本科钝叶草属)**

多年生暖季型草坪草。生长习性为匍匐茎型。幼叶对折,叶片和叶鞘相交处有一个明显的缢痕及90°的扭转角度,叶尖钝圆;成熟叶片淡绿色,叶表面光滑,有中脉,质地粗糙,叶片较宽。花序主轴扁平呈叶状,穗状花序嵌于主轴的凹穴内。

原产于我国云南、广东等温暖地区,喜光,能耐半阴,耐炎热,不耐寒,喜湿润和肥沃土壤,不耐旱。

主要用于云南、四川南部亚热带温暖地区的公共绿地草坪和水土保持草坪。

**(5) 巴哈雀稗 *Paspalum notatum*(禾本科雀稗属)**

多年生暖季型草坪草。生长习性为匍匐茎和根状茎型。幼叶对折或卷曲,叶尖急尖,叶鞘基部呈紫红色;成熟叶片深绿色,叶表面光滑,质地中等,扁平或有中脉,叶片较长。总状花序对生。

原产于美洲热带和亚热带地区,耐炎热,不耐寒;能在干旱,贫瘠的土壤上生长良好;喜光,不耐阴;能耐酸性土壤,适宜pH 5.0~7.6;形成的草坪质地粗糙,匍匐茎生长速度缓慢。

叶片质地粗糙,根系发达,主要用于亚热带和热带地区低维护公共绿地草坪和水土保持草坪。

**(6) 地毯草 *Axonopus compressus*(禾本科地毯草属)**

多年生暖季型草坪草。生长习性为匍匐茎和根状茎型。匍匐茎扁平,长而粗。幼叶对折,成熟叶片有中脉,光滑;叶尖短而钝。总状花序,花梗细而长。

原产于热带美洲,现分布于我国台湾、广东、广西、云南,生于荒野、路旁较潮湿处。喜光,较耐阴,再生力强,不耐践踏,不耐盐;耐寒性较差,喜酸性土壤,适宜pH 4.5~5.5。由于匍匐茎蔓延迅速,每节均能产生不定根和分蘖新枝,因此侵占力强,容易形成稠密平坦的草层。

因能形成粗糙、致密、低矮的草坪，可用作热带地区庭园观赏草坪。由于耐酸性土和耐瘠薄，亦可用于固土护坡。

## 19.2 观赏草

**（1）石菖蒲 *Acorus gramineus*（菖蒲科菖蒲属）**

多年生常绿草本，植株低矮。丛生状。叶线形，长20~50cm，无中脉。肉穗花序，白色，佛焰苞叶状。浆果黄绿色。花果期2~6月。

产于我国华中、西南及华南等地。喜阴湿环境，可作林下或阴湿环境下地被植物。

常见品种：'金叶'石菖蒲（'Ogan'）：叶子边缘金黄色（见彩图102）。

**（2）灯心草 *Juncus effusus*（灯心草科水灯草属）**

多年生草本，高30~100cm。根状茎横走，茎丛生。叶为低出叶，呈鞘状或鳞片状，叶片退化为刺芒状。聚伞花序假侧生，花被片线状披针形，黄绿色。蒴果。花期4~7月，果期6~9月。

广布世界各地，喜湿、喜光、耐寒。

株丛直立，耐湿性强，为湿地、河流、湖泊等优良观赏材料。

**（3）'金叶'薹草 *Carex oshimensis* 'Evergold'（莎草科薹草属）**

多年生常绿丛生草本，高约20cm。有短根状茎。叶片窄小，线状，叶中间有黄色纵条纹，边缘绿色（见彩图103）。

分布于日本。喜光，耐半阴，耐旱，中度耐湿，耐-15℃低温，适应性强。生长缓慢。叶片金黄条纹美丽，株形紧凑，可植于林荫下、路径边界、湿地边缘等。

同属常见种：'红公鸡'薹草（*C. buchananii* 'Red Rooster'）：叶片窄小，丝状。古铜色，顶部叶片卷曲下垂。

**（4）纸莎草（埃及莎草）*Cyperus papyrus*（莎草科莎草属）**

多年生丛生常绿草本，高达1m。秆粗壮。每秆具一大型伞形花序。叶针形。小穗黄色，密集。瘦果灰褐色，椭圆形。花期夏季。

原产于非洲。喜温暖及阳光充足的环境，喜湿，耐热，耐贫瘠，不择土壤。

株形自然，茎秆挺拔，叶纤细优美，主要用于庭园水景边缘种植，可多株丛植、片植。

同属常见种：旱伞草（风车草）（*C. involucratus*）：秆顶生螺旋状排列之叶状苞片如伞状，约20枚，近等长。常依水而生（见彩图104）。

**（5）'花叶'芦竹 *Arundo donax* 'Versicolor'（禾本科芦竹属）**

多年生大型暖季型草本，具发达根状茎。秆粗大直立，高3~6m。叶片扁平，具黄白色纵条纹，抱茎。圆锥花序极大型，长60~90cm。颖果，黑色。花果期9~12月（见彩图105）。

原产地中海，喜温暖湿润，不耐寒，喜砂质壤土。

株丛高大，叶色明亮，耐湿，水岸边可丛植或片植。

### (6) 蒲苇 *Cortaderia selloana*（禾本科蒲苇属）

多年生丛生大型暖季型草本。秆高大粗壮，高 3~5m，冠幅 1.2~1.8m。叶片质硬，边缘锯齿状。雌雄异株，圆锥花序庞大稠密，银白色，具光泽，雌花穗较宽大，雄花穗较狭窄。花期 8 月~翌年 2 月，花序冬季宿存（见彩图 106）。

原产于美洲。喜光，耐旱，不耐寒，温带及亚热带地区冬季地上部枯死。

株丛密集高大，可孤植作主景，丛植作背景，亦可作防风屏障或作篱笆遮挡视线。

常见品种：①'矮'蒲苇（'Pumila'）：植株矮小紧缩，高 1.2~1.8m。花序乳黄色。较耐寒，亚热带地区四季常绿。②'花叶'蒲苇（'Silver Comet'）：叶片上具乳白色纵向条纹。③'玫红'蒲苇（'Rosea'）：花序玫瑰红色。

### (7) 芦苇 *Phragmites australis*（禾本科芦苇属）

多年生散生暖季型高大草本，根状茎发达。秆直立，高 3~6m。叶片扁平，长 20~40cm。圆锥花序大型，初开时棕黄色至紫红色，干枯时呈银白色，分枝多数。

产于全国各地。喜光，耐干旱亦耐水湿，耐热，耐寒，生长速度快。

湿地景观常用种类，为固堤先锋环保植物。

常见品种：①'紫叶'芦苇（'Purple'）：叶片宽大，深紫红色。②'金叶'芦苇（'Variegatus'）：叶片上具金黄色条纹。

### (8) 芒 *Miscanthus sinensis*（禾本科芒属）

多年生丛生暖季型草本。株形紧凑，高 1~2m。叶片线形，白色中脉显著，边缘粗糙。圆锥花序直立，稠密，初开时淡红色，干枯时变银白色。花果期 7~12 月。

产于我国华东、华南、西南等地。喜湿润，能耐干旱，喜微酸或酸性土壤，耐寒性较强。

株丛挺拔，可孤植、片植、带植及用于岩石园点缀。

常见品种：①'花叶'芒（'Variegatus'）：浅绿色叶片镶嵌奶白色纵向条纹，条纹与叶片等长。花序深粉色。②'斑叶'芒（'Zebrinus'）：叶片中间不规则分布着横向黄白色斑块。③'细叶'芒（'Gracillimus'）：株丛直立紧密，叶片纤细，绿色。花序由粉红色变为红色，再变为银白色。④'晨光'芒（'Morning Light'）：叶片极细，叶色银灰色。花序从粉红色转为红色，再转为白色。株形紧密圆整，是优良的盆栽植物。

### (9) 小盼草 *Chasmanthium latifolium*（禾本科小盼草属）

多年生暖季型丛生草本，高 50~100cm。叶片线形，柔软。穗状花序悬垂于纤细的茎秆顶端，突出于叶丛之上，花序初时淡绿色，秋季变为棕红色，最后变为米白色，花序冬季宿存（见彩图 107）。

原产于北美洲。喜温暖湿润气候，既耐旱又耐湿，能耐半阴，耐盐性强。

株丛紧凑，花序秀丽独特，季相特色鲜明，是优良的庭园造景植物。

### (10) 粉黛乱子草 *Muhlenbergia capillaris*（禾本科乱子草属）

多年生丛生暖季型草本，高 60~90cm，顶端呈拱形。叶片绿色纤细。顶生花序呈粉色，云雾状。花期 8~11 月。

原产于北美洲。喜光，稍耐阴，耐寒性强，温带和亚热带冬季地上部枯死。

株丛紧凑，花序颜色迷人，适合大片种植，亦可孤植、盆栽。

**(11) 细茎针茅 (墨西哥羽毛草) *Stipa tenuissima* (禾本科针茅属)**

多年生冷季型草本，密集丛生，高30~60cm。叶片黄绿色，细长如丝状。圆锥花序银白色。花期6~9月。

原产于美洲。喜温暖，喜光，耐半阴，极耐旱，不耐寒。温带和亚热带冬季地上部枯死。茎叶柔美，株丛飘逸，花序闪亮，质感佳。园林中可孤植、丛植、片植，也可用于花境。

**(12) 狼尾草 *Pennisetum alopecuroides* (禾本科狼尾草属)**

多年生丛生暖季型草本，高60~90cm。叶片线形，弧形弯曲，先端长渐尖。圆锥花序穗状，直立，主轴密生柔毛，初开淡绿色，盛花期紫色至白色。花果期7~10月。

我国自东北、华北、华东及西南各地均有分布。喜光，耐旱亦耐湿，不耐寒，耐贫瘠。温带和亚热带冬季地上部枯死。

株丛紧凑，花序美观，园林中可以孤植、丛植、片植。

常见品种：①'小兔子'狼尾草 ('Little Bunny')：株高仅30~45cm，花序白色。②'紫穗'狼尾草 ('Purple')：花序淡紫色 (图19-1)。

同属常见品种：'紫叶'狼尾草 (*P. setaceum* 'Rubrum')：叶片、茎秆、花序均为紫红色 (见彩图108)。

**(13) 玉带草 *Phalaris arundinacea* var. *picta* (禾本科虉草属)**

多年生散生暖季型草本，高60~90cm。秆通常单生或少数丛生。叶片扁平，绿色，有白色纵纹，质地柔软似丝带。圆锥花序紧密狭窄，分枝直向上举，密生小穗。花果期6~8月。

我国大部分地区均有分布。喜光，耐水湿，不耐寒。温带和亚热带冬季地上部枯死。

株丛紧凑，叶色明亮，可用作湿地景观及园林中镶边植物。

**(14) 蓝羊茅 *Festuca glauca* (禾本科羊茅属)**

多年生丛生冷季型草本，高20~40cm。叶片强内卷呈针状或毛发状，蓝绿色，具银白霜。圆锥花序初为浅绿色，后变棕褐色。花期4~5月。

原产于法国。喜光，耐寒，耐旱，耐贫瘠，不耐湿。高温高湿的夏季休眠。

株丛低矮紧凑，蓝色叶片靓丽，可作花坛或路边的镶边植物，亦可与草花混植花境。

**(15) '花叶'燕麦草 *Arrhenatherum elatius* 'Variegatum' (禾本科燕麦草属)**

多年生丛生草本。秆基部膨大呈念珠状，高约25cm。叶线形，柔软，叶片中肋绿色，两侧呈黄白色。圆锥花序疏松，灰绿色。不结实。

原种分布于我国温带地区，喜光，稍耐阴，耐干旱，忌水湿，较耐寒。

图19-1 '紫穗'狼尾草

宜作花坛或道路两边的镶边植物，亦可与深颜色草种或草花混植。

**(16)'血草'('日本血草') *Imperata cylindrical* 'Rubra'(禾本科白茅属)**

多年生丛生草本,高30~60cm。叶剑形,深血红色。圆锥花序,小穗银白色。花期夏末(见彩图109)。

原产于日本。喜光,稍耐阴,亦耐旱,耐寒性强。喜中度湿润而排水良好的土壤。

株丛紧凑,叶色艳丽,是优良的彩叶观赏草,可丛植、片植或作镶边植物。

**(17)'萨凡纳'糖蜜草('坡地'毛冠草) *Melinis nerviglumis* 'Savannah'(禾本科糖蜜草属)**

多年生丛生暖季型草本。茎叶密集成丛,高30~60cm。叶片蓝绿色,细长,圆锥花序粉红色至淡紫色,丰满,蓬松。花果期6~10月。

原产于非洲。喜光,耐旱,不耐寒,喜排水良好的砂质土。

花、叶、株形俱美,适宜作花坛、花境及盆栽植物。花序可作切花或干花材料。

**(18)山麦冬(土麦冬) *Liriope spicata*(百合科山麦冬属)**

多年生常绿草本,具纺锤形小块根。叶丛生,窄而短硬,革质,背面粉绿色。总状花序,花梗长于叶,小花淡紫或白色。浆果球形,紫黑色。花期5~7月,果期8~10月。

广布我国各地。耐热,较耐寒,耐旱,耐阴性强。

生长强健,是优良林下地被植物。

常见品种:'金边'山麦冬('Variegata')、'银边'山麦冬('Silver Dragon')等。

同属常见种:阔叶山麦冬(*L. muscari*):叶宽线形,稍呈镰刀状,有明显横脉。花梗长,顶生总状花序,小花淡紫色或紫红色。浆果黑紫色。

**(19)吉祥草 *Reineckea carnea*(百合科吉祥草属)**

多年生常绿草本,高约20cm,具根状茎。叶丛生,宽线形。穗状花序,花小,粉红色。浆果,红色(图19-2)。

广布我国各地。喜温暖湿润气候,耐阴性强,较耐寒。

叶色翠绿,可作为林下地被植物。

**(20)沿阶草 *Ophiopogon bodinieri*(百合科沿阶草属)**

多年生常绿草本。具纺锤形小块根,根较细。叶丛生,线形,先端渐尖。总状花序,花梗和叶近等长,小花淡紫色,花被顶端稍向外翻卷。浆果球形,蓝黑色。

产于我国华东、西南等地。耐热,较耐寒,耐旱,耐阴性强。

植株低矮,生长强健,是优良的林下地被植物。

同属常见种:①麦冬(*O. japonicas*):总花梗短于叶片,花被片不翻卷。常见品种:'花叶'麦冬('Alb-ovaregata'):叶片上有白色条纹。'玉龙'草('Nanus'):植株矮小紧凑,株高低于10cm。②黑麦冬(*O. planiscapus*):叶片暗紫色。

图19-2 吉祥草

# 参考文献

陈有民，2011. 园林树木学[M]. 2版. 北京：中国林业出版社.
关文灵，李叶芳，2017. 园林树木学[M]. 北京：中国农业大学出版社.
李伟，李旦，沈立新，2017. 云南特色资源植物及利用[M]. 北京：中国林业出版社.
刘敏，2016. 观赏植物学[M]. 北京：中国农业大学出版社.
刘燕，2020. 园林花卉学[M]. 4版. 北京：中国林业出版社.
刘智能，徐瑾，张红锋，等，2016. 西藏园林植物调查与应用[J]. 浙江农业学报，28(6)：1009-1017.
潘远智，2018. 风景园林植物学[M]. 北京：中国林业出版社.
孙吉雄，韩烈保. 2015. 草坪学[M]. 4版. 北京：中国农业出版社.
王俊丽，2014. 云、贵、川地区植物资源利用与生物技术[M]. 北京：科学出版社.
王莲英，秦魁杰，2011. 花卉学[M]. 2版. 北京：中国林业出版社.
邢福武，2009. 中国景观植物[M]. 武汉：华中科技大学出版社.
徐晔春，臧德奎，2015. 中国景观植物应用大全（草本卷）[M]. 北京：中国林业出版社.
杨利平，和凤美，2017. 园林花卉学[M]. 北京：中国农业大学出版社.
于晓南，魏民，2015. 风景园林专业综合实习指导书——园林树木识别与应用篇[M]. 北京：中国建筑工业出版社.
袁小环，2015. 观赏草与景观[M]. 北京：中国林业出版社.
臧德奎，徐晔春，2015. 中国景观植物应用大全（木本卷）[M]. 北京：中国林业出版社.
张天麟，2010. 园林树木1600种[M]. 北京：中国建筑工业出版社.
赵雁，2017. 草坪学[M]. 北京：中国农业大学出版社.
中国植物志[EB/OL]. http://www.iplant.cn/frps.

# 附录 I 园林植物拉丁学名索引
(按字母顺序排列)

## A

*Abelia chinensis* 181
 *A. parvifolia* 181
 *A.* × *grandiflora* 181
*Abies fabri* 73
 *A. georgei* 73
 *A. georigei* var. *smithii* 73
*Abutilon pictum* 146
*Acacia dealbata* 94
 *A. mearnsii* 94
 *A. podalyriifolia* 151
*Acanthus mollis* 162
*Acer buergerianum* 130
 *A. caesium* ssp. *giraldii* 130
 *A. catalpifolium* 131
 *A. caudatum* 131
 *A. fabri* 98
 *A. laevigatum* 98
 *A. mono* 130
 *A. oblongum* 98
 *A. palmatum* 130
 *A. pentaphyllum* 131
 *A. rubrum* 131
 *A. truncatum* 130
*Achillea filipendulina* 223
 *A. millefolium* 223
*Acorus calamus* 245
 *A. gramineus* 258
*Actinidia chinensis* 189
 *A. macrosperma* 189
 *A. polygama* 189
*Adenanthera microsperma* 124
*Adiantum capillus-veneris* 253
 *A. reniforme* var. *sinense* 253
*Aechmea fasciata* 230
*Aeonium arboreum* 250
*Aesculus chinensis* var.
 *wilsonii* 130

*Agapanthus africanus* 240
*Agave americana* 251
 *A. americana* var. *marginata* 251
 *A. angustifolia* 251
 *A. sisalana* 251
*Ageratum houstonianum* 210
*Aglaia odorata* 156
*Aglaonema costatum* 227
 *A. commutatum* 'Pesudo Bracteatum' 227
 *A. commutatum* 'Silver Queen' 227
 *A. modestum* 226
*Agrostis stolonifera* 256
*Ailanthus altissima* 132
*Ajuga reptans* 'Atropurpurea' 208
*Alangium chinense* 125
*Albizia julibrissin* 122
 *A. kalkora* 122
*Alcea rosea* 202
*Allemanda neriifolia* 158
*Allium giganteum* 241
*Alnus cremastogyne* 110
 *A. nepalensis* 110
*Alocasia cucullata* 227
 *A. odora* 227
 *A.* × *amazonica* 227
*Aloe mitriformis* 251
 *A. vera* 251
*Alpinia zerumbet* 'Variegata' 231
*Alsophila spinulosa* 252
*Alstroemeria aurea* 241
*Alternanthera amoena* 201
 *A. bettzickiana* 201
 *A.* spp. 200
*Amaranthus tricolor* 201
 *A. tricolor* var. *splendens* 201
*Amygdalus persica* 118
*Ananas comosus* var. *variegata* 229

*Angelonia angustifolia* 221
*Anisodontea capensis* 145
*Anthurium andraeanum* 227
 *A. crystallinum* 228
 *A. scherzerianum* 227
*Antiaris toxicaria* 87
*Antirrhinum majus* 210
*Aphelandra lutea* 161
*Araucaria cunninghamii* 72
 *A. heterophylla* 72
*Archontophoenix alexandrae* 197
*Ardisia crenata* 149
 *A. japonica* 149
*Aristolochia gigantea* 184
*Armeniaca armeniaca* 118
 *A. mume* 117
 *A.* × *blireana* 'Meiren' 118
*Arrhenatherum elatius* 'Variegatum' 260
*Artocarpus heterophyllus* 87
*Arundo donax* 'Versicolor' 258
*Asclepias curassavica* 218
*Asparagus cochinchinensis* 233
 *A. densiflorus* 'Myers' 233
 *A. setaceus* 233
*Aspidistra elatior* 232
*Asplenium nidus* 253
*Astilbe* spp. 217
*Aucuba chinensis* ssp. *omeiensis* 154
 *A. japonica* 154
*Axonopus compressus* 257

## B

*Bambusa chungii* 193
 *B. emeiensis* 193
 *B. multiplex* 192
 *B. ventricosa* 193
 *B. vulgaris* 'Vittata' 193

*B. vulgaris* 'Wamin' 193
*Batrachium bungei* 244
*Bauhinia blakeana* 94
  *B. glauca* 185
  *B. glauca* ssp. *tenuiflora* 185
  *B. purpurea* 95
  *B. variegata* 95
*Begonia cucullata* var.
  *hookeri* 216
  *B. maculata* 216
  *B. masoniana* 216
  *B.* × *albopicta* 216
  *B.* × *hiemalis* 216
  *B.* × *tuberhybrida* 235
*Bellis perennis* 213
*Berberis julianae* 140
  *B. pruinosa* 140
  *B. thunbergii* 166
*Betula albosinensis* 110
  *B. alnoides* 109
  *B. utilis* 110
*Bischofia javanica* 128
  *B. polycarpa* 128
*Bombax malabaricum* 111
*Bougainvillea glabra* 184
  *B. spectabilis* 185
*Brassica oleracea* var.
  *acephala* 203
*Broussonetia papyrifera* 106
*Brugmansia arborea* 159
  *B. aurea* 159
  *B. suaveolens* 159
*Brunfelsia brasiliensis* 158
*Buddleja davidii* 179
*Buxus bodinieri* 155
  *B. sinica* 155

## C

*Caesalpinia pulcherrima* 151
*Caladium bicolor* 237
*Calathea ornata* 231
  *C. insignis* 231
  *C. makoyana* 231

*C. orbifolia* 231
*C. rufibarba* 231
*C. zebrina* 231
*Calceolaria herbeohybrida* 209
*Calendula officinalis* 211
*Calliandra emarginata* 151
  *C. haematocephala* 175
  *C. surinamensis* 151
*Callicarpa japonica* 179
*Callistemon citrinus* 153
  *C. rigidus* 153
  *C. viminalis* 153
*Callistephus chinensis* 210
*Calocedrus macrolepis* 78
*Camellia azalea* 143
  *C. cuspidata* 143
  *C. japonica* 142
  *C. oleifera* 142
  *C. petelotii* 143
  *C. pitardii* 143
  *C. pitardii* var. *alba* 143
  *C. reticulata* 142
  *C. sasanqua* 142
  *C. sinensis* 143
*Campanula medium* 210
  *C. punctata* 210
*Campsis grandiflora* 191
  *C. radicans* 191
*Camptotheca acuminata* 126
*Canna indica* 238
  *C. indica* var. *flava* 238
  *C. warscewiezii* 238
  *C.* × *generalis* 238
*Carex buchananii* 'Red
  Rooster' 258
  *C. oshimensis* 'Evergold' 258
*Carica papaya* 112
*Carpinus turczaninowii* 110
*Carya illinoinensis* 108
*Caryopteris* × *clandonensis*
  'Worcester Gold' 179
*Caryota mitis* 196
  *C. obtusa* 196

*C. ochlandra* 196
*Cassia bicapsularis* 175
  *C. fistula* 123
  *C. nodosa* 124
  *C. siamea* 95
  *C. surattensis* 176
*Castanea mollissima* 109
*Castanopsis sclerophylla* 88
*Casuarina equisetifolia* 89
*Catalpa fargesii* 135
  *C. ovata* 135
*Catharanthus roseus* 206
*Cathaya argyrophylla* 74
*Cattleya hybrida* 247
*Cedrus deodara* 74
*Ceiba speciosa* 112
*Celastrus orbiculatus* 190
*Celosia cristata* 200
*Celtis bungeana* 106
  *C. kunmingensis* 105
  *C. sinensis* 105
*Cephalotaxus fortunei* 79
  *C. oliveri* 138
  *C. sinensis* 138
*Cerasus campanulata* 119
  *C. cerasoides* 119
  *C. cerasoides* var. *rubea* 119
  *C. lannesiana* 119
  *C. pseudocerasus* 119
  *C. serrulata* 119
  *C.* × *yedoensis* 119
*Cercidiphyllum japonicum* 103
*Cercis canadensis* 'Forest
  Pansy' 175
  *C. chinensis* 175
  *C. glabra* 175
*Cestrum nocturnum* 159
*Chaenomeles japonica* 174
  *C. sinensis* 174
  *C. speciosa* 173
*Chamaecyparis obtusa* 77
  *C. obtuse* 'Tetragona' 137
  *C. pisifera* 76

*C. pisifera* 'Filifera'   137
*C. pisifera* 'Plumosa'   138
*C. pisifera* 'Squarrosa'   137
*Chamaedorea elegans*   197
*Chasmanthium latifolium*   259
*Chimonanthus praecox*   166
　*C. praecox* var. *intermedius*   166
*Chimonobambusa*
　　*quadrangularis*   194
　*C. tumidinoda*   194
*Chlorophytum comosum*   233
*Choerospondias axillaris*   132
*Chrysalidocarpus lutescens*   196
*Chrysanthemum* × *morifolium*   223
*Chukrasia tabularis*   133
*Cinnamomum bodinieri*   84
　*C. camphora*   83
　*C. japonicum*   83
　*C. kotoense*   84
　*C. mairei*   83
　*C. septentrionale*   83
*Citru limon*   99
　*C. medica*   99
　*C. sinensis*   99
*Citrus maxima*   98
　*C. reticulata*   98
*Clematis* × *hybrida*   214
*Clerodendrum bungei*   179
　*C. japonicum*   178
　*C. trichotomum*   178
*Clivia miniata*   234
　*C. nobilis*   234
*Cocos nucifera*   198
*Codiaeum variegatum*   156
*Coleus hybridus*   208
*Columnea microcalyx*   221
*Congea tomentosa*   187
*Consolida ajacis*   199
*Cordyline australis*   165
　*C. fruticosa*   165
*Coreopsis grandiflora*   223
　*C. tinctoria*   212
*Cornus alba*   177

*C. controversa*   126
*C. kousa* ssp. *chinensis*   127
*C. macrophylla*   126
*C. paucinervis*   127
*C. wilsoniana*   127
*Cortaderia selloana*   259
*Corylopsis sinensis*   167
*Corylus chinensis*   110
　*C. heterophylla* var.
　　*sutchuensis*   111
*Corypha umbraculifera*   198
*Cosmos bipinnatus*   211
*Cotinus coggygria* var.
　　*cinerea*   131
*Cotoneaster acuminatus*   174
　*C. acutifolius*   174
　*C. franchetii*   149
　*C. horizontalis*   149
　*C. microphyllus*   149
*Crassula ovata*   251
*Crataegus pinnatifida*   120
*Crateva unilocularis*   115
*Crocosmia* × *crocosmiiflora*   242
*Cryptomeria japonica*   76
　*C. japonica* var. *sinensis*   76
*Cudrania tricuspidata*   167
*Cunninghamia lanceolata*   75
*Cuphea hyssopifolia*   152
*Cupressus arizonica*   77
　*C. duclouxiana*   77
　*C. funebris*   77
　*C. gigantea*   77
　*C. glabra* 'Blue Ice'   77
　*C. torulosa*   77
*Curcuma alismatifolia*   237
*Cyanus segetum*   212
*Cycas panzhihuaensis*   72
　*C. revoluta*   72
　*C. szechuanensis*   72
*Cyclamen persicum*   235
*Cyclobalanopsis glauca*   88
*Cyclocarya paliurus*   109
*Cymbidium ensifolium*   247

*C. goeringii*   247
*C. hybrida*   247
*C. kanran*   247
*C. sinense*   247
*Cynodon dactylon*   256
*C. hybrid*   256
*Cyperus involucratus*   258
*C. papyrus*   258

**D**

*Dahlia pinnata*   236
*Daphne odora*   152
*Daphniphyllum*
　　*macropodum*   141
*Davallia trichomanoides*   254
　*D. involucrata*   126
　*D. vilmoriniana* var.
　　*vilmoriniana*   126
*Debregeasia orientalis*   168
*Delonix regia*   123
*Delphinium* × *cultorum*   214
*Dendrobenthamia capitata*   97
　*D. melanotricha*   97
*Dendrobium chryseum*   248
　*D. fimbriatum*   248
　*D. nobile*   248
　*D. phalaenopsis*   248
*Dendrocalamus latiflorus*   193
*Desmodium elegans*   176
*Dianthus barbatus*   202
　*D. caryophyllus*   215
　*D. chinensis*   201
　*D. plumarius*   215
　*D. superbus*   215
*Dieffenbachia seguine*   227
*Digitalis purpurea*   209
*Dillenia indica*   89
　*D. pentagyna*   90
　*D. turbinata*   90
*Dimocarpus longan*   97
*Diospyros cathayensis*   148
　*D. kaki*   115
　*D. lotus*   116

265

*Distylium racemosum* 141
*Dracaena angustifolia* 101
  *D. fragrans* 101
  *D. sanderiana* 101
*Duranta erecta* 160

**E**

*Echinacea purpurea* 223
*Echinocactus grusonii* 248
*Echinopsis tubiflora* 249
*Echium vulgare* 207
*Edgeworthia chrysantha* 177
*Ehretia acuminata* 134
  *E. corylifolia* 134
  *E. dicksoni* 134
*Eichhornia crassipes* 246
*Elaeagnus pungens* 152
*Elaeocarpus hainanensis* 91
  *E. sylvestris* 91
*Engelhardtia colebrookiana* 87
  *E. roxburghiana* 87
  *E. spicata* 87
*Epiphyllum oxypetalum* 249
*Epipremnum aureum* 228
*Eremochloa ophiuroides* 257
*Eriobotrya japonica* 94
*Erythrina arborescens* 125
  *E. corallodendron* 125
  *E. crista-galli* 125
  *E. variegata* 125
*Eschscholzia californica* 199
*Eucalyptus citriodora* 96
  *E. globulus* 96
  *E. maideni* 96
  *E. robusta* 96
  *E. tereticornis* 96
*Eucommia ulmoides* 104
*Euonymus fortunei* 186
  *E. fortunei* var. *radicans* 186
  *E. hamiltonianus* 127
  *E. japonicus* 154
  *E. maackii* 127
  *E. sanguineus* 127

*Euphorbia cotinifolia* 97
  *E. graminea* 218
  *E. milii* 251
  *E. pulcherrima* 178
*Euryops pectinatus* 224
*Eustoma grandiflorum* 205
*Exbucklandia populnea* 85
*Excentrodendron hsienmu* 92
*Excoecaria cochinchinensis* 156
*Exochorda racemosa* 171

**F**

*Fagraea ceilanica* 99
*Farfugium japonicum* 225
*Fargesia macclureana* 193
*Fatisia japonica* 157
*Festuca arundinacea* 255
  *F. glauca* 260
  *F. rubra* 255
*Ficus altissima* 86
  *F. benjamina* 85
  *F. carica* 167
  *F. elastica* 85
  *F. lyrata* 85
  *F. microcarpa* 85
  *F. pumila* 184
  *F. religiosa* 85
  *F. virens* var. *sublanceolata* 107
*Firmiana major* 111
  *F. simplex* 111
*Fittonia verschaffeltii* 222
  *F. verschaffeltii* var. *argyrone-ura* 222
*Fokienia hodginsii* 78
*Fontanesia fortunei* 180
*Forsythia suspensa* 180
  *F. viridissima* 180
*Fortunella margarita* 157
*Fraxinus chinensis* 134
*Freesia refracta* 242
*Fuchsia hybrida* 153

**G**

*Gaillardia aristata* 225

*Garcinia multiflora* 91
  *G. subelliptica* 91
  *G. yunnanensis* 91
*Gardenia jasminoides* 162
  *G. jasminoides* f. *grandiflora* 162
  *G. jasminoides* var. *radicana* 162
*Gaura lindheimeri* 217
*Gazania rigens* 226
*Gentiana scabra* 205
*Gerbera jamesonii* 224
*Ginkgo biloba* 101
*Gladiolus gandavensis* 242
*Glandularia canadensis* 207
  *G.* × *hybrida* 207
  *G. tenera* 207
*Gleditsia triacanthos* 'Sunburst' 123
  *G. japonica* var. *delavayi* 123
  *G. sinensis* 122
*Glyptostrobus pensilis* 81
*Gomphrena globosa* 200
*Gordonia axillaris* 90
*Grevillea banksii* 96
  *G. robusta* 95
*Guzmania conifera* 229
  *G. lingulata* 229
  *G. sanguinea* 229

**H**

*Handroanthus chrysanthus* 135
  *H. impetiginosus* 136
*Hedera helix* 186
  *H. nepalensis* 186
*Hedychium coronarium* 237
*Heliconia metallica* 230
*Hemerocallis citrina* 232
  *H. fulva* 231
  *H. hybridus* 232
*Heritiera angustata* 93
*Heteropanax fragrans* 99
*Heuchera* spp. 217

*Hibanobambusa tranquillans* f.
　　*shiroshima*　194
*Hibiscus mutabilis*　112
　*H. rosa-sinensis*　145
　*H. syriacus*　168
*Hippeastrum rutilum*　239
*Hippophae rhamnoides*　176
　*H. rhamnoides* ssp.
　　*yunnanensis*　176
*Hosta plantaginea*　232
　*H. ventricosa*　232
*Hovenia acerba*　129
*Hyacinthus orientalis*　239
*Hydrangea macrophylla*　170
*Hylotelephium erythrostictum*　250
*Hymenocallis littoralis*　240
*Hypericum acmosepalum*　145
　*H. bellum*　144
　*H. choisianum*　144
　*H. monogynum*　144
　*H. patulum*　145

I
*Idesia polycarpa*　112
*Ilex chinensis*　97
　*I. cornuta*　155
　*I. crenata* var. *convexa*　155
　*I. rotunda*　97
*Illicium henryi*　139
*Impatiens balsamina*　205
　*I. hawkeri*　205
　*I. walleriana*　205
*Imperata cylindrical*
　　'Rubra'　261
*Indocalamus latifolius*　194
*Ipomoea batatas* 'Golden
　　Summer'　236
*Iris ensata*　234
　*I. japonica*　234
　*I. pseudacorus*　234
　*I. tectorum*　234
*Itoa orientalis*　93
*Ixora chinensis*　162

J
*Jacaranda mimosifolia*　135
*Jasminum mesnyi*　161
　*J. nudiflorum*　180
　*J. polyanthum*　187
　*J. sambac*　161
*Juglans cathayensis*　107
　*J. regia*　107
*Juncus effusus*　258
*Juniperus chinensis*　77
　*J. chinensis* 'Kaizuca
　　Procumbens'　138
　*J. formosana*　78
　*J. procumbens*　138
*Justicia brandegeeana*　221

K
*Kalopanax septemlobus*　133
*Kerria japonica*　173
*Keteleeria evelyniana*　73
*Kniphofia uvaria*　232
*Koelreuteria bipinnata*　129
　*K. bipinnata* var.
　　*integrifolia*　129

L
*Lagerstroemia indica*　176
*Lamprocapnos spectabilis*　214
*Lantana camara*　159
*Larix griffithii*　80
　*L. kaempferi*　80
*Laurus nobilis*　139
*Lavandula angustifolia*　220
　*L. dentata*　220
　*L. pinnata*　220
*Leptodermis pilosa* var.
　　*acanthoclada*　180
*Leptospermum scoparium*　153
*Leucanthemum maximum*　225
*Leucophyllum frutescens*　161
*Liatris spicata*　224
*Licuala peltata*　198

*Ligustrum japonicum*
　　'Howardii'　160
　*L. lucidum*　99
　*L. quihoui*　160
　*L. sinense*　160
　*L.* × *vicaryi*　160
*Lilium* spp.　238
*Lindera communis*　139
　*L. megaphylla*　84
*Liquidambar formosana*　104
*Liriodendron chinense*　102
　*L. chinense* × *L. tulipifera*　103
　*L. tulipifera*　103
*Liriope muscari*　261
　*L. spicata*　261
*Litchi chinensis*　97
*Lithocarpus glaber*　88
*Livistona chinensis*　195
*Lobularia maritima*　203
*Lolium perenne*　255
*Lonicera japonica*　188
　*L. maackii*　182
*Loropetalum chinense*　141
　*L. chinense* var. *rubrum*　141
*Luculia pinceana*　163
*Lupinus micranthus*　205
*Lycium chinense*　178
*Lycoris aurea*　241
　*L. radiata*　241
*Lysimachia nummularia*
　　'Aurea'　217
*Lythrum salicaria*　244

M
*Machilus yunnanensis*　84
*Magnolia biondii*　102
　*M. coco*　138
　*M. delavayi*　82
　*M. denudata*　102
　*M. grandiflora*　81
　*M. liliflora*　165
　*M. officinalis*　102
　*M. officinalis* ssp. *biloba*　102

*M. stellata* 165
*M.* × *soulangeana* 165
*Mahonia bealei* 140
　*M. fortunei* 140
*Malus baccata* 120
　*M. halliana* 120
　*M. pumila* 121
　*M. spectabilis* 120
　*M.* × *micromalus* 121
*Malvaviscus arboreus* 146
　*M. penduliflorus* 145
*Mandevilla sanderi* 218
*Manglietia insignis* 82
*Manglietiastrum sinicum* 83
*Mansoa alliacea* 188
*Maranta arundinacea* 238
　*M. bicolor* 238
*Matthiola incana* 202
*Mauranthemum paludosum* 212
*Mayodendron igneum* 100
*Medinilla magnifica* 154
*Melaleuca bracteata* 152
　*M. cajuputi* ssp.
　　*cumingiana* 96
*Melia azedarach* 133
　*M. toosendan* 133
*Melinis nerviglumis*
　'Savannah' 261
*Meliosma parviflora* 166
*Metasequoia glyptostroboides* 80
*Michelia champaca* 82
　*M. chapensis* 82
　*M. figo* 139
　*M. macclurei* 82
　*M. maudiae* 82
　*M. wilsonii* 82
　*M. yunnanensis* 139
　*M.* × *alba* 82
*Millettia pachycarpa* 185
*Mirabilis jalapa* 199
*Miscanthus sinensis* 259
*Monarda didyma* 208
*Monochoria korsakowii* 246

*Monstera deliciosa* 164
*Morus alba* 106
　*M. mongolica* var.
　　*diabolica* 106
*Mucuna sempervirens* 186
*Muhlenbergia capillaris* 259
*Murraya exotica* 156
*Musa basjoo* 231
*Muscari botryoides* 239
*Musella lasiocarpa* 231
*Mussaenda pubescens* 188
*Myrica esculenta* 88
　*M. rubra* 87
*Myricaria wardii* 168
*Myriophyllum verticillatum* 244
*Mytilaria laosensis* 85

## N

*Nageia nagi* 78
*Nandina domestica* 140
*Narcissus pseudonarcissus* 240
　*N. tazetta* var. *chinensis* 240
*Nelumbo nucifera* 243
*Nemesia strumosa* 209
*Nephrolepis cordifolia* 253
　*N. exaltata* 254
*Nerium oleander* 158
*Nicotiana alata* 206
*Nopalxochia ackermannii* 249
*Nuphar pumila* 244
*Nymphaea tetragona* 243
*Nyssa sinensis* 126

## O

*Oenothera speciosa* 217
*Olea europaea* 100
　*O. europaea* ssp. *cuspidata* 160
*Oncidium hybridum* 248
*Ophiopogon bodinieri* 261
　*O. japonicas* 261
　*O. planiscapus* 261
*Opuntia dillenii* 249
*Ormosia hosiei* 95

*Orychophragmus violaceus* 203
*Osmanthus fragrans* 100
*Oxalis acetosella* 236
　*O. corniculata* 236
　*O. corniculata* f. *purpurea* 236
　*O. corymbosa* 236
　*O. triangularis* 236

## P

*Pachira macrocarpa* 93
*Paeonia delavayi* 168
　*P. lactiflora* 168
　*P. ludlowii* 168
　*P. rockii* 168
　*P. suffruticosa* 168
*Pandanus tectorius* 164
*Papaver nudicaule* 199
　*P. rhoeas* 199
*Paphiopedilum* spp. 248
*Parakmeria lotungensis* 83
　*P. yunnanensis* 82
*Parashorea chinensis* 90
*Parthenocissus quinquefolia* 191
　*P. tricuspidata* 190
*Paspalum notatum* 257
*Passiflora caerulea* 215
　*P. coccinea* 216
　*P. edulis* 216
*Paulownia fortunei* 135
　*P. tomentosa* 134
*Pelargonium* spp. 218
*Peltophorum pterocarpum* 124
*Pennisetum alopecuroides* 260
　*P. setaceum* 'Rubrum' 260
*Penstemon barbatus* 220
　*P. campanulatus* 220
　*P. digitalis* 220
*Pentas lanceolata* 163
*Pericallis hybrida* 212
*Petunia hybrida* 206
*Phalaenopsis hybridum* 247
*Phalaris arundinacea* var.
　*picta* 260

*Pharbitis* spp.　206
*Philadelphus incanus*　171
*Philodendron erubescens*　228
　*P. melanochrysum*　228
　*P. selloum*　228
*Phlox paniculata*　219
　*P. subulata*　219
*Phoebe hui*　84
　*P. zhennan*　84
*Phoenix canariensis*　196
　*P. roebelenii*　196
　*P. sylvestris*　196
*Photinia bodinieri*　150
　*P. davidsoniae*　150
　*P. glomerata*　150
　*P. lanuginosa*　150
　*P. serrulata*　150
　*P. × fraseri*　150
*Phragmites australis*　259
*Phyllostachys aurea*　192
　*P. aureosulcata*　192
　*P. aureosulcata*
　　'Spectabilis'　192
　*P. bambusoides* 'Tanakae'　192
　*P. edulis*　192
　*P. iridescens*　192
　*P. nigra*　192
　*P. sulphurea* var. *viridis*　192
　*P. vivax* 'Aureocaulis'　192
*Physostegia virginiana*　220
*Picea asperata*　73
　*P. brachytyla*　74
　*P. likianensis* var. *linzhiensis*　73
　*P. likiangensis* var.
　　*rubescens*　74
　*P. meyeri*　74
　*P. wilsonii*　74
*Pieris formosa*　148
　*P. hybirda*　148
　*P. japonica*　147
*Pilea cadierei*　215
*Pinus armandii*　75
　*P. banksiana*　75

　*P. bungeana*　75
　*P. densata*　74
　*P. massoniana*　75
　*P. parviflora*　75
　*P. thunbergii*　75
　*P. wallichiana*　75
　*P. yunnanensis*　75
*Piptanthus nepalensis*　151
*Pistacia chinensis*　131
　*P. weinmannifolia*　98
*Pistia stratiotes*　245
*Pittosporum tobira*　149
*Platanus occidentalis*　104
　*P. orientalis*　104
　*P. × acerifolia*　104
*Platycarya strobilacea*　108
*Platycerium bifurcatum*　254
*Platycladus orientalis*
　'Semperaurescens'　137
　*P. orientalis* 'Sieboidii'　137
　*P. orientalis*　76
*Platycodon grandiflorus*　222
*Pleioblastus argenteastriatus*　194
　*P. fortunei*　193
　*P. viridistriatus*　194
*Plumbago auriculata* f. *alba*　142
　*P. auriculata*　141
　*P. indica*　142
　*P. zeylanica*　142
*Plumeria rubra* 'Acutifolia'　134
*Poa pratensis*　256
　*P. trivialis*　256
*Podocarpus macrophyllus*　78
　*P. neriifolius*　78
*Polianthes tuberosa*　241
*Poncirus trifoliata*　178
*Pontederia cordata*　246
*Populus cathayana*　114
　*P. davidiana*　114
　*P. deltoides*　113
　*P. lasiocarpa*　114
　*P. nigra*　113
　*P. szechuanica* var. *tibetica*　114

　*P. yunnanensis*　113
　*P. × beijingensis*　113
　*P. × canadensis*　113
　*P. × euramericana*
　　'Zhonghuahongye'　114
*Portulaca grandiflora*　201
　*P. oleracea* var. *granatus*　201
*Potamogeton natans*　245
*Primula acaulis*　204
　*P. forbesii*　204
　*P. malacoides*　204
　*P. obconica*　204
　*P. sinensis*　204
　*P.* spp.　203
*Prunus americana*　116
　*P. cerasifera*　116
　*P. cerasifera* f.
　　*atropurpurea*　116
　*P. davidiana*　117
　*P. kansuensis*　117
　*P. mira*　117
　*P. salicina*　116
　*P. triloba*　174
*Pseudoceltis tatarinowii*　106
*Pseudolarix amabilis*　80
*Pteris cretica*　253
　*P. ensiformis* var. *victoriae*　253
*Pterocarya stenoptera*　107
*Pterospermum heterophyllum*　93
*Pterostyrax psilophyllus*　116
*Punica granatum*　177
*Pyracantha angustifolia*　150
　*P. fortuneana*　149
*Pyrostegia venusta*　188
*Pyrus pyrifolia*　121

**Q**

*Quamoclit coccinea*　207
　*Q. lobata*　207
　*Q. pennata*　207
　*Q. sloteri*　207
*Quercus acutissima*　109
　*Q. aliena*　109

*Q. aquifolioides* 88
*Q. dentata* 109
*Q. semecarpifolia* 88
*Q. variabilis* 109

**R**

*Radermachera sinica* 100
*Ranunculus asiaticus* 235
*Rauvolfia verticillata* 158
*Ravenala madagascariensis* 230
*Reevesia pubescens* 92
  *R. thyrsoidea* 92
*Reineckea carnea* 261
*Reinwardtia indica* 156
*Rhaphiolepis indica* 150
  *R. integerrima* 150
  *R. umbellata* 150
*Rhapis excelsa* 195
  *R. gracilis* 'Variegata' 195
  *R. humilis* 195
*Rhododendron delavayi* 147
  *R. hybrida* 147
  *R. molle* 169
  *R. pulchrum* 146
  *R. simsii* 146
  *R. tanastylum* 147
*Rhus chinensis* 131
*Robinia pseudoacacia* 125
*Rosa banksiae* 185
  *R. chinensis* 172
  *R. hybrida* 172
  *R. multiflora* 189
  *R. multiflora* var.
    *cathayensis* 189
  *R. roxburghii* 173
  *R. rugosa* 172
*Rosmarinus officinalis* 160
*Roystonea regia* 197
*Rubus biflorus* 190
*Rudbeckia hirta* 224
  *R. laciniata* 223
*Ruellia elegans* 222
  *R. simplex* 222

**S**

*Sagittaria trifolia* ssp.
  *leucopetala* 245
*Salix alba* 115
  *S. babylonica* 114
  *S. cheilophila* 169
  *S. integra* 'Hakuro Nishiki' 169
  *S. matsudana* 114
  *S. matsudana* f. *pendula* 115
  *S. matsudana* f. *tortusoa* 115
  *S. matsudana* f.
    *umbraculifera* 115
  *S.* × *hrysocoma* 'Tristis' 114
  *S.* × *leucopithecia* 169
*Salvia coccinea* 220
  *S. farinacea* 219
  *S. greggii* 220
  *S. guaranitica* 'Black and
    Blue' 219
  *S. leucantha* 219
  *S. splendens* 208
  *S. uliginosa* 219
  *S. viridis* 220
*Sambucus javanica* 182
  *S. williamsii* 182
*Sansevieria trifasciata* 233
*Sapindus delavayi* 129
  *S. saponaria* 129
*Saraca dives* 95
*Sarcococca ruscifolia* 155
*Sasaella glabra* f.
  *albostriata* 194
*Sassafras tzumu* 103
*Schefflera actinophylla* 158
  *S. arboricola* 157
  *S. delavayi* 157
  *S. elegantissima* 99
  *S. heptaphylla* 157
*Schima argentea* 90
  *S. superba* 90
  *S. wallichii* 91
*Schoenoplectus*
  *tabernaemontani* 245
*Sedum lineare* 250
  *S. spurium* 'Coccineum' 250
*Selaginella kraussiana* 253
  *S. uncinata* 252
*Senecio cineraria* 224
  *S. scandens* 226
*Sequoia sempervirens* 76
*Serissa japonica* 163
*Shibataea chinensis* 194
*Sinningia speciosa* 236
*Sinobambusa tootsik* 194
*Sinocalycanthus chinensis* 166
*Sloanea sinensis* 91
*Solanum pseudocapsicum* 159
*Sorbaria arborea* 174
*Sorbus rehderiana* 116
*Spathiphyllum floribundum* 227
*Spathodea campanulata* 136
*Sphaeropteris lepifera* 252
*Spiraea cantoniensis* 171
  *S. japonica* 172
  *S. thunbergii* 172
  *S.* × *bumalda* 'Gold Mound' 172
*Stachys byzantina* 220
  *S. japonica* 220
*Stenotaphrum secundatum* 257
*Sterculia lanceolata* 92
  *S. nobilis* 92
*Stipa tenuissima* 260
*Strelitzia nicolai* 230
  *S. reginae* 230
*Styphnolobium japonicum* 124
  *S. japonicum* f.
    *oligophyllum* 125
*Styrax grandiflorus* 170
  *S. japonicus* 170
*Syagrus romanzoffiana* 197
*Sycopsis sinensis* 85
*Symplocos paniculata* 170
*Syngonium podophyllum* 228
*Syringa oblata* 180
*Syzygium buxifolium* 153

*S. grijsii* 153
*S. jambos* 96

**T**

*Tagetes erecta* 211
　*T. patula* 211
*Tamarix chinensis* 112
*Tapiscia sinensis* 129
*Taraxacum grypodon* 226
*Tarenaya hassleriana* 202
*Taxodium distichum* 81
　*T. distichum* var. *imbricatum* 81
　*T. mucronatum* 81
*Taxus cuspidata* 79
　*T. wallichiana* var. *mairei* 79
*Ternstroemia gymnanthera* 144
*Tetrameles nudiflora* 113
*Tetrastigma planicaule* 186
*Thalia dealbata* 246
*Thunbergia grandiflora* 187
*Tibouchina semidecandra* 153
*Tilia amurensis* 111
　*T. mandshurica* 111
　*T. miqueliana* 111
　*T. mongolica* 111
*Tillandsia cyanea* 229
　*T. ionantha* 229
　*T. usneoides* 229
*Toona ciliata* 133
　*T. sinensis* 133
*Torenia fournieri* 208
*Torreya fargesii* 79
*Toxicodnedron succedaneum* 132
　*T. vernicifluum* 132
*Trachelospermum jasminoides* 186
*Trachycarpus fortunei* 195

*Tradescantia pallida* 228
　*T. zebrina* 229
*Triadica sebifera* 128
*Trifolium* spp. 217
*Tropaeolum majus* 205
*Tulbaghia violacea* 241
*Tulipa gesneriana* 239
*Typha orientalis* 246

**U**

*Ulmus parvifolia* 105
　*U. pumila* 104

**V**

*Vaccinium bracteatum* 148
　*V. fragile* 148
*Vallaris indecora* 187
*Vanda* spp. 248
*Verbascum thapsus* 209
*Verbena bonariensis* 219
*Vernicia fordii* 128
　*V. montana* 128
*Veronica persica* 221
　*V. spicata* 221
*Viburnum macrocephalum* 182
　*V. macrocephalum* f. keteleeri 182
　*V. odoratissimum* var. awabuki 163
　*V. opulus* ssp. *calvescens* 182
　*V. plicatum* 182
　*V. plicatum* f. *tomentosum* 182
*Victoria cruziana* 244
　*V. regia* 244
*Vinca major* 187
*Viola cornuta* 202

*V.* × *wittrockiana* 202
*Vitex negundo* 179
*Vitis vinifera* 190
*Vriesea carinata* 229
　*V. splendens* 229

**W**

*Washingtonia filifera* 197
*Weigela coraeensis* 181
*Weigela florida* 181
*Wistaria sinensis* 190

**X**

*Xylosma racemosum* 146

**Y**

*Yucca elephantipes* 165
　*Y. gloriosa* 164
　*Y. smalliana* 165

**Z**

*Zamia furfuracea* 137
*Zantedeschia aethiopica* 237
　*Z. hybrida* 237
*Zanthoxylum bungeanum* 133
　*Z. piperitum* 156
*Zelkova schneideriana* 105
*Zenia insignis* 123
*Zephyranthes candida* 240
　*Z. carinata* 240
*Zinnia elegans* 211
*Zizyphus jujuba* 128
　*Z. jujuba* var. *spinosa* 129
*Zoysia japonica* 256
　*Z. tenuifolia* 257
*Zygocactus truncactus* 249

# 附录 II  园林植物中文名索引
（按拼音字母顺序排列）

## A

阿拉伯婆婆纳 221
埃及莎草 258
矮牵牛 206
'矮'蒲苇 259
'矮'紫杉 79
矮棕竹 195
安德鲁小精灵空气
　凤梨 229
'暗红'朱蕉 165
'暗紫'匍匐筋
　骨草 208
凹叶厚朴 102
澳洲鹅掌柴 157
澳洲朱蕉 165

## B

八 宝 250
八宝景天 250
八角枫 125
八角金盘 157
巴哈雀稗 257
巴山榧树 79
巴西木 101
巴西铁 101
巴西野牡丹 153
芭 蕉 231
白菖蒲 245
白 杜 127
白花泡桐 135
'白花'瑞香 152
'白花'石榴 177
'白花'洋紫荆 95
白花酢浆草 236
白花丹 142
白晶菊 212
白鹃梅 171
白蜡树 134

白 兰 82
白兰花 82
白 柳 115
白皮松 75
白千层 96
白 杆 74
白 檀 170
白网纹草 222
白纹阴阳竹 194
白纹椎谷笹 194
白辛树 116
白雪花 142
白羽凤尾蕨 253
'白玉'凤尾蕨 253
白玉兰 102
'白玉堂' 189
'白掌' 227
百合类 238
百日草 211
百日菊 211
百日青 78
百子莲 240
柏 木 77
'斑叶'芒 259
'斑叶细'棕竹 195
斑叶竹芋 231
'斑竹' 192
板 栗 109
半支莲 201
报春花 204
报春花类 203
北京杨 113
北美短叶松 75
北美鹅掌楸 103
北美红杉 76
贝叶棕 198
比利时杜鹃 147
笔筒树 252
碧冬茄 206

碧根果 108
'碧桃' 118
薜 荔 184
篦子三尖杉 138
扁带藤 186
扁担藤 186
'变色'月季 173
变叶木 156
冰岛罂粟 199
冰岛虞美人 199
波浪竹芋 231
波罗蜜 87
'波斯顿'肾蕨 253
波斯菊 211
薄壳山核桃 108
薄叶羊蹄甲 185
不夜城芦荟 251
布朗李 116

## C

彩苞鼠尾草 219
彩色马蹄莲 237
'彩叶'朱蕉 165
彩叶草 208
菜豆树 100
糙皮桦 110
草地早熟禾 256
侧 柏 76
茶 143
茶 花 142
茶 梅 142
檫 木 103
菖 蒲 245
长苞冷杉 73
长柄银叶树 93
长春花 206
长花龙血树 101
长尾槭 131
长叶刺葵 196

常春藤 186
常春油麻藤 186
常绿油麻藤 186
常夏石竹 215
巢 蕨 253
车轴草类 217
梣 134
'晨光'芒 259
柽 柳 112
赪 桐 178
橙花红千层 153
池 杉 81
齿叶薰衣草 220
赤 楠 153
翅荚木 123
臭 椿 132
臭牡丹 179
雏 菊 213
川滇高山栎 88
川滇无患子 129
川 楝 133
川西云杉 74
川 榛 111
垂花悬铃花 145
垂 柳 114
垂丝海棠 120
垂笑君子兰 234
垂叶榕 85
'垂枝'桑 106
'垂枝'银杏 101
'垂枝'榆 105
'垂枝碧'桃 119
垂枝红千层 153
春 兰 247
春 羽 228
慈 姑 245
慈 竹 193
刺 柏 78
刺 槐 125

272

## 附录 II 园林植物中文名索引

刺楸　133
刺桐　125
刺枝野丁香　180
葱莲　240
丛生福禄考　219
粗榧　138
粗茎早熟禾　256
粗糠树　134
酢浆草　236
翠柏　78
翠菊　210
翠云草　252

### D

大八仙花　170
'大'佛肚竹　193
大滨菊　225
大鹤望兰　230
大花葱　241
大花飞燕草　214
大花黄牡丹　168
大花蕙兰　247
大花藿香蓟　210
大花金鸡菊　223
大花六道木　181
大花马齿苋　201
大花曼陀罗木　159
大花美人蕉　238
大花三色堇　202
大花五桠果　90
大花萱草　232
大花野茉莉　170
大花栀子　162
大丽花　236
大丽菊　236
大咪头果子蔓　229
大纽子花　187
大藻　245
'大琴丝'竹　193
大琴叶榕　85
大头茶　90
大王椰子　197
大王棕　197

大吴风草　225
大岩桐　236
大叶桉　96
大叶黄杨　154
大叶香樟　83
大叶杨　114
大叶醉鱼草　179
大籽猕猴桃　189
黛粉芋　227
'单瓣白'桃　118
灯笼花　146
倒挂金钟　153
灯台树　126
灯心草　258
滴水观音　227
地锦　190
地雷花　199
地毯草　257
地涌金莲　231
蒂杜花　153
棣棠　173
滇丁香　163
滇牡丹　168
滇朴　105
滇润楠　84
滇山茶　142
滇杨　113
滇皂荚　123
吊兰　233
吊竹梅　229
钓钟柳　220
东北红豆杉　79
东京樱花　119
东瀛珊瑚　154
冬青　97
冬青卫矛　154
董棕　196
兜兰　248
杜鹃花　146
杜鹃红山茶　143
杜鹃叶山茶　143
杜英　91
杜仲　104

短穗鱼尾葵　196
'短叶'虎尾兰　233
钝叶草　257
盾轴桐　198
盾柱木　124
多花蔷薇　189
多花山竹子　91
多花素馨　187
多年生黑麦草　255
多蕊金丝桃　144

### E

峨眉含笑　82
峨眉木荷　91
峨眉桃叶珊瑚　154
鹅耳枥　110
鹅毛竹　194
鹅掌柴　157
鹅掌楸　102
鹅掌藤　157
二歧鹿角蕨　254
二球悬铃木　104
二乔玉兰　165
二月蓝　203

### F

发财树　93
法国冬青　163
法桐　104
番木瓜　112
翻白叶树　93
繁星花　163
矾根类　217
反苞蒲公英　226
方竹　194
飞蛾槭　98
飞燕草　199
非洲凤仙　205
非洲菊　224
非洲茉莉　99
菲白竹　193
菲岛福木　91
菲黄竹　194

'绯桃'　118
粉苞酸脚杆　154
粉黛乱子草　259
粉单竹　193
'粉花'瑞香　152
粉花山扁豆　124
粉花绣线菊　172
粉扑花　151
粉团　182
粉团蔷薇　189
粉叶小檗　140
粉叶羊蹄甲　185
粉枝莓　190
风铃草　210
风信子　239
枫香　104
枫杨　107
凤凰木　123
凤凰竹　192
'凤尾'柏　138
'凤尾'竹　193
凤尾兰　164
凤仙花　205
凤眼莲　246
佛甲草　250
佛手　99
扶芳藤　186
扶郎花　224
扶桑　145
浮叶眼子菜　245
福建柏　78
福建山樱花　119
复羽叶栾树　129
富贵竹　101

### G

干香柏　77
甘肃桃　117
柑橘　98
刚健芦荟　251
刚竹　192
高丛珍珠梅　174
高大肾蕨　254

| | | | |
|---|---|---|---|
| 高盆樱桃 119 | 寒 兰 247 | 红花木莲 82 | 花 椒 133 |
| 高山栎 88 | 旱金莲 205 | 红花槭 131 | 花菱草 199 |
| 高山榕 86 | 旱 柳 114 | 红花鼠尾草 220 | 花毛茛 235 |
| 高山松 74 | 旱伞草 258 | 红花西番莲 216 | '花'孝顺竹 193 |
| 高羊茅 255 | 豪猪刺 140 | 红花羊蹄甲 94 | 花烟草 206 |
| 鸽子树 126 | 禾叶大戟 218 | 红花银桦 96 | '花叶'假连翘 160 |
| 葛枣猕猴桃 189 | 合果芋 228 | 红花玉芙蓉 161 | '花叶'锦带花 181 |
| 珙 桐 126 | 合 欢 122 | 红 桦 110 | '花叶'芦竹 258 |
| 狗牙根 256 | 荷包牡丹 214 | 红茴香 139 | '花叶'络石 186 |
| 狗牙蜡梅 166 | 荷 花 243 | '红罗宾' 150 | '花叶'麦冬 261 |
| 枸 骨 155 | '荷花'蔷薇 189 | 红木荷 91 | '花叶'芒 259 |
| 枸 橘 178 | 荷兰铁 165 | 红千层 153 | '花叶'美人蕉 238 |
| 枸 杞 178 | 荷叶铁线蕨 253 | 红瑞木 177 | '花叶'爬行卫矛 186 |
| 构 树 106 | 核 桃 107 | '红王子'锦带花 181 | '花叶'蒲苇 259 |
| 骨碎补 254 | 鹤望兰 230 | 红网纹草 222 | '花叶'杞柳 169 |
| 瓜 栗 93 | 黑弹树 106 | '红叶'紫荆 175 | '花叶'艳山姜 231 |
| 瓜叶菊 212 | 黑荆树 94 | 红叶果子蔓 229 | '花叶'燕麦草 260 |
| 拐 枣 129 | 黑壳楠 84 | 红叶李 116 | '花叶'棕榈 195 |
| '冠叶'凤尾蕨 253 | 黑麦冬 261 | 红叶石楠 150 | 花叶冷水花 215 |
| 光核桃 117 | 黑毛四照花 97 | '红羽毛'枫 130 | 花叶唐竹 194 |
| 光皮梾木 127 | 黑 松 75 | 猴欢喜 91 | 花叶万年青 227 |
| 光叶珙桐 126 | 黑心金光菊 224 | 猴樟 84 | 花叶芋 237 |
| 光叶槭 98 | 黑心菊 224 | 厚果崖豆藤 185 | 花叶竹芋 238 |
| 光叶子花 184 | 黑叶芋 227 | 厚壳树 134 | 花 烛 227 |
| 光柱杜鹃 147 | 黑 枣 116 | 厚皮香 144 | 华盖木 83 |
| 广东万年青 226 | 红苞喜林芋 228 | 厚 朴 102 | 华山松 75 |
| 广玉兰 81 | '红宝石' 228 | 厚叶石斑木 150 | 华夏慈姑 245 |
| 龟背竹 164 | 红背桂 156 | 忽地笑 241 | 华 榛 110 |
| '龟甲'竹 192 | 红哺鸡竹 192 | '狐尾'天门冬 233 | 化香树 108 |
| 龟甲冬青 155 | 红草五色苋 201 | 狐尾藻 244 | 槐 124 |
| 贵州石楠 150 | 红 椿 133 | 胡椒木 156 | 皇后葵 197 |
| 桂 花 100 | 红豆树 95 | 胡 桃 107 | '黄斑'银杏 101 |
| 桂 圆 97 | 红粉扑花 151 | 胡颓子 152 | 黄槽竹 192 |
| 国 槐 124 | '红枫' 130 | 榉 栎 109 | 黄 蝉 158 |
| | '红公鸡'薹草 258 | 榉 树 109 | 黄菖蒲 234 |
| **H** | '红花'刺槐 125 | 蝴蝶花 234 | 黄杜鹃 169 |
| 海红豆 124 | '红花'瑞香 152 | 蝴蝶槐 125 | '黄竿'乌哺鸡竹 192 |
| 海 棠 120 | '红花碧'桃 118 | 蝴蝶兰 247 | 黄葛树 107 |
| 海 桐 149 | 红花酢浆草 236 | 蝴蝶石斛 248 | '黄花'石榴 177 |
| 海仙花 181 | 红花钓钟柳 220 | 蝴蝶戏珠花 182 | 黄花菜 232 |
| 海 芋 227 | 红花高盆樱桃 119 | 虎刺梅 251 | 黄花风铃木 135 |
| 海州常山 178 | 红花檵木 141 | 虎尾兰 233 | 黄花曼陀罗木 159 |
| 含 笑 139 | 红花芦莉草 222 | 虎纹凤梨 229 | 黄花美人蕉 238 |

黄花鸢尾 234
黄槐 176
'黄金'菊 224
'黄金葛' 228
'黄金间碧'竹 193
黄荆 179
黄兰 82
黄连木 131
黄栌 131
黄杞 87
黄水仙 240
'黄纹'合果芋 228
黄星凤梨 229
黄杨 155
'黄叶'扁柏 77
'黄叶'银杏 101
幌伞枫 99
灰莉 99
灰楸 135
灰栒子 174
火把果 149
火鹤花 227
火棘 149
火炬花 232
火力楠 82
火烧花 100
火焰花 95
'火焰'南天竹 140
火焰树 136

J

鸡蛋果 216
'鸡蛋花' 134
鸡冠刺桐 125
鸡冠花 200
鸡树条 182
鸡爪槭 130
畸叶槐 125
吉祥草 261
急尖长苞冷杉 73
檵木 141
加拿大美女樱 207
加拿大杨 113

加拿利海枣 196
加杨 113
夹竹桃 158
假槟榔 197
假俭草 257
假连翘 160
假龙头花 220
假苹婆 92
尖萼金丝桃 145
尖连蕊茶 143
尖尾芋 227
尖叶木犀榄 160
尖叶山茶 143
尖叶栒子 174
见血封喉 87
建兰 247
剑麻 251
箭毒木 87
箭羽竹芋 231
江边刺葵 196
姜荷花 237
姜花 237
'绛桃' 118
交让木 141
角堇 202
接骨草 182
接骨木 182
桔梗 222
结缕草 256
结香 177
'金斑'冬青卫矛 155
'金斑'胡颓子 152
金苞花 161
'金边'棣棠 173
'金边'吊兰 233
'金边'冬青卫矛 155
'金边'扶芳藤 186
'金边'胡颓子 152
'金边'虎尾兰 233
'金边'六月雪 163
'金边'瑞香 152
'金边'山麦冬 261
'金边'香龙血树 101

金边龙舌兰 251
金弹子 148
金凤花 151
金柑 157
金光菊 223
金琥 248
金花茶 143
'金皇后' 227
'金黄球'柏 137
'金姬'小蜡 160
金橘 157
金铃花 146
金钱松 80
'金森'女贞 160
'金山'绣线菊 172
金山葵 197
'金丝'垂柳 114
金丝梅 145
金丝桃 144
'金塔'侧柏 76
'金镶玉'竹 192
'金心'吊兰 233
'金心'冬青卫矛 155
'金心'胡颓子 152
'金心'香龙血树 101
'金叶'刺槐 125
'金叶'甘薯 236
'金叶'过路黄 217
'金叶'槐 125
'金叶'假连翘 160
'金叶'芦苇 259
'金叶'石菖蒲 258
'金叶'薹草 258
'金叶'小檗 166
'金叶'莸 179
'金叶'榆 105
'金叶'皂荚 123
金叶女贞 160
金银花 188
金银木 182
金鱼草 210
金盏菊 211
'金枝'白柳 114

'金枝'槐 125
金钟花 180
锦带花 181
锦绣杜鹃 146
锦绣苋 201
鲸鱼花 221
九里香 156
韭莲 240
菊花 223
'菊花'棣棠 173
榉树 105
巨柏 77
巨花马兜铃 184
巨紫荆 175
'锯齿'巢蕨 253
蕨叶薹 223
君迁子 116
君子兰 234

K

卡特兰 247
康乃馨 215
糠椴 111
壳菜果 85
克鲁兹王莲 244
'孔雀'柏 137
孔雀草 211
孔雀木 99
孔雀竹芋 231
苦槠 88
苦楝 133
昆明朴 105
阔叶半枝莲 201
阔叶马齿苋 201
阔叶箬竹 194
阔叶山麦冬 261
阔叶十大功劳 140

L

喇叭水仙 240
腊肠树 123
蜡瓣花 167
蜡梅 166

棶木 126
兰屿肉桂 84
蓝桉 96
'蓝冰'柏 77
蓝果树 126
蓝花草 222
蓝花丹 141
蓝花鼠尾草 219
蓝花楹 135
蓝蓟 207
蓝羊茅 260
蓝猪耳 208
狼尾草 260
榔榆 105
老人葵 197
老人须 229
乐昌含笑 82
乐东拟单性木兰 83
冷杉 73
梨 121
李 116
丽格秋海棠 216
荔枝 97
连翘 180
连香树 103
莲花掌 250
楝树 133
两广梭罗树 92
两色金鸡菊 212
'亮红'朱蕉 165
靓竹 194
辽椴 111
裂叶蒙桑 106
林芝云杉 73
鳞秕泽米铁 137
凌霄 191
令箭荷花 249
流苏石斛 248
柳杉 76
柳叶马鞭草 219
六出花 241
六月雪 163
'龙柏' 78

龙船花 162
龙胆 205
龙面花 209
'龙桑' 106
龙舌兰 251
龙牙花 125
龙眼 97
'龙枣' 129
'龙爪'槐 124
'龙爪'榆 105
龙爪柳 115
芦荟 251
芦苇 259
露兜树 164
旅人蕉 230
'绿'月季 173
'绿宝石' 228
绿干柏 77
'绿巨人' 227
绿萝 228
轮叶蒲桃 153
罗浮槭 98
罗汉松 78
罗汉竹 192
萝芙木 158
椤木石楠 150
络石 186
落新妇类 217
落羽杉 81

M

麻栎 109
麻楝 133
麻叶绣线菊 171
麻竹 193
马拉巴栗 93
马利筋 218
马蹄荷 85
马蹄莲 237
马尾松 75
马缨丹 159
马缨杜鹃 147
马缨花 147

马醉木 147
'玛瑙'石榴 177
麦吊云杉 74
麦冬 261
馒头柳 115
蔓长春花 187
蔓绿绒 228
芒 259
毛地黄 209
毛地黄钓钟柳 220
毛泡桐 134
毛蕊花 209
毛杨梅 88
毛叶黄杞 87
毛竹 192
玫瑰 172
'玫红'蒲苇 259
梅 117
美国薄荷 208
美国地锦 191
'美国红'栌 131
美国李 116
美国凌霄 191
美国山核桃 108
美国石竹 202
美丽金丝桃 144
美丽马醉木 148
美丽异木棉 112
美丽月见草 217
美丽珍葵 196
美女樱 207
'美人'梅 118
美人蕉 238
美桐 104
美洲黑杨 113
蒙椴 111
迷迭香 160
迷你木槿 145
米兰 156
米仔兰 156
'密叶波斯顿'
  肾蕨 253
绵毛石楠 150

绵毛水苏 220
棉花柳 169
茉莉花 161
墨兰 247
墨西哥落羽杉 81
墨西哥鼠尾草 219
墨西哥羽毛草 260
牡丹 168
'牡丹'石榴 177
木本曼陀罗 159
木本绣球 182
木芙蓉 112
木瓜 174
木荷 90
木槿 168
木兰 165
木麻黄 89
木棉 111
木天蓼 189
木香 185
木犀榄 100
木油桐 128
木竹子 91

N

南方红豆杉 79
南京椴 111
南山茶 142
南蛇藤 190
南酸枣 132
南天竹 140
南洋杉 72
南迎春 161
南烛 148
楠木 84
闹羊花 169
尼泊尔黄花木 151
尼泊尔桤木 110
柠檬 99
柠檬桉 96
女贞 99
糯米条 181

## O

欧报春 204
欧洲凤尾蕨 253
欧洲黑杨 113

## P

爬山虎 190
爬行卫矛 186
攀枝花 111
攀枝花苏铁 72
炮仗花 188
炮仗藤 188
泡桐 135
喷雪花 172
枇杷 94
飘香藤 218
平枝栒子 149
苹果 121
苹婆 92
瓶兰 148
萍蓬草 244
铺地柏 138
'铺地龙'柏 138
铺地竹 194
匍匐剪股颖 256
菩提树 85
葡萄 190
葡萄风信子 239
蒲包花 209
蒲葵 195
蒲桃 96
蒲苇 259
朴树 105

## Q

七里香 185
'七姊妹' 189
桤木 110
漆树 132
槭叶莬萝 207
'千瓣白'桃 118
'千瓣橙红'石榴 177

'千瓣红'桃 118
'千瓣红花'石榴 177
千层金 152
千年桐 128
千里光 226
千屈菜 244
千日红 200
'千头'柏 137
千叶蓍 223
牵牛花类 206
乔松 75
麒麟吐珠 221
俏黄芦 97
'琴丝'南天竹 140
青冈栎 88
青苹果竹芋 231
青杆 74
青钱柳 109
青檀 106
青桐 111
青杨 114
清香木 98
蜻蜓凤梨 230
擎天树 90
'磬口'蜡梅 166
筇竹 194
琼花 182
秋枫 128
秋英 211
球根秋海棠 235
球花石楠 150
瞿麦 215
全缘石斑木 150
全缘叶栾树 129
雀舌黄杨 155

## R

人面竹 192
忍冬 188
日本扁柏 77
日本花柏 76
日本柳杉 76
日本落叶松 80

日本木瓜 174
日本贴梗海棠 174
日本晚樱 119
日本五针松 75
日本小檗 166
日本紫珠 179
'绒柏' 137
绒苞藤 187
绒叶肖竹芋 231
榕树 85
软叶刺葵 196
软枣 116
瑞香 152

## S

'洒金'东瀛珊瑚 154
'洒金碧'桃 119
'萨凡纳'糖蜜草 261
三尖杉 79
三角枫 130
三角梅 184
三角槭 130
三角紫叶酢浆草 236
三球悬铃木 104
'三色'朱蕉 165
三色堇 201
三叶草 217
散尾葵 196
桑树 106
缫丝花 173
杉木 75
沙棘 176
沙梨 121
山茶 142
山杜英 91
山合欢 122
山槐 122
山荆子 120
山麦冬 261
山梅花 171
山牵牛 187
山桃 117
山桃草 217

山桐子 112
山杨 114
山樱花 119
山玉兰 82
山楂 120
山踯躅 146
珊瑚树 163
珊瑚樱 159
芍药 168
蛇鞭菊 224
蛇目菊 212
'深蓝'鼠尾草 219
深山含笑 82
肾蕨 253
十大功劳 140
'十姊妹' 189
石斑木 150
石菖蒲 258
石海椒 156
石斛 248
石栎 88
石榴 177
石楠 150
石蒜 241
石枣子 127
石竹 201
矢车菊 212
柿 115
梳黄菊 224
蜀葵 202
树波罗 87
树头菜 115
栓皮栎 109
双荚决明 175
双色茉莉 158
双腺藤 218
水葱 245
水鬼蕉 240
水葫芦 246
水晶花烛 228
水麻 168
水毛茛 244
水杉 80

水石榕 91
水丝梨 85
水松 81
水苏 220
水仙 240
水栀子 162
水竹芋 246
睡莲 243
丝葵 197
丝兰 165
丝绵木 127
四川苏铁 72
四季报春 204
四季海棠 216
四季秋海棠 216
四数木 113
四照花 127
松果菊 223
松红梅 153
苏铁 72
'素心'蜡梅 166
宿根天人菊 225
宿根福禄考 219
酸枣 129
蒜香藤 188
碎米子树 170
穗花婆婆纳 221
穗序鹅掌柴 157
桫椤 252
梭罗树 92
梭鱼草 246

T

'塔柏' 78
太白深灰槭 130
昙花 249
唐菖蒲 242
绦柳 115
桃 118
天蓝鼠尾草 219
天蓝绣球 219
天门冬 233
天目琼花 182

天师栗 130
天堂鸟 230
天竺桂 83
天竺葵类 218
甜橙 99
跳舞兰 248
贴梗海棠 173
铁刀木 95
铁冬青 97
铁甲秋海棠 216
铁兰 229
铁十字秋海棠 216
铁线蕨 253
头状四照花 97
土麦冬 261

W

晚香玉 241
万代兰 248
万寿菊 211
王莲 244
王棕 197
望春玉兰 102
望天树 90
文心兰 248
文竹 233
蚊母树 141
乌饭树 148
乌桕 128
乌柳 169
乌柿 148
乌鸦果 148
乌子树 170
'无刺'枸骨 155
无花果 167
无患子 129
无忧花 95
梧桐 111
五角枫 130
五色草类 200
五色梅 159
五色苋 201
五小叶槭 131

五星花 163
五桠果 89
五叶地锦 191
五叶槐 125
武竹 233

X

西藏柏木 77
西藏箭竹 193
西番莲 215
西府海棠 121
西桦 109
西南白山茶 143
西南粗糠树 134
西南红山茶 143
西南花楸 116
西南桦木 109
西南木荷 91
西南山茶 143
西南卫矛 127
西南栒子 149
西洋杜鹃 147
西洋鞠 215
喜树 126
细花泡花树 166
细茎针茅 260
细裂鸡爪槭 130
'细叶'芒 259
'细叶'南天竹 140
细叶桉 96
细叶萼距花 152
细叶结缕草 257
细叶美女樱 207
细叶桢楠 84
细叶棕竹 195
虾蟆花 162
虾衣花 221
狭叶龙舌兰 251
夏堇 208
夏蜡梅 166
仙客来 235
仙人球 249
仙人掌 249

蚬木 92
现代月季 172
'线柏' 137
线叶石斛 248
香彩雀 221
香椿 133
'香花'槐 125
香龙血树 101
香蒲 246
香石竹 215
香雪兰 242
香雪球 203
香叶树 139
香樟 83
'湘妃'竹 192
象脚丝兰 165
小报春 204
小檗 166
小苍兰 242
小翠云 253
小果海棠 121
小佛肚竹 193
小花水柏枝 168
小花五桠果 90
小蜡 160
小栎木 127
小木槿 145
小盼草 259
'小琴丝'竹 193
'小兔子'狼尾草 260
小悬铃花 146
小叶六道木 181
小叶楠木 84
小叶女贞 160
小叶朴 106
小叶栒子 149
孝顺竹 192
肖竹芋 231
蝎尾蕉 230
'斜纹'粗肋草 227
蟹爪兰 249
心叶粗肋草 227
辛夷 165

新几内亚凤仙 205
星花玉兰 165
杏 118
雄黄兰 242
熊耳草 210
袖珍椰子 197
绣球花 170
绣球荚蒾 182
须苞石竹 202
萱　草 231
悬铃木 104
雪花丹 142
雪　柳 180
雪　松 74
'血草' 261
勋章菊 226
薰衣草 220

Y

烟包树 87
'胭脂红'拟景天 250
沿阶草 261
盐肤木 131
艳凤梨 229
雁来红 201
燕子掌 251
羊蹄甲 95
羊踯躅 169
洋水仙 240
洋紫苏 208
杨　梅 87
洋常春藤 186
洋金凤 151
洋桔梗 205
洋紫荆 95
摇钱树 109
椰　子 198
野核桃 107
野胡桃 107
野茉莉 170
野漆树 132
野蔷薇 189
野扇花 155

野罂粟 199
野迎春 161
叶子花 185
夜合花 138
夜来香 241
夜香木兰 138
夜香树 159
一串红 208
一品红 178
一球悬铃木 104
一叶兰 232
伊　桐 93
异叶南洋杉 72
'银斑'冬青卫矛 155
银苞芋 227
'银边'冬青卫矛 155
'银边'胡颓子 152
'银边'山麦冬 261
'银边'紫娇花 241
银海枣 196
银　桦 95
'银后'万年青 227
'银皇后' 227
'银姬'小蜡 160
银　荆 94
银　木 83
银木荷 90
银鹊树 129
银　杉 74
'银心'吊兰 233
银星秋海棠 216
银　杏 101
银芽柳 169
'银叶'合果芋 228
银叶桂 83
银叶金合欢 151
银叶菊 224
印度胶榕 85
印度橡皮树 85
英　桐 104
莺哥凤梨 229
樱　草 203
樱　花 119

樱　桃 119
樱桃李 116
樱桃鼠尾草 220
鹦哥花 125
迎春花 180
映山红 146
油　茶 142
油橄榄 100
油　桐 128
柚 98
鱼花茑萝 207
鱼骨松 94
鱼尾葵 196
榆　树 104
榆叶梅 174
虞美人 199
'羽毛'枫 130
羽扇豆 205
'羽叶'花柏 138
羽叶茑萝 207
羽叶喜林芋 228
羽叶薰衣草 220
羽衣甘蓝 203
雨久花 246
玉蝉花 234
玉带草 260
'玉果'南天竹 140
'玉荷花' 162
玉　兰 102
'玉龙'草 261
玉叶金花 188
玉　簪 232
郁金香 239
鸢　尾 234
鸳鸯茉莉 158
元宝枫 130
圆　柏 77
圆叶茑萝 207
圆锥山蚂蝗 176
月　桂 139
月　季 172
'月季'石榴 177
'月月红' 173

云南冬樱花 119
云南含笑 139
云南黄杞 87
云南黄馨 161
云南拟单性木兰 82
云南沙棘 176
云南山茶 142
云南松 75
云南藤黄 91
云南梧桐 111
云南油杉 73
'云片'柏 77
云　杉 73

Z

杂交狗牙根 256
杂交马醉木 148
杂种鹅掌楸 103
杂种铁线莲 214
再力花 246
藏报春 204
藏川杨 114
藏红杉 80
藏青杨 114
枣 128
皂　荚 122
'窄冠'侧柏 76
窄叶火棘 150
樟　树 83
柘树 167
针叶天蓝绣球 219
珍珠金合欢 151
珍珠绣线菊 172
栀子花 162
栀子皮 93
蜘蛛抱蛋 232
蜘蛛兰 240
直干蓝桉 96
纸莎草 258
枳 178
枳　椇 129
中国水仙 240
中国无忧花 95

'中华红叶'杨 114
中华常春藤 186
中华猕猴桃 189
钟花樱 119
'重瓣'棣棠 173
'重瓣'六月雪 163
'重瓣白'木香 185
'重瓣黄'木香 185
重阳木 128
'皱叶'巢蕨 253
朱 唇 220
朱顶红 239
朱 蕉 165
朱 槿 145
朱砂根 149
朱缨花 175
诸葛菜 203

竹 柏 78
竹节秋海棠 216
竹 芋 238
爪洼万年青 227
转心莲 215
梓 树 135
梓叶槭 131
紫斑风铃草 210
紫斑牡丹 168
紫丁香 180
紫 椴 111
紫 萼 232
紫萼玉簪 232
紫花丹 142
紫花风铃木 136
紫花泡桐 134
紫花鸢尾 234

紫娇花 241
紫金牛 149
紫锦木 97
紫 荆 175
紫罗兰 202
紫茉莉 199
'紫穗'狼尾草 260
紫 藤 190
紫 薇 176
紫雪花 142
紫鸭跖草 228
紫羊茅 255
紫羊蹄甲 95
紫叶草 228
'紫叶'黄栌 131
'紫叶'锦带花 181
'紫叶'狼尾草 260

'紫叶'芦苇 259
'紫叶'桃 119
'紫叶'小檗 166
紫叶酢浆草 236
紫叶李 116
紫叶美人蕉 238
紫叶雁来红 201
紫玉兰 165
紫 珠 179
紫 竹 192
紫竹梅 228
棕 榈 195
棕 竹 195
醉蝶花 202
醉香含笑 82
柞 木 146